U0662009

ANALYSIS OF
BLACKOUTS ABROAD

国外大停电事故分析

孙华东　主编

中国电力出版社
CHINA ELECTRIC POWER PRESS

内 容 提 要

本书收集了近 20 年国外典型的电网大停电事故,分析事故的发生发展过程,总结大停电事故的经验和教训,并结合我国电网的实际运行情况,提出对我国电网安全稳定运行的启示。本书共 17 章,包括 2003 年美加 "8.14" 大停电事故,2006 年欧洲 "11.4" 大停电事故,2009 年巴西 "11.10" 大停电事故,2011 年巴西 "2.4" 大停电事故,2011 年日本 "3.11" 大停电事故,2012 年印度 "7.30" "7.31" 大停电事故,2015 年土耳其 "3.31" 大停电事故,2015 年乌克兰 "12.23" 大停电事故,2016~2017 年南澳大停电事故,2018 年巴西 "3.21" 大停电事故,2019 年阿根廷 "6.16" 大停电事故,2019 年英国 "8.9" 大停电事故,2020 年美国加州 "8.14" 大停电事故,2021 年欧洲 "1.8" 大停电事故,2021 年美国得州 "2.15" 大停电事故,其他国外大停电事故以及大停电事故总结与风险应对。本书可供电力企业从事安全生产管理及运行管理人员参考使用,同时也可为从事大电网安全研究的人员提供参考。

图书在版编目(CIP)数据

国外大停电事故分析 / 孙华东主编. —北京:中国电力出版社,2022.12
ISBN 978-7-5198-4868-2

Ⅰ. ①国… Ⅱ. ①孙… Ⅲ. ①发电厂–停电事故–国外 Ⅳ. ①TM62

中国版本图书馆 CIP 数据核字(2020)第 150107 号

审图号:GS 京(2022)1499 号

出版发行:中国电力出版社
地　　　址:北京市东城区北京站西街 19 号(邮政编码 100005)
网　　　址:http://www.cepp.sgcc.com.cn
责任编辑:周秋慧(010-63412627)
责任校对:黄　蓓　李　楠
装帧设计:张俊霞
责任印制:石　雷

印　　刷:河北鑫彩博图印刷有限公司
版　　次:2022 年 12 月第一版
印　　次:2022 年 12 月北京第一次印刷
开　　本:787 毫米×1092 毫米　16 开本
印　　张:13
字　　数:240 千字
印　　数:0001—2000 册
定　　价:85.00 元

版 权 专 有　侵 权 必 究

本书如有印装质量问题,我社营销中心负责退换

编 委 会

主 编　孙华东

副主编　易　俊　林伟芳　何　剑

编　委（按音序排列）

安学民　褚晓杰　贺　庆　吉　平

李文锋　任大伟　任晓钰　邵　瑶

沈政委　孙为民　屠竞哲　王安斯

王　琦　王姗姗　王　歆　吴　萍

习工伟　徐式蕴　曾　兵　张　健

张晓涵　赵　兵　仲悟之

前 言 /QIAN YAN

电力系统是现代社会重要的公共基础设施,千家万户的衣食住行、经济社会的有序运转高度依赖电力供应。电力安全也是国家安全体系的重要组成部分,保障电力安全对维护国家安全具有重要意义。近年来,随着能源转型发展进程的加快,电能在终端能源消费中的比重快速提升,经济社会对电力依赖程度不断加深,电力系统发生大面积停电事故造成的后果影响将愈加严重。国外发生多起大停电事故反复证明,电力安全不仅关系人民生命财产安全,甚至关系社会安全和政治稳定。

加快构建新型电力系统,实现碳达峰、碳中和目标,是当前和今后一个时期能源电力行业面临的重大且紧迫的任务,在此背景下,新能源在电源结构中的比重不断提升。新能源机组具有随机性、波动性、弱支撑性等自然属性,对电网安全运行的影响尤为突出,随着新能源占比提升,电力系统脆弱性不断增加,抗扰动能力和恢复能力持续下降。此外,近年来极端天气、严重自然灾害等各类极端事件频发,造成的故障冲击持续增大,对电网安全运行的威胁也在不断增大。新时期电力系统安全运行面临的内部和外部挑战将越来越严峻。

他山之石,可以攻玉。从国外大停电事故中汲取经验教训,对保障我国电力系统安全稳定运行、防范大停电事故风险具有重要意义。自 2007 年起,本书编写团队持续第一时间跟踪、收集国外大停电事故资料,深入分析事故发生的原因,提出对我国电力系统发展的启示,曾按年编制成册供研究统计与分析参考。本书是多年积累、潜心研究成果的总结,全书共 17 章,共收录国外大停电案例 48 起,比较典型大停电事故独立成章,如 2003 年美加"8.14"大停电事故、2015 年乌克兰"12.23"大停电事故、2019 年英国"8.9"大停电事故、2021 年美国得州"2.15"大停电事故等，其他停电事故统一归并为一章，编者对 48 起大停电事故进行总结回顾及统计分析，阐明大停电发生的内在规律和原因，并提出共性的经验教训。

　　本书编写团队在广泛收集国外大停电事故资料的基础上，研读了大量公开发表的论文成果，借鉴了许多专家学者真知灼见，在此表示感谢。书中难免存在错误和不妥之处，恳请读者批评指正。

编　者

2022 年 6 月

目 录 /MU LU

前言

1 2003年美加"8.14"大停电事故

1.1 事 故 概 况

美国东部夏季时间 2003 年 8 月 14 日下午 4 时 11 分（北京时间 2003 年 8 月 15 日凌晨 4 时许），美国中西部和东北部及加拿大的安大略省发生了大面积的停电事故。事故发生的数分钟内，数十个电厂的发电机组和大量输电线路相继跳闸退出运行，电网大停电随之发生。

停电首先发生在美国纽约市曼哈顿区，继而影响到以北美五大湖为中心的地区，包括俄亥俄州、密歇根州、宾夕法尼亚州、纽约、佛蒙特州、马萨诸塞州、康涅狄格州、新泽西北部、新英格兰部分地区及加拿大的安大略省和魁北克省❶。经过电力部门紧急处理和抢修，8 月 14 日晚 7 时 30 分恢复了 1340MW 负荷，8 月 14 日晚 11 时恢复了 21 300MW 负荷，8 月 15 日上午 11 时 48 600MW 负荷得以恢复，8 月 17 日下午 5 时绝大部分负荷恢复了供电。据美方统计，此次事故中跳闸的发电机组多达 20 多台，其中包括 9 台核电机组，若包含加拿大在内，则有多达上百台发电机组及更多核电机组跳闸。由于核电机组的恢复需要几天时间，因此，全系统恢复到正常供电花费了多天时间，加拿大安大略省部分地区更是经历连续两周的轮流停电。

这次事故是纽约继 1965、1977 年以来的第三次大停电，也是北美有史以来规模最大的停电，5000 万人受到了停电影响，损失负荷 70 000MW，造成的经济损失高达 300 亿美元。

1.2 北美电力系统概况

北美电网包括三个独立电网：

（1）东部互联电网，包括美国东部 2/3 的地区和加拿大自萨斯喀彻温省向东延伸至沿海省份的地区，具体包括东部中区可靠性协调组织（East Central Area

---

❶ 本书对任何领土主权，国际边界疆域划定以及任何城市或地区名称不持立场。

Reliability Coordination Agreement，ECAR）、大西洋中区委员会（Mid-Atlantic Area Council，MAAC）、中部大陆地区联合电力系统（Mid-Continent Area Power Pool，MAPP）、东北区电力协调委员会（Northeast Power Coordinating Council，NPCC）、东南区电力可靠性协会（Southeastern Electric Reliability Council，SERC）、西南联合电力系统（Southwest Power Pool，SPP）6 个协作区，覆盖的地理面积约为 520 万 km^2，1999 年总装机容量达到 658 510MW，其中美国部分的 230kV 电压以上的输电线路长达 21.136 万 km。

（2）西部互联电网，包括美国西部 1/3 的地区（不含阿拉斯加州）和加拿大阿尔伯达省、不列颠哥伦比亚省及墨西哥的一部分，区内是西部电力协调委员会（Western Electricity Coordinating Council，WECC）协作区。

（3）得克萨斯州电网，相对较小，包括得克萨斯州电力可靠性委员会（Electric Reliability Council of Texas，ERCOT）协作区。

上述 3 个独立电网在电气上相互独立，通过少数几条输送容量较小的直流联络线相连。东部互联电网的东北部分（占该互联系统大约 10% 的负荷）在 8 月 14 日的大停电中受到影响，其他两个独立电网未受影响。

北美五大湖区有 5 家电力公司供电，分别是美国电力（American Electric Power，AEP）、第一能源公司（First Energy，FE）、独立市场运营商（Independent Marketing Organization，IMO）、国际输电公司（International Transmission Company，ITC）和密歇根输电公司（Michigan Electric Transmission Company，METC）。

FE 是美国的第五大电力公司，也是俄亥俄州的主要电力公司，拥有 440 万电力用户，供电范围达 93 500km^2，包括俄亥俄州部分地区、宾夕法尼亚州及新泽西州。由 FE 运行的输电线路长 18 510km，并与其他电力系统有 84 个联结点。

FE 公司下属有 7 个电力运营公司，其中的 4 个公司——俄亥俄爱迪生（Ohio Edison）、托莱多爱迪生（Toledo Edison）、照明公司（the Illuminating Company）以及宾夕法尼亚州电力公司（Penn Power），负责 ECAR 区域。美国中西部独立电网运营机构（Midwest Independent Transmission System Operator，MISO）是它们的可靠性协调员，负责进行大区域内的电网可靠性分析，并且实时协调一个或多个控制区域在紧急情况下的电网运行。其余的 3 个公司是宾州电力（Pennsylvania Electric Company，Penelec）、都市配电公司（Metropolitan Edison Company，Met-Ed）和新泽西中央电力及照明公司（Jersey Central Power&Light Company），负责 MAAC 区域。宾夕法尼亚—新泽西—马里兰互联电力公司（Pennsylvania-New Jersey-Maryland Interconnection LLC，PJM）是它们的可靠性协调员。

1.3　事　故　过　程

1.3.1　事故前系统状态

8 月 14 日当天美国中西部及东北部的天气炎热，温度比平常高且没有风，炎热的天气导致空调负荷增长，同时，FE 控制区内的潮流非常大，但均未超过运行极限，也没有高出以往的历史纪录，因此负荷的增长并不是引发大停电的原因。

事故当天有多台关键的发电机组处于检修状态，这些机组为克利夫兰、托莱多和底特律地区提供有功和无功功率。停运的机组见表 1-1。

表 1-1　　　　　　　2003 年 8 月 14 日停运的关键发电机组

发电机组	额定容量值		停 运 原 因
戴维斯贝斯核电机组	934MW	481Mvar	2002 年 3 月 22 日起由美国核管制委员会（Nuclear Regulatory Commission，NRC）规定的长期停运
伊斯特莱克 4 号机组	267MW	150Mvar	2003 年 8 月 13 日被迫停运
门罗 1 号机组	780MW	420Mvar	2003 年 8 月 8 日计划停运
库克核电 2 号机组	1060MW	460Mvar	2003 年 8 月 13 日起开始停运
康斯维尔 5 号机组	400MW	145Mvar	2003 年 8 月 14 日 12:05 退出运行

事故发生前不久，克利夫兰阿克伦地区发现电压下降，同时由于该地区的重要电源戴维斯贝斯和伊斯特莱克 4 号机组因检修停运，致使 2003 年 8 月 14 日 13:31 伊斯特莱克 5 号机组停运，进一步削弱了该地区在临界电压下的支撑。低电压情况使得俄亥俄州东北部电网有电压崩溃的风险。但通过 $P-Q$ 曲线和 $V-Q$ 曲线的分析，低电压情况也并不是引发大停电事故的原因。

第一条线路［钱伯林—哈丁（Chamberlin-Harding）］开断之前的潮流数据表明，此时 FE 的负荷接近 12 080MW，外部电力输入 2575MW，占总负荷的 21%。在外部输入及伊利湖南岸大都市空调负荷均维持在高水平的情况下，FE 的无功需求进一步增加，同时由于通过俄亥俄州北部—密歇根州—安大略的潮流很大，进一步降低了俄亥俄州北部的电压水平。

1.3.2　事故的发展过程

1.3.2.1　事故的起因、演变过程

1. 短路引起的线路开断阶段

2003 年 8 月 14 日 15:05，俄亥俄州的一条 345kV 钱伯林—哈丁输电线路因下垂而导致触树，短路接地后跳闸，该线路的开断致使潮流转移至南部向克利夫兰送电的 3 条 345kV 线路〔其中汉纳—朱尼珀（Hanna-Juniper）345kV 输电线路上承担的潮流最大〕，以及向克利夫兰和阿克伦送电的下一级 138kV 系统。15:32，第二条 345kV 汉纳—朱尼珀输电线路触树短路接地后跳闸，该线路开断后，有近 1000MW 的功率不得不寻找新的路径进入克利夫兰地区，致使由南部向克利夫兰送电的另 2 条 345kV 线路和向克利夫兰和阿克伦送电的下一级 138kV 系统的潮流加重，一些线路过载并使克利夫兰地区电压进一步下降。15:39，为克利夫兰和阿克伦送电的下一级 138kV 系统中的一条线路跳闸。上述两条 345kV 线路的开断使斯达—南坎顿（Star-South Canton）输电线路越限，15:42，第三条 345kV（斯达—南坎顿）输电线路触树跳闸。

根据调查组事后模拟得出的结论，如果当时前两条开断的 345kV 输电线路能够得到恢复而投入运行，斯达—南坎顿输电线路就不会跳开。

2. 过负荷引起的线路开断阶段（电压崩溃阶段）

每一条 345kV 输电线路的开断都会使为克利夫兰和阿克伦送电的 138kV 系统的线路潮流增加、电压下降。随着更多的 138kV 线路退出运行，仍然运行的 138kV 线路和 345kV 线路上承担了越来越大的潮流。斯达—南坎顿线路开断后，为克利夫兰供电的 138kV 系统的潮流显著增加，电压水平进一步下降。从 15:39 至 16:05，共有 12 条 138kV 线路相继开断。上述最后一条 138kV 线路开断后，更多的功率转移至仍在运行的 345kV 线路上，使萨米思—斯达（Sammis-Star）输电线路潮流达到了额定值的 120%，2s 后该线路跳闸。与上述 3 条因为与树接触发生短路而跳闸的线路不同，萨米思—斯达线路是因为阻抗保护的动作而被切除。此时系统已经发生了电压崩溃。尽管该线路开断后，又有 3 条 138kV 线路相继开断，但萨米思—斯达输电线路的开断才是俄亥俄州东北部的系统问题引发美加东北部连锁大停电这一事件的转折点。此时后续的大规模连锁开断已经不可避免。

3. 连锁开断阶段

连锁阶段实际上又可以细分为三个阶段。

（1）第一阶段，潮流大规模转移。FE 输电系统的崩溃引发了规划中未预计到

的潮流大规模转移。崩溃前夕大量潮流从南方（田纳西州、肯塔基州和密苏里州）的发电机跨过 FE 系统流到北方（北俄亥俄州、东密歇根州和安大略州）。由于 FE 输电系统的崩溃使得北俄亥俄州的输电通道失去，潮流只能一部分从俄亥俄州西部、印第安纳州，另一部分从宾夕法尼亚州穿过纽约州和安大略涌入伊利湖北侧负荷中心。由于这些区域的输电线路已处于重载，于是其中一些线路开始跳闸。

（2）第二阶段，美国东北部和加拿大的安大略省形成了一个巨大的电力孤岛。大规模的潮流转移一方面使东北部与东部的互联电网解列，另一方面引发了俄亥俄州西部线路的大量跳闸。线路的跳闸向北延伸到密歇根州，使得该州的西部与东部解列。最终，整个的美国东北部和加拿大的安大略省变成了一个巨大的电力孤岛。由于没有充足的电源满足负荷，孤岛系统变得不稳定，但与该孤岛分隔的其他系统则保持了稳定。

（3）第三阶段，大面积停电发生。由于孤岛系统失稳，导致美国东北部和加拿大的安大略省又被分成几个小的孤岛。功率不足的系统频率急剧下降，甩负荷装置切掉负荷；功率多余的系统频率急剧上升，发电机保护自动切机。导致了大面积停电事故的发生。当然，有部分孤岛的发电机和负荷达到了重新平衡而稳定运行。

1.3.2.2　事故发展的详细过程

1. 12:05～13:31:34，发电机切机

（1）12:05:44，康斯维尔（Conesville）5 号机组跳开（额定值 375MW）。

（2）13:14:04，格林伍德（Greenwood）1 号机组跳开（额定值 785MW）。

（3）13:31:34，伊斯特莱克（Eastlake）5 号机组跳开（额定值 597MW）。

康斯维尔电厂位于俄亥俄州中央；格林伍德电厂位于底特律北部，格林伍德 1 号机组在 13:14:04 跳开，13:57 恢复运行；伊斯特莱克 5 号机组位于俄亥俄州北部伊利湖南岸，与 345kV 系统相连。这些机组的跳开使系统潮流方式发生了变化。

2. 14:02，俄亥俄州南部线路断开

斯图尔特—亚特兰大（Stuart-Atlanta）345kV 线路处于 PJM 控制区域的美国电力公司（AEP）与代顿电力照明公司（Dayton Power & Light Company，DPL）管辖区域的交界处，因触树接地故障而跳闸。但 MISO 没有监视此线路状态，状态估计没有正确进行，导致后来状态估计错误，FE 的电能管理系统（Energy Management System，EMS）也出现故障，告警系统失灵。

3. 15:05:41～15:41:35，3 回 345kV 输电线路跳闸

（1）15:05:41，哈丁—钱柏林 345kV 线路跳闸。

（2）15:32:03，汉纳—朱尼珀 345kV 线路跳闸。

（3）15:41:35，斯达—南坎顿 345kV 线路跳闸。

这三条线路由于重载使得导线下垂，触碰到生长过高的树木而跳闸。随着各条线路的开断，潮流都会转移到其他线路上，造成重载或过载，FE 系统剩余部分的电压大大降低。

这三条线路相继跳闸，导致从俄亥俄州东部至北部输电通道的输送能力被削弱，潮流转移至其他线路，导致另外一些线路也过负荷。随着电压降低，俄亥俄州北部的 600MW 工业负荷失电（由于低电压导致电动机停机），138kV 及 69kV 系统配电网用户也自动地与系统隔离。

4. 15:45:33～16:08:58，俄亥俄州东部到北部的剩余线路跳闸

（1）15:45:33，坎顿中心—蒂德 345kV 线路跳闸。

（2）16:05:57，萨米思—斯达 345kV 线路跳闸。

坎顿中心—蒂德线路于 15:45:33 跳开，58s 后重合，但坎顿中心 345/138kV 变压器断开后未能再投入，使其 138kV 系统与 345kV 系统隔离。萨米思—斯达 345kV 线路随后于 16:05:57 跳开，完全阻断了从俄亥俄州东部至俄亥俄州北部的 345kV 通道。这样只剩下 3 条向北部输送功率的通道：① 由宾夕法尼亚西北沿伊利湖南岸至俄亥俄北部；② 从俄亥俄西南到俄亥俄东北，但是随着斯图尔特—亚特兰大线路 14:02 跳闸，此路径已很脆弱；③ 从密歇根东部到安大略，极大地削弱了俄亥俄州东北部作为密歇根州东部电源的输送能力，使底特律地区更加依赖于其西部和西北及从俄亥俄西北至密歇根东部的 345kV 输电线路。15:42:49～16:08:58，多条穿过俄亥俄州北部的 138kV 线路断开，导致阿克伦及西部、南部停电。

5. 16:08:59～16:10:27，俄亥俄州线路跳闸、密歇根和俄亥俄发电机跳闸

（1）16:08:58，加利恩—俄亥俄中心—马斯京根（Galion-Ohio Central-Muskingum）345kV 线路跳闸。

（2）16:09:06，东莱马—福斯托里亚中心（East Lima-Fostoria Central）345kV 线路跳闸。

（3）16:09:23～16:10:30，金德摩根（Kinder Morgan）3、6、7 号发电机（额定容量：500MW；负荷：209MW）跳闸。

当加利恩—俄亥俄中心—马斯京根和东莱马—福斯托里亚中心线路跳开后，阻断了从俄亥俄州南部、西部到俄亥俄州北部、密歇根州东部的输电通道。这样俄亥俄州北部及密歇根州东部仅通过靠近伊利湖西南部弯曲处的 3 条 345kV 线路连接。

密歇根中南部的金德摩根发电机跳开。从印第安纳通过密歇根东西线路向俄亥俄州北部及密歇根州东部负荷供电的潮流加重。印第安纳向俄亥俄州北部负荷中心供电的输电容量减少，俄亥俄州区域由于负荷超过了急速下降的供电能力，电压开

始下降。16:09 左右，东部互联系统的频率升高 0.02～0.027Hz，损失 700～950MW 负荷。

6. 16:10:36～16:10:38，穿过密歇根及俄亥俄州北部的线路跳开，密歇根北部、俄亥俄北部发电机跳闸，俄亥俄北部电网与宾夕法尼亚电网解列

（1）16:10，哈丁—福克斯（Harding-Fox）345kV 线路跳闸。

（2）16:10:04～16:10:45，俄亥俄州北部沿伊利湖的 20 台发电机（共带负荷 2174MW）跳闸。

（3）16:10:36.2，阿真塔—巴特尔克里克（Argenta-Battle Creek）345kV 线路跳闸。

16:10:36.3，阿真塔—汤普金斯（Argenta-Tompkins）345kV 线路跳闸。

16:10:36.8，巴特尔克里克—奥奈达（Battle Creek-Oneida）345kV 线路跳闸。

（4）16:10:38，米德兰热电联产公司（Midland Cogeneration Venture）发电机（共带负荷 1265MW）跳闸。

（5）16:10:38.2，汉普顿—庞蒂亚克（Hampton-Pontiac）345kV 线路跳闸。

16:10:38.4，塞特福德—朱厄尔（Thetford-Jewell）345kV 线路跳闸。

（6）16:10:38.6，伊利西—阿什塔比拉—佩里（Erie West-Ashtabula-Perry）345kV 线路跳闸。

16:10:04～16:10:45，俄亥俄州北部伊利湖沿岸的 20 台发电机（负荷 2174MW）跳闸，加大了向俄亥俄州北部及密歇根州东部负荷中心送电的剩余通道的潮流，包括穿越密歇根由西向东的送电线路。16:10:37，密歇根由西向东的 345kV 送电线路跳开，密歇根东部只剩一条围绕密歇根北部的迂回通道连接，此线路以及安大略—俄亥俄北部的联络线在 1s 后跳开。

16:10:38，米德兰热电联产公司发电机（负荷 1265MW）跳开，加重了系统潮流，使俄亥俄州北部及密歇根州东部电压大幅下降。从东北部到底特律地区的剩余输电通道被断开。

伊利西—阿什塔比拉—佩里 345kV 线路于 16:10:38 跳闸后，整个密歇根东部和俄亥俄北部负荷中心几乎没有剩余的可用发电容量，并且电压开始降低。与这些负荷中心及东部互联电网剩余部分仅有的联络是密歇根与俄亥俄系统间的断面。同样，俄亥俄北部及与互联电网解列地区的频率开始下降。当伊利湖南岸的输电线路跳开后，该通道上的潮流立刻逆转方向，形成从宾夕法尼亚到纽约到安大略最后进入密歇根的逆时针的巨大的环流。

7. 16:10:39～16:10:44，宾夕法尼亚西部与纽约间 4 条线路跳闸

（1）16:10:39，荷马城—沃特丘尔路（Homer City-Watercure Road）345kV 线

路跳闸。

（2）16:10:39，荷马城—施托勒路（Homer City-Stolle Road）345kV线路跳闸。

（3）16:10:44，南里普利—伊利东（South Ripley-Erie East）230kV线路和南里普利—敦克尔克（South Ripley-Dunkirk）230kV线路跳闸。

（4）16:10:44，东托旺达—希尔赛德（East Towanda-Hillside）230kV线路跳闸。

上述4条线路相继跳开，导致纽约电网与宾夕法尼亚电网解列。

8. 16:10:39～16:10:46，俄亥俄北部及密歇根东部线路和发电机跳开

（1）16:10:41.7，佩里1号核电站机组（1223MW）跳闸。

（2）16:10:41.7，埃文莱克（Avon Lake）9号机组（580MW）跳闸。

（3）16:10:41.8，福斯托里亚中心—加利恩（Fostoria Central-Galion）345kV线路跳闸。

（4）16:10:41.911，比弗—戴维斯贝斯（Beaver-Davis Besse）345kV线路跳闸。

位于伊利湖南岸的佩里1号核电站机组及靠近克利夫兰的埃文莱克电厂9号机组几乎在同一时间跳开。当连接克利夫兰和托莱多地区的比弗—戴维斯贝斯345kV线路跳开后，克利夫兰地区与东部互联电网解列。克利夫兰地区低频减载动作。

9. 16:10:42～16:10:45，安大略北部与新泽西之间输电通道断开，使东部互联电网的东部部分解列

（1）16:10:42，坎贝尔（Campbell）3号机组（额定值820MW）跳闸。

（2）16:10:43，基思—沃特曼（Keith-Waterman）230kV线路跳闸。

（3）16:10:45，沃瓦—马拉松（Wawa-Marathon）230kV线路跳闸。

（4）16:10:45，布兰斯堡—拉马波（Branchburg-Ramapo）500kV线路跳闸。

16:10:43，密歇根东部电网仍与安大略电网相连，但参与构成断面的基思—沃特曼230kV线路于16:10:45跳开。当沿苏必利尔湖北岸的沃瓦—马拉松230kV线路跳开后安大略系统解列。安大略电网到沃瓦西部的部分地区仍与马尼托巴和明尼苏达相连。同时，布兰斯堡—拉马波500kV线路成为连接东部互联电网与最后停电地区的唯一通道。但这条通道，连同新泽西低电压等级的230kV及138kV联络线，于16:10:45跳开。只剩下新泽西北部电网与纽约电网相连。宾夕法尼亚和新泽西其余地区仍与东部互联电网相连。此时，东部互联电网通过由西向东的线解列为两部分。在这条线的北边是纽约市、新泽西北部、纽约、新英格兰、沿海省份、密歇根东部、安大略大部分地区以及魁北克系统。线的南边是东部互联电网的剩余部分，没有受停电影响。

10. 16:10:46～16:10:55，纽约电网从东到西解列，新英格兰（除康涅狄格西南部）和沿海省份与纽约解列，未受影响。在随后 9s 内，东部互联电网北部各地区间发生一些解列

（1）16:10:46～16:10:47，纽约—新英格兰线路断开。

（2）16:10:49，纽约电网从东到西解列。

纽约—新英格兰联络线断开，新英格兰电网大部分地区成为孤岛，由于供需基本平衡仍保持运行。康涅狄格西南部电网与新英格兰电网解列后仍与纽约系统联系约 1min。

纽约电网沿从东到西线解列，新泽西西北部和康涅狄格西南部电网与纽约系统东部电网相连，安大略和密歇根东部电网与纽约系统西部电网相连。随后几秒内，安大略电网和纽约电网解列，纽约州 15%的负荷自动切除。在安大略电网试图恢复系统平衡时，安大略约 2500MW 负荷切除。

11. 16:10:50～16:11:57，安大略与纽约系统解列，康涅狄格西南部与纽约电网解列并停电

（1）16:10:50，安大略系统与纽约电网解列。

（2）16:11:22，郎芒廷—普拉姆特里（Long Mountain-Plum Tree）345kV 线路跳开。

（3）16:11:57，安大略与密歇根东部剩余线路跳开。

16:10:50，安大略与纽约系统解列，只剩纽约与安大略在尼亚加拉和圣劳伦斯的大型水电厂和一些火电厂，以及魁北克互联电网的与纽约系统相连的 765kV 线路和直流线路还在支撑纽约州北部安大略湖南边负荷。

16:10:56，靠近尼亚加拉的三条输电线路自动将安大略与纽约电网重新连接。安大略剩余的 4500MW 负荷自动切除。

16:11:10，尼亚加拉线路再次跳开，纽约电网与安大略电网再次解列，安大略大部分地区停电，24 000MW 负荷中的 22 500MW 切除。纽约东部孤岛停电，只有部分分散的小区域仍保持供电。纽约西部孤岛仍保持 50%的负荷供电。

当郎芒廷—普拉姆特里线路[连接纽约普莱森特瓦利（Pleasant Valley）变电站]跳开后，康涅狄格西南部与纽约仅通过沿长岛海峡（Long Island Sound）的 138kV 电缆连接。康涅狄格西南部约 500MW 负荷由电网自动操作切除。22s 后，长岛海峡电缆跳开，康涅狄格西南部成孤岛并停电。

12. 16:13，连锁反应基本结束

东部互联电网北部的主要部分停电，仍保持运行的孤岛大部分位于纽约西部，

通过安大略湖南边发电厂、安大略尼亚加拉及圣劳伦斯的发电机及魁北克 765kV 线路和直流线路供电，所带负荷 5700MW，这个孤岛是纽约及安大略恢复供电的基础。

1.3.3　事故后恢复

（1）截至 8 月 14 日 19:30，总共恢复负荷 1340MW，其中 PJM 互联电网 800MW、魁北克水电 40MW、新英格兰 ISO 500MW。

（2）截至 8 月 14 日 23:00，总共恢复负荷 21 300MW，其中 PJM 互联电网 1400MW、魁北克水电 100MW、新英格兰 ISO1200MW、纽约 ISO 13 600MW、安大略 IMO5000MW。

（3）截至 8 月 15 日 5:00，总共恢复负荷 41 100MW，其中 PJM 互联电网 4000MW、魁北克水电 100MW、新英格兰 ISO 2400MW、纽约 ISO 18 400MW、安大略 IMO 8500MW、中西部 ISO 7700MW。

（4）截至 8 月 15 日 11:00，总共恢复负荷 48 600MW，美国和加拿大停电地区恢复正常运行。大部分跳闸线路和停运机组都恢复运行。绝大部分受停电影响的居民已恢复正常用电。

（5）截至 8 月 17 日 17:00，除了密歇根州至安大略的线路外，所有在大停电中停运的线路都恢复运行。

1.4　原　因　分　析

事故发展的过程，可以分成以下几个阶段。

1. 第一阶段：突发事件阶段

这一阶段从 12:05 开始持续到 14:04，一系列的突发事件使得系统的运行状况逐渐恶化。

（1）13:31，由于伊斯特莱克 5 号机组退出运行，FE 电网需从相邻电网输入额外的电力来弥补功率缺额，这就使得俄亥俄州北部电网的电压调整更加困难，难以维持正常电压水平，也使得 FE 电网在调整运行时缺乏灵活性。

最终调查报告表明，如果伊斯特莱克 5 号机组没有退出运行，那么向克利夫兰送电的 345kV（哈丁—钱柏林）线路上的潮流就可能会减少，因线路重载下垂而触树的时间也有可能延后一些，线路有可能不会跳闸。

（2）14:02，345kV 输电线路（斯图尔特—亚特兰大）对树木放电发生对地短路跳闸，造成 MISO 状态估计软件不能有效运行。开始是由于未使用线路的实时状态信息而使状态估计出错,13:07 MISO 的自动化人员解决了这一问题后,忘记恢复程序的启动功能而使状态估计程序在 14:40 之前一直没有运行,直到 14:40 调度员才发现状态估计软件没有运行,而且在程序启动后没有将 PJM 的斯图尔特—亚特兰大线路跳闸的影响考虑到 MISO 的状态估计模型中,因此程序运行仍有问题,直到系统崩溃前 2min 才解决这个问题。这使得从 12:15 直到 15:34,MISO 没能及时对 8 月 14 日下午的电网安全问题提早告警。

2. 第二阶段:FE 自动化系统故障阶段

这一阶段从 14:14 开始持续到 15:59,主要是由于 FE 的自动化系统出现了故障,致使调度人员未能及时了解系统的运行状态。

(1)FE 的告警系统失效,直到发生大停电事故时仍未恢复。FE 的数据采集与监视系统中的告警和记录软件在 14:14 时收到最后一个有效告警信号后不久即出现故障,之后,FE 的控制台上再没有收到任何告警信号。

告警系统的失效是调度人员未能及时了解到系统运行状态的关键因素。14:27,FE 和 AEP 之间 345kV 的联络线路斯达—南坎顿断开,几分钟之后 AEP 公司打电话让 FE 确认线路的运行情况,FE 却认为他们的系统没有问题。

(2)EMS 远方控制终端停止运行。14:20~14:25,FE 的一些安装在变电站的远方控制终端停止了运行,直到 14:36,FE 的系统调度员才发现。

(3)EMS 服务器故障。14:41,负责 EMS 告警处理功能的主服务器故障,备用服务器在 13min 后,即 14:54 也发生故障。这两台服务器上所有 EMS 应用程序都停止了运行。

3. 第三阶段:线路跳闸阶段

这一阶段从 15:05 开始持续到 15:57,FE 的三条 345kV 输电线路相继跳闸,使得事故的严重性进一步扩大。

15:05:41~15:41:35,FE 的三条 345kV 线路在低于输电线路事故极限的情况下由于触树放电而跳闸。每条线路跳闸停电后,都相应增加了剩余线路的负荷,造成 FE 控制区电压进一步降低。

俄亥俄州北部无功短缺是不断驱使线路相继开断的一个很重要的原因。因为在系统传输功率的某个断面上,一条线路的开断不仅使其余线路的有功潮流加重,而且由于输电线路上有功电流的增加会显著增加输电线路上无功功率的损耗和线路上的无功潮流(特别是线路送端的无功潮流),也使受端电压进一步下降。

15:46 左右,当 FE、MISO 及邻近的系统发现 FE 系统状况严重时,阻止大停电最有效的方法就是快速甩负荷,但是调度人员并没有采取有效的措施。

4. 第四阶段：138kV 输电系统崩溃阶段

这一阶段从 15:39 开始持续到 16:08，俄亥俄州北部的 138kV 输电系统崩溃。16:05:57，萨米思—斯达线路由于保护装置测到的测量阻抗很低（低电压、大电流），并误认为是短路故障而断开。尽管在萨米思—斯达线路断开后，俄亥俄州又有 3 条138kV 线路断开，但萨米思—斯达线路的停电是发生在北俄亥俄州电力系统安全问题的转折点，最终引起了遍及美国东北部和加拿大安大略地区的连锁大停电。

从以上的几个阶段分析及事故的起因、经过来看，造成大停电发生的原因有如下几点：

（1）事故的最主要原因是潮流大范围转移导致的快速电压崩溃。

（2）俄亥俄南北通道上的多条线路相继跳闸，最终导致潮流大范围转移，是引发电压崩溃并最终导致大停电发生的直接诱因。

（3）系统中大量机组相继跳闸虽然起到了加速电压崩溃的作用，但总体上是电压快速崩溃的结果，而非直接原因。

（4）系统中大量线路跳闸主要是因潮流大范围转移导致断面潮流在线路间窜动，局部线路严重过载，同时由于电压的下降，恒功率负荷吸取大量无功，导致线路电流很大，最终导致过电流保护、后备保护动作或线路弧垂增大导致对地放电，线路相继跳闸。

（5）底特律和北俄亥俄地区电网全部崩溃，主要由于其和主网的几个受电断面线路全部解开，局部电网电源严重缺乏，且电压崩溃已经发生，最终该孤立系统发生频率和电压崩溃。

（6）密歇根州电网首先发生电压崩溃，是由于潮流大范围转移前，其初始电压已经由于重载向北俄亥俄和底特律地区供电而降低，俄亥俄南北断面解开后，潮流发生大范围转移，从密歇根到底特律断面潮流增加了 2000MW，这是整个通道中潮流最重的，因此率先崩溃。

（7）安大略电网全面瓦解的原因是底特律电压崩溃后安大略电网未和底特律电网解开，潮流大范围转移导致安大略和底特律间的潮流突然反向，导致其和纽约州电网等电网解开，成为孤立系统，最终因为发电用电不平衡，发生频率崩溃和电压崩溃，系统瓦解。

（8）纽约州电网大部分崩溃的原因是潮流大范围转移导致纽约州电网和其他地区解列，成为孤立系统，除西部地区因出力充足得以保存外，其他地区电网崩溃。

美加"8.14"大停电是继 1965 年、1977 年之后，在同一地区发生的第三次大面积、恶性停电事故。这些事故反映出美国在电力体制设计、电力市场运营模式、电力系统规划、电网调度、电网技术研究和人才培训等方面存在一些系统性、深层次的问题：

（1）美国电网有 3 个同步电网，约 200 个独立电网，40 多个调度中心。电网资产经营和运行调度相分离，缺乏对电网统一规划和统一调度。各地区独立系统运行部门（Independent System Operator，ISO）自成体系，相互间缺乏及时有效的信息交换，容易造成运行调度和事故处理过程的盲目性、贻误时机，致使事故扩大。

（2）电力系统的安全与经济效益既相互联系，又相互制约。美国是一个高度市场化的社会，在经济与安全的权衡中，比较强调电力的商品特性，对电网自身安全及其对国家安全的影响，特别是对电力生产的特殊性重视不够。俄亥俄公共服务委员会认为放松国家管制在一定程度上导致了美加"8.14"大停电。

（3）这次发生大面积停电的大湖区由 5 家电力公司供电，电网之间经多级电压和多点联网，高低压电磁环网大量存在。缺乏统一规划、网架结构不合理是造成在同一地区重复出现大停电的主要原因之一。

（4）美国电网大部分建于 20 世纪 50 年代，对电网投资低于电厂，致使电网的发展落后于电厂和需求的发展，电网投入回报率低也影响了电网的运行维护、设备更新和科研投入。电网发展滞后于电源发展增加了发生停电事故的隐患。

（5）保护控制技术不适应大电网的发展需要，可能是促成这次大停电的另一原因。这次停电事件中，在事故发生初期 FE 与 AEP 公司的多条联络线跳闸（有些在紧急额定容量以下），对事故扩大起到推波助澜的作用。NERC 在对事故记录的调查中发现许多"时标"并不准确，原因是记录信息的计算机发生信息积压，或者是时钟没有与国家标准时间校准。

（6）近些年，美国在电网基础能力和技术方面的研究呈下降趋势，许多大学和研究机构的电力系统专业或萎缩或转行，政府和电力企业对科研投入不足，没能很好地研究电网发展和电力市场化以后在电网安全稳定方面出现的新问题及对应的解决办法。1996 年，美国西部联合电网（Western Systems Coordinating Council，WSCC）发生两次大停电事故后，由于缺乏有效的仿真研究手段及对系统基础理论和模型（主要是负荷模型）的研究，增加了事故分析和对策研究的困难。

1.5 事 故 启 示

美加"8.14"大停电带来的损失是惨重的，经过分析总结，可以从这次事故中得到不少经验及教训，在以后电力系统运行及应对突发事件中都是能够借鉴的，从而避免再次发生类似严重的大停电。

1. 加装告警系统失效的检测装置

FE 公司的告警系统在 14:14 出现了故障，不能有效运行，稍后 EMS 服务器也丧失了大量的遥控功能，这一故障直到 14:54 才被发现，不过调度人员只知道是 H4 服务器故障，而没发现告警系统的问题，原因是 FE 没有对告警器进行周期性检测的系统。由于这些计算机的故障，调度员无法得到系统的实时数据，并在不知情的情况下使用了过时的数据并以为系统的运行状态良好。

可见，电力系统中应该加装一些能对重要计算机进行检测的装置，保证各计算机能够正确工作，才能正确分析出系统的状态。

2. 加强可靠性协调员之间的联系

在 PJM 和 MISO 两个可靠性协调员共同作用的区域附近发生故障时，其动作缺少配合与协调。15:48，PJM 检测到萨米思—斯达线路跳闸，如果当时其和 MISO 之间的信息传输交换更加清楚，那么 MISO 就能知道系统运行状况并进行正确动作。

另外，MISO 使用的是电力系统联络线监测工具（Flowgate Monitoring Tool，FMT），它所监测到的并不是实时的数据，也不能将信息实时更新，这样 MISO 就无法及时得知系统的运行情况。所以，在电力系统中，实时数据的获取以及可靠性的协调十分重要的。

3. 要有足够的无功备用容量

电网运行需要有足够的无功备用容量，而无功不能远距离进行传输。系统无功不足虽然不是引起大停电的根本原因，但是如果俄亥俄州当地拥有充足的无功储备，那么在短路引起前几条线路开断后，仍然有可能借助充足的无功储备，维持俄亥俄州北部的电压，从而避免电压崩溃的发生。

电网大负荷运行时期，电源备用不足会导致电网运行处于高度紧张状态。一旦电网发生事故，大电源退出，就会使电网因电源供应不足产生连锁反应，导致事故扩大。

近年来，我国电网获得了很大的发展，网络规模越来越大，但是由于我国一次能源分布不均，大量的水力资源和煤炭分布在西部、北部，而负荷中心主要分布在东部和南部，所以西电东送、南北互济成为我国电力系统的主要特点。这样的网络结构必然会出现很多长距离输电线路。从美加"8.14"大停电事故，我们可以获得以下启示：

1. 做好电力系统统一规划

要做好电源和电网的统一规划和建设，坚持电源分散接入受端系统的原则，加强输电通道中间支撑和受端系统的主网架建设，电网要做到合理地分层分区，结构清晰。

2. 坚持统一调度的方针

我国应坚持统一调度的方针，做到大电网的协调运行和控制，包括运行方式的统一安排，电厂检修的统一安排，继电保护和安全自动装置的协调配置，事故处理的统一指挥等，确保电力系统的安全和稳定运行。

3. 电网运行要有足够的备用容量

当电网运行处于备用不足或无备用的状态时，一旦电网发生故障，大电源退出，就会因供电不足而产生连锁反应，使事故扩大。因此要十分注意合理安排运行方式，采取各种有效措施，为电网的安全稳定运行提供可靠的保障。

4. 加强继电保护和安全自动装置的优化配置

我国电网结构薄弱，对二次继电保护和安全自动装置的要求更高，需要发展先进、可靠的继电保护装置和稳定控制技术，做好三道防线建设，防止事故扩大，避免大面积停电事故的发生。

5. 做好反事故预案和"黑启动"方案

大电网运行时，存在因各种原因导致事故扩大的可能性。因此，做好电网事故发生后的处理预案和电网一旦崩溃后尽快恢复的"黑启动"方案十分重要。

6. 加强电力系统计算分析和仿真试验工作

坚持做好电力系统的计算分析和仿真试验工作。通过事故预想分析，找出系统中存在的薄弱环节，对可能发生的事故做好预案，这对于防止大面积停电事故的发生是十分重要的。

7. 做好电力市场条件下的互联电网发展关键技术研究

随着我国电力体制改革进一步深化，应加强电力市场条件下的互联电网运行关键技术研究，包括新电力体制下的电网运行规则、电网互联格局和方式、厂网协调运行、电网安全稳定特性和监测控制技术、系统调压控制技术和提高电压稳定性的控制措施、电力系统负荷模型的研究与完善、发电机组励磁系统及 PSS、调速器及原动机模型及参数的研究与实测等，并提出新形势下确保系统安全稳定运行，避免大面积停电事故的新技术和新措施。

2 2006年欧洲"11.4"大停电事故

2.1 事故概况

欧洲当地时间2006年11月4日22:10（北京时间2006年11月5日5:10），欧洲电网发生一起大面积停电事故，本次事故起源于德国北部一起停运380kV双回线路以通过轮船的事件，该事件诱发多回线路陆续跳闸，最终造成欧洲多国发生大面积停电。事故影响范围广泛，波及法国和德国人口最密集的地区及比利时、意大利、西班牙、奥地利的多个重要城市，其中德国、法国、意大利3国受影响最大。法国约15个地区突然停电，其中包括首都巴黎、罗纳、伊泽尔、卢瓦尔等，约500万法国人的电力供应被中断；德国停电至少影响了100万人，工业重镇科隆、著名的鲁尔工业区都未能幸免。事故造成欧洲电网解列为3个孤岛，各个区域发生电力供需严重不平衡，东北部电网高频，西部和东南部电网为低频。大多数地区在30min内恢复供电，但是最严重的地区停电时长达90min，至少1500万个家庭受到影响，损失负荷14.5GW，这是欧洲输电联盟（Union for the Co-ordination of Transmission of Electricity，UCTE）成立50年以来最严重的一次电网事故。

本次大面积停电事故发生在电网用电负荷高峰时段，由于系统潮流大范围转移，电网联络薄弱环节设备相继退出运行，导致欧洲跨国互联电网基本结构遭到破坏、各区域发用电严重失衡，最终造成大量负荷损失。

2.2 欧洲电网概况和德国康采恩（E.ON）电力系统概况

2.2.1 UCTE电网概况

UCTE是由欧洲大陆各输电系统运营公司（Transmission System Operator，TSO）组成的协会，其宗旨是通过协调欧洲电网的运行，为欧洲大陆电力市场的运行提供可靠基础。UCTE负责协调23个欧洲国家的输电网运营公司的利益，公共目标是保证互联电力系统的可靠、充裕和安全。UCTE电网以400（380）kV交流系统为主网架，220kV 及以上的输电线路总长超过 22 万 km，电网覆盖欧洲 23 个国家，东西长 2000km，南北宽 2200km，供电人口 4.5 亿，装机容量达 4.2 亿 kW，年用电量约 25 000 亿 kWh。该电网是世界上最大的跨国互联电网，覆盖国家面积普遍较小，工业高度发达，负荷密度大，电网结构密集，暂态稳定问题并不突出。欧洲电网采用跨国联网运行模式，为保证互联电力系统的安全运行，UCTE 制定了相关准则和规范，如 UCTE 运行手册、多边协议、监督和强制执行程序等，用以规范各电力公司行为。各电网之间开放互联，电力交换主要按照市场化原则确定。本次大停电事故中，UCTE 电网解列为三部分，对欧洲大陆的电力用户产生了严重影响。

2.2.2　德国康采恩（E.ON）电力公司概况

德国康采恩（E.ON）电力公司是参与 UCTE 电网的 TSO，是德国四大输电网运营公司之一，拥有并运行着欧洲大陆最大的私人电力网络，其在 UCTE 中的枢纽位置对于电网稳定运行有着重要作用，有"欧洲电网的心脏"之称。本次事故的直接原因是 E.ON 电网的线路操作引起潮流大范围转移。E.ON 电力公司位于德国中心位置，供电面积 14 万 km^2，供电人口达 2000 万。该电网拥有 220、380kV 线路总长达 10 900km，通过多条联络线接入 UCTE 电网，公司员工约 2000人，总部在巴伐利亚州的拜罗伊特（Bayreuth）。E.ON 电力公司下设两个区域电网调度中心，一个是位于下萨克森州汉诺威附近的莱尔特（Lehrte），另一个是位于巴伐利亚州慕尼黑附近的卡尔斯费尔德（Karlsfed），此外还有 6 个地区电网调度中心。

2.3　事　故　过　程

2.3.1　事故前系统状态

2006 年 11 月 4 日 22:09，整个 UCTE 电网的总发电功率约为 274 100MW（部分接入配电网的发电容量未统计在内），其中包括风电大约 15 000MW（大部分位于北欧和西班牙），系统频率 50.00Hz。按照事故后电网解列后分为的 3 个地理区域来看，当时各地区的具体发电功率如下（示意图见图 2−1）：

（1）西部地区：182 700MW，包括 6500MW 风电。

西部地区涉及国家：法国、德国、荷兰、比利时、西班牙、葡萄牙、意大利、瑞士、斯洛文尼亚、克罗地亚、卢森堡及奥地利。

（2）东北部地区：62 300MW，包括 8600MW 风电。

东北部涉及国家：德国、波兰、捷克、斯洛伐克、奥地利、乌克兰及匈牙利。

（3）东南部地区：29 100MW。

东南部地区涉及国家：塞尔维亚、黑山、罗马尼亚、保加利亚、波黑❶、克罗地亚、北马其顿、匈牙利、阿尔巴尼亚和希腊。

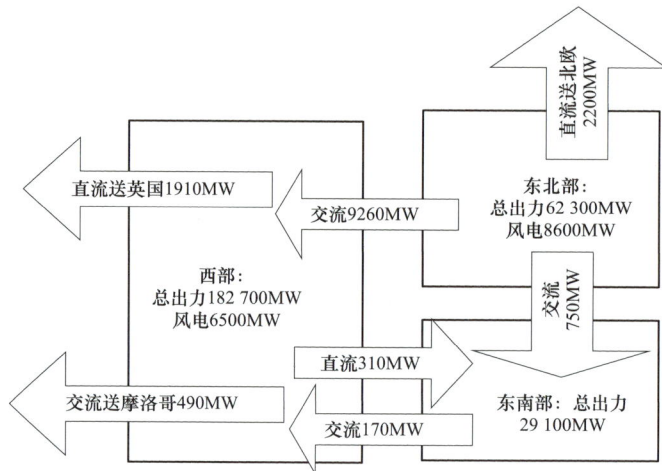

图 2-1　事故前三个地区发电出力及潮流交换示意图

图 2-2 为 2006 年 11 月 4 日 15:00～11 月 5 日 3:00 E.ON 电网受入风电的预测值和实际值，从图中看出，事故发生之前实际风力发电值比预报要高。

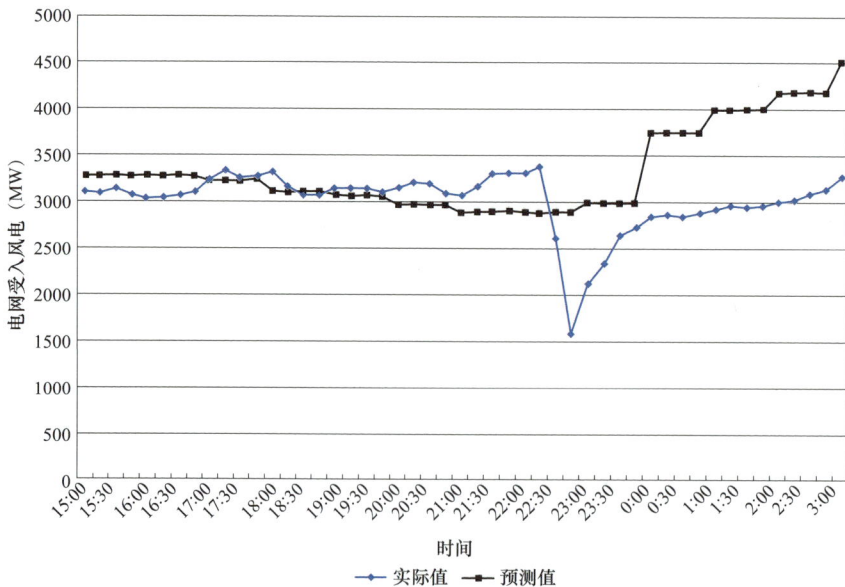

图 2-2　E.ON 电网受入风电的预测值和实际值

---

❶ 全称波斯尼亚和黑塞哥维那，本书中简称波黑。

事故前欧洲各国间电力交换的计划值与实际值也有出入,在高度密集电网中潮流分布有些是按照自然分布的,如图 2-3 所示。

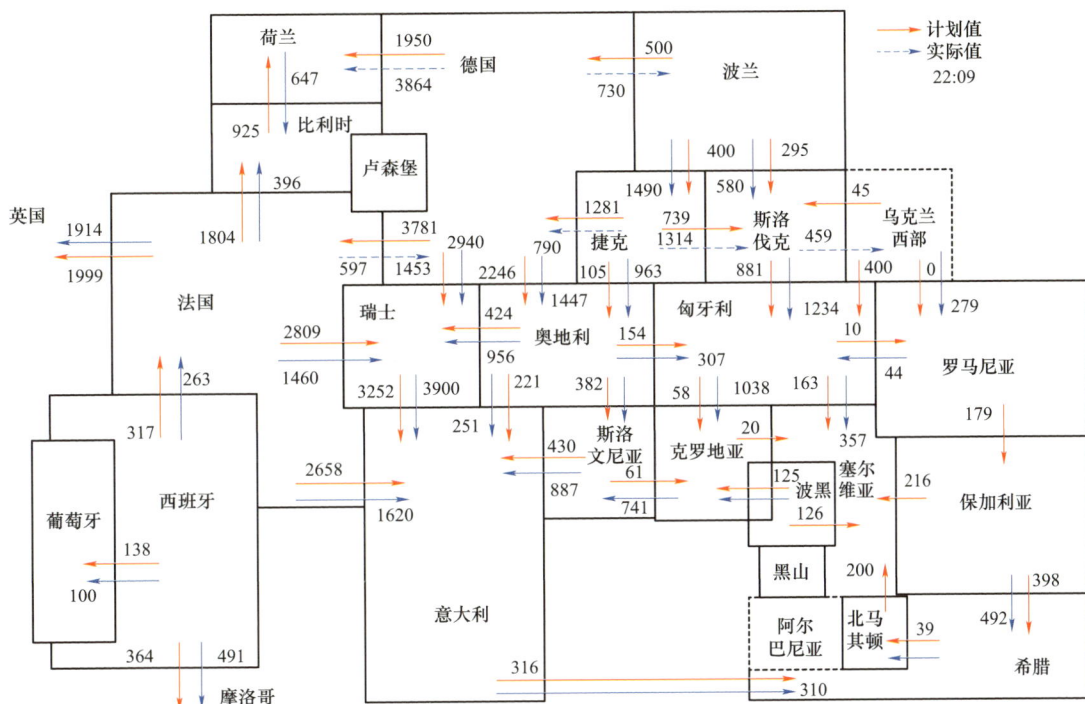

图 2-3　事故前 UCTE 各国间电力交换的计划值和实际值(单位:MW)

2.3.2　事故起因

2006 年 9 月 18 日,迈尔(Meyerwerft)造船公司(位于帕彭堡)为了使"挪威珍珠"号轮船在 11 月 5 日凌晨 1 时通过埃姆斯河,向 E.ON 电力公司提出申请停运迪勒—康尼福德(Diele-Conneforde)的双回 380kV 线路。

E.ON 公司进行了 $N-1$ 安全校核,结果表明系统满足 $N-1$ 安全准则(注:跳双回线),因此 E.ON 电力公司于 10 月 27 日原则批准停运申请,同时通知特尼特电力公司(TenneT,荷兰 TSO)和莱茵—威斯特伐伦电力公司(Rheinisch-Westfalisches Elektri-zitatswerk,RWE,另一家德国 TSO),以便邻近电网进行 $N-1$ 分析。研究结果表明,电网潮流较重,但处于安全限额之内。

11 月 3 日,迈尔造船公司请求提前 3h 停运该线路。E.ON 电力公司重新进行安全校核后,发现从东向西分潮流较轻,提前开断线路将更有利于电网安全,同意了该请求。但 E.ON 电力公司没有及时将相关情况通报邻近的电网运营公司(TenneT 和 RWE),所以这两家电网运营公司没有就这一变化进行专门的安全性分析。

2.3.3　事故经过及解列以后情况

(一) 事故经过

下面按照事故的发生、发展过程列出几个时刻及事件：

（1）11月4日21:29，据E.ON电力公司称，E.ON电力公司的控制中心对停运迪勒—康尼福德双回线路进行了潮流计算，计算结果并未显示系统内有任何越限。在没有进行数字仿真校核情况下，根据经验认为系统应当满足安全 $N-1$ 准则。

（2）21:30，在断开迪勒—康尼福德双回380kV线路之前，德国RWE TSO进行了潮流计算及断开线路的 $N-1$ 分析，认为RWE电网潮流较重，但处于安全状态。

（3）21:38，E.ON电力公司调度员断开迪勒—康尼福德双回线路的第一回，此时区域内的实际负荷和停运前的计算结果一致。

（4）21:39，断开迪勒—康尼福德双回线路的第二回。线路埃尔森—特维斯特塔尔（Elsen-Twistetal）和线路埃尔森—本彻迪森（Elsen-Bechterdissen）的传输容量已经达到极限，但是仍在安全范围以内，E.ON电力公司的人员认为无须立即采取措施。

（5）21:41，E.ON电力公司在同RWE公司的业务联系中得知，380kV兰德斯贝根—韦伦多夫（Landesbergen-Wehrendorf）线路（网间联络线）RWE侧的保护定值与E.ON侧不同，为1795A。而当时线路潮流尚未达到1795A，满足UCTE的 $N-1$ 安全准则的要求。

（6）21:46、21:50、21:52，E.ON、德国RWE、德国瓦腾福（Vattenfall）在相互电话联系中表示当时系统中存在潮流较重区域，而在其中的一次联系中，RWE再次提及线路过流保护定值的不同。

（7）22:05～22:07，兰德斯贝根—韦伦多夫线路上的潮流增加了100MW，超过了RWE侧1795A的报警值。22:08，RWE要求E.ON电力公司采取紧急措施，降低线路输送功率。

（8）22:10，兰德斯贝根（Landesbergen）变电站将两条母线合母运行。

（9）22:10:13，在兰德斯贝根变电站两条母线合母运行后，德国RWE与E.ON电力公司间380kV联络线兰德斯贝根—韦伦多夫因过流保护动作跳闸，潮流向南转移，并导致整个UCTE电网内多条联络线连锁跳闸。

22:10:15，德国RWE与E.ON电网间220kV线路比勒费尔德—东斯拜克赛德（Bielefeld-Ost Spexard）因过载而跳闸。

22:10:13～22:11:29，380kV 线路本彻迪森—埃尔森过载自动跳闸。之后，E.ON 电力公司与德国莱茵—威斯特伐伦电力公司（RWE）之间的联络线，克罗地亚电力公司（Hrvatska Elektroprivreda，HEP）与匈牙利电力运营公司（MAVIR）之间的联络线，以及 E.ON 电力公司、奥地利电网公司（Austrian Power Grid，APG）和匈牙利电力运营公司（MAVIR）等电网的内部联络线相继跳闸，从德国北部到东南部的电网开始解列，然后扩展到奥地利，奥地利电网解列为两部分。UCTE 电网解列为 3 个不同频率的孤岛。此外，西班牙与摩洛哥之间的联络线也由于低频保护动作而跳闸。共有 31 条 220kV 及以上线路跳闸。事故导致线路陆续跳闸情况见表 2-1。

事故后 UCTE 电网解列成三个孤立电网。

（1）西部地区为低频区域，包括法国、德国、荷兰、比利时、西班牙、葡萄牙、意大利、瑞士、斯洛文尼亚、克罗地亚及奥地利。

（2）东北部地区为高频区域，包括德国北部、奥地利东部、捷克、匈牙利东部、波兰、斯洛伐克及乌克兰。

（3）东南部地区为低频区域，包括北马其顿、黑山、克罗地亚东部、希腊、波黑、塞尔维亚、阿尔巴尼亚、匈牙利、保加利亚及罗马尼亚。

表 2-1   线 路 跳 闸 顺 序

序号	时刻	国家	TSO	事　件	原因
1	22:10:13	德国	RWE-E.ON	380kV 韦伦多夫—兰德斯贝根线路自动跳开	过负荷—距离保护
2	22:10:15	德国	RWE-E.ON	220kV 比勒费尔德—东斯拜赛德线路自动跳开	过流—距离保护
3	22:10:19	德国	E.ON	380kV 本彻迪森—埃尔森线路自动保护系统动作跳闸	过流—距离保护
4	22:10:22	德国	E.ON	220kV 南帕德博恩本彻迪森/特斯劳（Paderborn/Sud-Bechterdissen/Gutersloh）线路自动保护系统动作跳闸	过流—距离保护
	22:10:22	德国	E.ON	380kV 迪佩尔茨—格罗斯克罗岑堡（Dipperz-Großkrotzenburg）1 线路自动保护动作跳闸	过流—距离保护
5	22:10:25	德国	E.ON	380kV 格罗斯克罗岑堡—迪佩尔茨（Groß-krotzenburg-Dipperz）2 线路自动保护系统动作跳闸	过流—距离保护
6	22:10:27	德国	E.ON	380kV 雷德维茨—瑞德赛池（Redwitz- Raitersaich）线路自动保护系统动作跳闸	过流—距离保护
	22:10:27	德国	E.ON	380kV 奥伯海德—格拉芬赖因费尔德（Oberhaid-Grafenrheinfeld）线路自动保护系统动作跳闸	过流—距离保护
	22:10:27	德国	E.ON	380kV 雷德维茨—奥伯海德（Redwitz- Oberhaid）线路自动保护系统动作跳闸	过流—距离保护
	22:10:27	德国	E.ON	380kV 雷德维茨—埃岑里希特（Redwitz-Etzenricht）线路自动保护系统动作跳闸	过流—距离保护

续表

序号	时刻	国家	TSO	事　件	原因
7	22:10:27	德国	E.ON	220kV 吴尔高—雷德维茨 Wurgau- Redwitz 线路自动保护系统动作跳闸	过流—距离保护
	22:10:27	德国	E.ON	380kV 埃岑里希特—施万多夫（Etzenricht-Schwandorf）线路自动保护系统动作跳闸	过流—距离保护
	22:10:27	德国	E.ON	220kV 迈克兰路斯—施万多夫（Mechlen- reuth-Schwandorf）线路自动保护系统动作跳闸	过流—距离保护
	22:10:27	德国	E.ON	380kV 施万多夫—普兰庭（Schwandorf- Pleinting）线路自动保护系统动作跳闸	过流—距离保护
	22:10:28	奥地利	APG	380kV 埃瑟斯托夫—恩斯特霍芬（Etzer- sdorf-Ernsthofen）（434A）线路距离保护动作跳闸	失步—距离保护
	22:10:28	奥地利	APG	380kV 敦尔罗尔—恩斯特霍芬（Durnrohr-Ernsthofen）（433）线路距离保护动作跳闸	失步—距离保护
	22:10:28	奥地利	APG	220kV 特尼兹—海森伯格（Ternitz- Hessenberg）（225A）线路距离保护动作跳闸	失步—距离保护
	22:10:28	奥地利	APG	220kV 特尼兹—海森伯格（226A）线路距离保护动作跳闸	失步—距离保护
8	22:10:29.025	克罗地亚	HEP	400kV 泽尔杰文尼克—俄奈斯特诺瓦（Zerjavinec-Ernestinovo）线路跳闸	距离保护
	22:10:29.766	匈牙利—克罗地亚	MAVIR-HEP	400kV 黑维兹—泽尔杰文尼克（Heviz- Zerjanivec）线路跳闸（2 回）	距离保护
	22:10:29.303	克罗地亚	HEP	110kV 拉布—诺瓦利亚（Rab-Novalja）线路跳闸	距离保护
	22:10:29.417	克罗地亚	HEP	220kV 康杰科—布里涅（Konjsko-Brinje）线路跳闸	距离保护
	22:10:29.911	克罗地亚	HEP	110kV 俄托查克—利基阿西克（Otocac- Licki Osik）线路跳闸	距离保护
	22:10:29	乌克兰西部	WPS-TEL	400kV 缪克赛沃—柔色洛瑞（Mukacevo- Rosiori）线路缪克赛沃侧跳闸	距离保护
	22:10:29	匈牙利	MAVIR	400kV 山多尔村—保克什（Sandorfalva- Paks）线路跳闸，位于山多尔村接于第 3 区的客户与匈牙利电网解列，形成 120MW 孤岛运行	距离保护
	22:10:29	匈牙利—塞尔维亚	MAVIR-JPEMS	400kV 山多尔村—苏博蒂察（Sandorfalva- Subotica）线路跳闸并重合闸成功，继续向位于山多尔村的 120MW 客户孤岛供电	未跳线—距离保护—重合闸成功
	22:10:29.390	罗马尼亚	TEL	400kV 阿拉德民莎（Arad-Mintia）线路阿拉德侧跳闸	失步保护
	22:10:29.460	匈牙利—罗马尼亚	MAVIR-TEL	400kV 山多尔村—阿拉德（Sandorfalva- Arad）线路 Arad 侧跳闸	距离三相保护

续表

序号	时刻	国家	TSO	事　件	原因
9	22:10:31	奥地利	APG	220kV 萨姆堡—伊布菲尔德（Bisamberg- Ybbsfeld）线路距离保护动作跳闸，导致奥地利电网解列为 2 部分运行：① 东部：维也纳、多数下奥地利州及布尔根兰州（高频）；② 西部：少数下奥地利州及其余 APG 控制区（低频）	失步—距离保护
10	22:10:32	西班牙—摩洛哥	REE	400kV 波尔图克鲁兹—迈卢萨（PTO. CRUZ-MELLOUSSA）线路跳闸	低频
11	22:11:29.372	克罗地亚—波黑	HEP-ISO BiH	220kV 梅杜里克—普里耶多尔（Meduric- Prijedor）线路跳闸	
	22:11:29.574	克罗地亚	HEP	110kV 达鲁瓦尔—维罗维蒂察（Daruvar- Virovitica）线路	距离保护
	22:11:33.182	克罗地亚	HEP	波热加—新星格拉迪斯卡（Pozega-Nova Gradiska）线路	距离保护

（二）系统解列以后情况

东北部地区解列前发电总量为 62 300MW，系统解列后，剩余发电出力约 10 000MW（约占事故前该区域总发电出力的 17%），系统瞬时最高频率约 51.4Hz，频率恢复至 50.3Hz 左右，切除风电出力共 6200MW。

东南部地区解列前发电总量为 29 100MW、负荷为 29 880MW，解列后系统功率缺额约 770MW，系统保持 49.8Hz 频率运行。

西部地区解列前发电总量为 182 700MW，系统解列后，电力缺额约为 8940MW，频率 8s 之内下降到大约 49Hz，在 49～49.2Hz 频率范围内运行时间长达 460s。切除负荷约 17 000MW。

2.3.4　事故后恢复

从 22:10 事故发生之后就开始尝试恢复系统联网运行，但由于频率幅值相差大，对联络线试送的努力均告失败。

22:47:23，在本彻迪森—埃尔森（双回线）的 380kV 线路上首次成功实现西部地区和东北部地区系统重新并网运行。在此次成功尝试之后，更多的线路合闸成功，6min 后（22:53），在德国和奥地利之间西部和东北部地区间已有 9 条 380kV 和 4 条 220kV 联络线恢复运行。至 23:24 全部操作结束。

在西部和东北部系统重新并网运行后不久，东南部地区同系统恢复并列的操作也开始进行。从 22:49 起的 13min 内，东南部地区同 UCTE 电网的四条联络线相继恢复运行（克罗地亚的 2 条内部线路和克罗地亚—匈牙利间的 2 条联络线）。至 23:57，全部操作完成。

2.4 原因分析

（1）未严格遵循 $N-1$ 安全准则❶。E.ON 电力公司未对船舶通航导致迪勒—康尼福德双线的停运及兰德斯贝根变电站接线的方式改变进行安全稳定校核，仅根据经验做了粗略的情况估计。而 11 月 4 日晚的系统事故，正是由此两项系统方式变化引发的。根据事故调查中进行的安全稳定分析，E.ON 电网和相邻电网当晚在迪勒—康尼福德双线停运及兰德斯贝根变电站接线方式改变后的系统状态是不满足 $N-1$ 安全准则要求的。

（2）TSO 之间协调不当。按照安全要求和原定计划，E.ON 电力公司及相邻电网的调度人员是按照 11 月 5 日 01:00～05:00 时段内停运 380kV 迪勒—康尼福德双线的方式进行准备的，但造船公司突然提出要提前通航，导致 E.ON 电力公司被迫提前进行准备工作，而且通知相邻电网过迟，造成各单位准备工作均不完善（特别是 E.ON 电力公司的安全校核等准备工作未作好）。另外，E.ON 电力公司对重载的兰德斯贝根—韦伦多夫线路两侧保护定值不一致的问题，虽然知晓但一直没能采取有效措施，也是引发事故的主要原因。

（3）部分并网发电机组对事故处理造成影响。事故发生后，西部地区多台小机组因低频保护动作跳闸，而在东北部地区多台机组及大量小机组在事故后电网调整阶段自行无序并网，导致两个系统的运行状态均进一步恶化，延迟了系统恢复时间。

另外，大部分 TSO 的调度运行人员无法得到全部并网机组的实时数据，使其无法对所调度系统的状态作出正确判断。

（4）调度人员在事故中处理电网事故时受到相关法规和合约限制。基于 $N-1$ 安全准则，为了处理电网事故及恢复电网稳定运行，TSO 调度运行人员不得不布置和执行许多措施，还要遵守相关国家政府法规和各自公司的内部规定，其中包括电网相关措施、电力市场相关措施及紧急情况下的特殊措施。

由于所采取的措施量必须考虑电网稳定裕度、变化因素（跨国交易计划变动、发电模式变化），最后 TSO 在重新安排不同措施时浪费了大量时间。

（5）TSO、DSO 在电网恢复时协调不力。在缺乏对全网状态正确了解的情况下，部分地区用户就重新恢复负荷（主要为安装备用电源自动投切装置的用户）。有些配网调度人员，在未经主网调度人员许可，甚至是未做任何联系的情况下，就擅自向用户供电，对主网调度人员进行事故处理和电网恢复造成了干扰。

---

❶ 跳双回线，与我国标准不同。

（6）各 TSO 在进行系统同期并列时协调不力。在进行系统同期并列的过程中，有关 TSO 的协调配合不够，仅凭对自身系统情况的了解，就进行线路恢复和孤立系统同期并列操作，结果造成多次线路试送和并列不成功。

（7）人员的培训有待加强。各 TSO 对自身电网安全稳定考虑较多，但相互影响问题考虑甚少。基于越来越严峻的、多变的电力市场交易现状，高度密集电网应更加注意安全稳定的相互影响。各 TSO 必须提高调度人员在电网正常和异常情况下运行时都能密切配合的能力，特别是对使用相应工具、遵守有关规程和执行特定预案的培训，加强相互沟通和相互交流。

2.5 事 故 启 示

1. 合理规划电网网架结构，加强电网建设

世界范围内近年来发生的大电网崩溃事故多与连锁事故引起电力潮流大范围转移有关。因此，应避免或消除严重影响安全稳定的电磁环网，电源分层分区合理接入电网，控制短路电流，防止因大电源接入低压电网，出线过多，造成潮流分布不均。加强主干电网建设和保持合理电网结构是解决问题的根本措施。

对我国的特高压大电网而言，各级电压网络配合、电源的协调规划及目标网架和过渡网架的安全稳定性都是很重要的。此外，我国电网将在未来面临各种可能的安全稳定问题的考验，不但有大城市密集电网的过负荷、低电压、热稳定问题，更重要的还有与重载长距离输电、电网薄弱等相关的功角稳定问题，以及近年来愈加突出的重载引起的电压稳定问题，保证电网安全稳定的复杂性更强、难度更大。

2. 加强统一调度

事故暴露出事故前电网各分区调度之间对运行方式变化和系统操作的信息交换和沟通协调不足，未能进行全局性的电网安全分析与协调。事故过程中，各分区不了解电网的全局情况，仅根据局部情况恢复负荷或进行线路和系统同期并列，造成情况恶化和操作失败，延误了系统恢复。

对于我国电网而言，必须在分区分级调度基础上，注意加强电网统一调度，以加强大电网协调预防和处理事故的能力，并明确以下各级调度的职责；在电力市场运营中，应强调以电网安全为前提的电网调度原则。

3. 严格进行电网安全稳定计算分析，坚持没有经过计算的方式不得付诸运行

事故反映出运行在负荷潮流多变的电力市场条件下大型密集联合电网其结构的复杂性和运行方式的多变性，大量不可控的小机组无序开停及以最大商业利益为目标的购电合同变化，增大了系统的不可控性，以及电网在安全稳定管理和规章制

度方面不严格。事故由于两项系统方式相继变化没有进行计算校核而出现意外事故。因此，应强调运行人员对电网操作和潮流变化不能仅靠经验和估计，必须严格按照规定进行安全稳定计算分析，坚持没有经过计算的方式不得付诸运行，电网操作前要根据当时的电网情况进行复核计算。

4. 严格要求满足《电力系统安全稳定导则》（GB 38755—2019）规定的 $N-1$ 安全准则和三道防线安全

严格按照《电力系统安全稳定导则》（GB 38755—2019）规定的电网安全标准进行安全分析，留有足够的有功和无功电源备用容量及电网输电能力的安全裕度，切实遵循 $N-1$ 安全准则，保证三道防线的安全。

特别应强调，在计划检修方式下除做好相应负荷和发电安排，也应切实遵循检修方式下的 $N-1$ 安全准则。要避免发生电网在负荷潮流重时，检修方式存在不能满足 $N-1$ 安全准则的情况。

5. 建立电网频率异常的技术规定和管理规定

事故反映出 UCTE 电网缺少应对频率异常的明确、严格的技术规定和管理规定，大量风电机组过早跳闸，低频自动减载动作后，在一次调频作用下，系统频率只短时恢复到 49.25Hz，一次调频能力弱，低频减载量明显不足，UCTE 各成员国低频减载轮次、时延等不尽相同，负荷无序恢复，导致系统频率 10min 内徘徊在 49.0～49.1Hz，完全不符合电网安全的基本要求。

目前我国对低频的要求和管理还不够细致，还缺乏完善的高频及负荷恢复的规定，同步运行的跨大区互联电网低频减负荷方案差别很大，亟待明确规定和改进。

6. 加强继电保护和安全自动装置的管理

线路两侧保护定值不一致时，若线路一端保护过早跳闸，则会导致连锁跳闸。我国应不断加强对继电保护和安全自动装置的管理，消除隐患，提高正确动作率，为电网三道防线把好关。

7. 提高电网仿真分析能力

应保证 EMS 中潮流计算功能的实效，为调度员提供安全分析手段。在我国一些电网调度中，由于新老调度自动化系统交接、高级应用软件运行不稳定或运行人员熟悉掌握程度较低，调度中潮流计算功能的实际应用还很不理想。

加快研究开发动态安全评价软件，从防止大电网崩溃的全局出发，提供评价电网实时动态安全性的判据和控制策略，进而提出有效的安全稳定措施。

8. 加强运行人员培训

UCTE 电网事故的根本原因是人为失误，因此必须加强人员在技术和安全稳定管理意识两方面的培训，加强素质培训，克服侥幸心理。

3 2009年巴西"11.10"大停电事故

3.1 事故概况

巴西南部当地时间2009年11月10日22:13（北京时间2009年11月11日8:13），巴西、巴拉圭发生了大规模停电事故。事故导致巴拉圭几乎全国停电。巴西的圣保罗州、里约热内卢州、米纳斯吉拉斯州、圣埃斯皮里图州、南马托格罗索州、戈亚斯州等18个州均受到停电事故影响，影响面积达375万 km²，约占全国领土面积的44%；巴西共损失负荷2883万 kW，约占全国总负荷的47%；影响人数6000万人，占巴西人口的1/4。

该次事故是继1999年巴西"3.11"大停电后最严重、波及面积最广、影响人口最多的一次大停电事故。

3.2 巴西电力系统概况

3.2.1 网架结构

巴西是拉丁美洲面积最大的国家，位于南美洲东部，东濒大西洋。国土面积854万 km²，居世界第五位，2009年巴西人口约为1.9亿。巴西水力资源极其丰富，居世界第四位，建有装机规模仅次于我国三峡水电站的伊泰普（Itaipu）水电站。

巴西电网按区域可分为六大电网，分别为西北电网、北部电网、东北部电网、中西部电网、东南部电网和南部电网。巴西主网为南部电网和东南部电网。

除西北电网独立运行外，巴西电网已形成了由南部、东南部、北部、东北部四大区域电网组成的互联电网。通过伊泰普水电站送出系统及多回525、230kV和138kV线路实现了南部和东南部电网的互联；通过图库鲁伊的建设实现了北部电网与东北部电网的互联。1999年底，建成了一条长度为1028km的525kV交流输电线路,实现了南部电网和北部电网的互联,形成了覆盖巴西约60%国土、95%的人口和98%的装机容量的互联电网。电网结构示意图如图3-1所示。

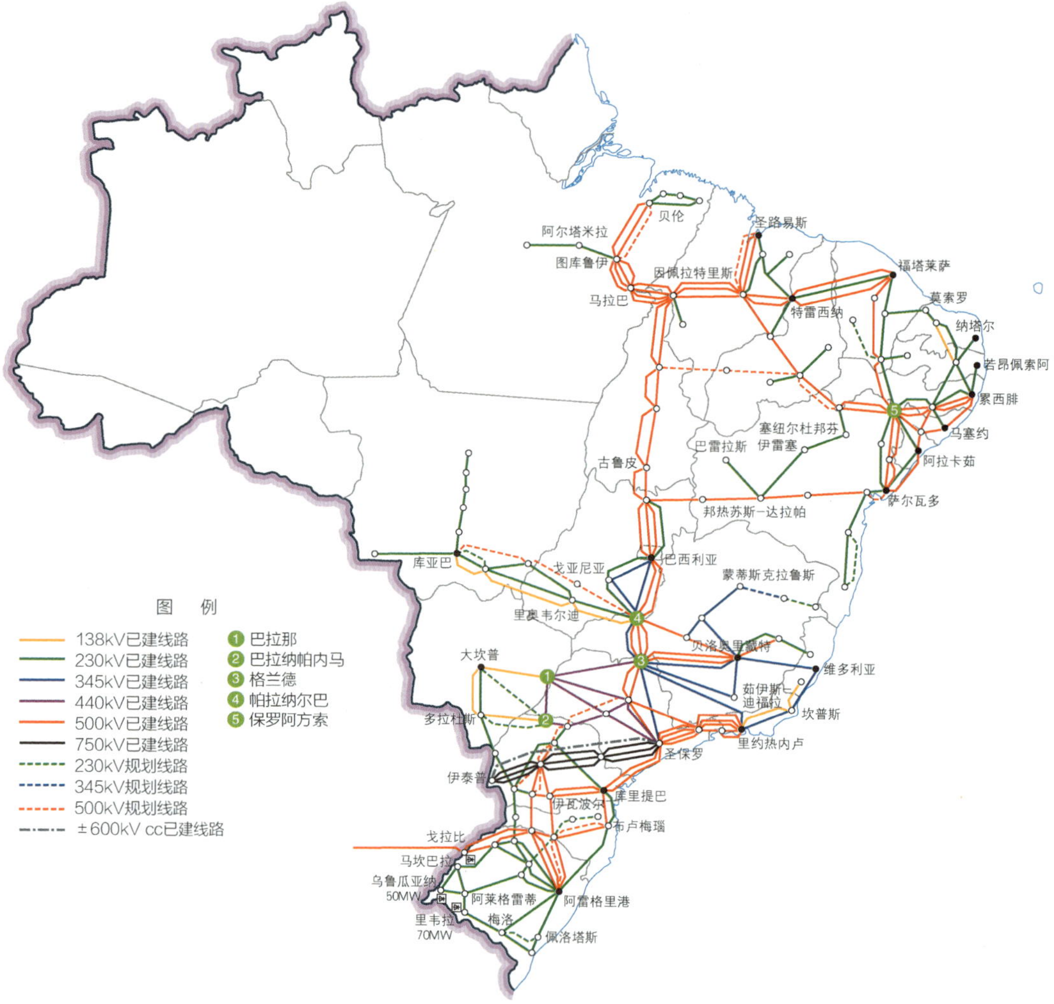

图 3-1 巴西互联电网示意图

3.2.2 伊泰普水电站

伊泰普水电站在 "11.10" 大停电事故中扮演了重要的角色。伊泰普水电站位于巴西与巴拉圭之间的界河——巴拉那河,由巴西和巴拉圭两国联合开发,并由两国联合组建的合营公司运营。总装机容量 14 000MW,包括 20 台 700MW 的机组。其中,10 台机组隶属巴拉圭,为 50Hz 系统;10 台机组隶属巴西,为 60Hz 系统。伊泰普水电站送出系统网络结构图如图3-2所示。

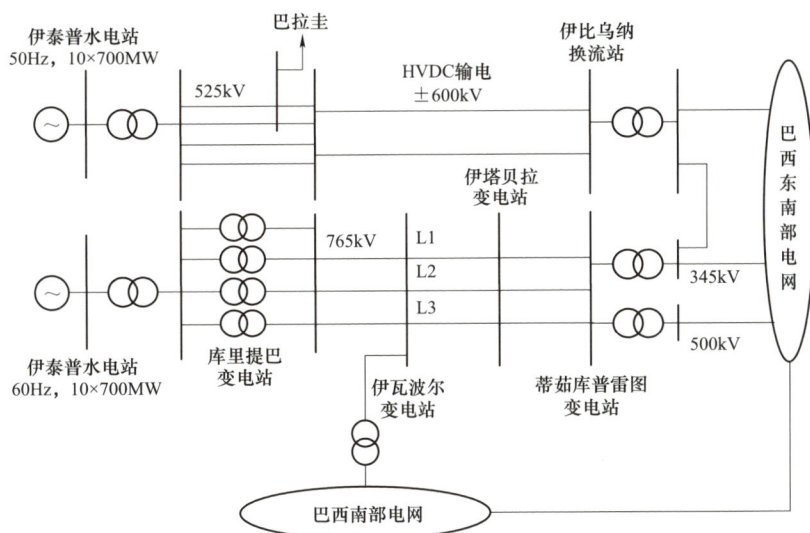

图 3-2　伊泰普水电站送出系统网络结构图

　　伊泰普水电站通过 8 回 525kV 线路送出，包括 4 回 50Hz 交流线路，4 回 60Hz 交流线路。8 回 525kV 出线分别通过左（巴西）、右（巴拉圭）岸走线，分别汇集在电站附近的直流换流站和交流变电站。4 回 50Hz 线路接入换流站，再通过两回 ±600kV 直流线路将功率直送巴西的负荷中心——东南部电网的圣保罗州（Sao Paulo），距离 830km，输送功率为 6300MW；同时还经过一台 765MVA、525/230kV 的自耦变压器，引出一条 230kV 架空输电线路送电至巴拉圭。4 回 60Hz 525kV 线路升压到 765kV，再在库里提巴（Foz do Iguacu）变电站通过 3 回 765kV 线路同样送往圣保罗方向，距离 900km，输送功率也是 6300MW，在中途建有伊瓦波尔（Ivaipora）变电站，与巴西南部电网相连。

3.2.3　电网管理机制

　　巴西电网管理机制如图 3-3 所示。巴西电网管理的最高部门是国家能源政策委员会，下设能源矿产部、能源矿产部领导电力机构监管委员会和能源规划署。

　　1996 年 12 月，巴西成立了独立的电力监管机构，负责电力市场技术和经济方面的监管工作，颁发电力企业经营许可证，规范电力市场价格。1998 年 8 月，成立了独立的电力市场运行和管理机构，管理巴西电能批发市场，负责电力市场参与者之间的电力交易和结算。1998 年 10 月，巴西成立了独立的国家电力调度中心，设有国家调度中心和四个区域调度中心，并于 1999 年 3 月由电力监管机构授权后正式负责运作国家互联电网，管理国家输电网络，对巴西电力系统进行统一调度。

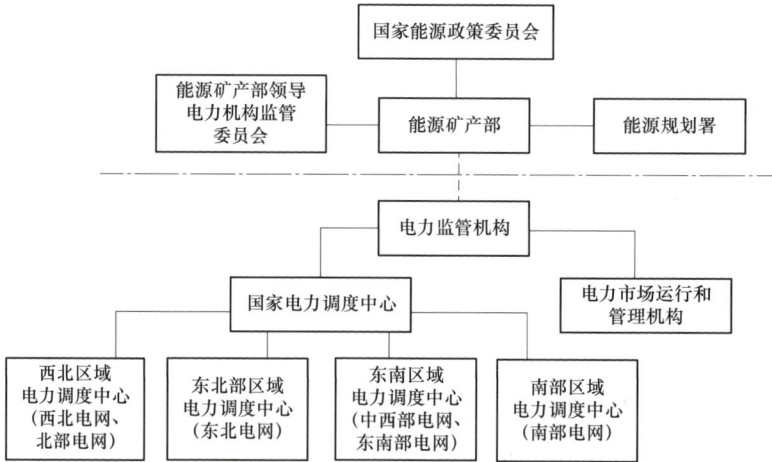

图 3-3　巴西电网管理机制

国家互联电网（Sistema Interligado Nacional，SIN）的四大电网公司分别主管六大区域电网：西北电网为独立运行电网，与北部电网同属北部电网公司主管；东北部电网由东北部电网公司主管；中西部电网和东南部电网同属东南部电网公司主管；南部电网由南部电网公司主管。四大区域电网之间主要通过 500kV 线路联系。巴西国家互联电网已实现与阿根廷、乌拉圭、委内瑞拉等周边国家的互联，进行电力交换。

3.3　事　故　过　程

3.3.1　事故前系统状态

1. 气象条件

事故前巴西南部圣卡塔琳娜州（Santa Catarina）和巴拉那州（Parana）的冷空气引发了飓风、强降雨和密集的雷电。恶劣的气象条件导致在伊塔贝拉（Itabera）变电站发生 3 次连续不同相的单相短路故障。

2. 电网状态

事故发生前，巴西电网总负荷 60 775MW。其中东南部电网负荷 34 426MW，接受外来电力 8515MW，南部电网负荷为 9656MW，外送电力 2955MW。事故前巴西各地区电网负荷水平见表 3-1。

表 3-1 巴西各地区电网负荷

地区	负荷（MW）	地区	负荷（MW）
东南部电网	34 426	北部电网	2901
南部电网	9656	东北部电网	10 571
中西部电网	3221	巴西全网	60 775

南部和东南部电网通过伊泰普水电站送出系统及多回 525、230kV 和 138kV 线路实现了互联。事故发生前，南部与东南部电网断面 765、525kV 等级线路潮流见表 3-2，巴西电网潮流示意图如图 3-4 所示。其中伊泰普 50Hz 系统开机 9 台，输送至巴西东南部电网的功率为 5328MW，通道送电功率为东南部电网总负荷的 15.5%；60Hz 系统开机 9 台，送出功率 5560MW，$N-2$ 极限功率为 5800MW，在伊瓦波尔变电站接纳 3 台主变压器上网功率 1063MW，通道送电 6545MW，送电功率为东南部电网总负荷的 19%；南部电网与东南部电网的交流联络线潮流为 8515MW，$N-2$ 极限功率为 9200MW，潮流均未出现越限情况。系统潮流、电压均在正常范围内。

表 3-2 事故发生前南部和东南部电网断面潮流

线 路	潮流（MW）	通道送电比例
3 回 750kV Ivaipora-Itabera（伊瓦波尔—伊塔贝拉）（南部→东南部）	6545	19%
伊泰普 50Hz 直流送出系统（南部→东南部）	5328	15.5%
1 回 500kV Londrina-Assisi（隆德里纳—阿西斯）（南部→东南部）	662	1.9%
2 回 500kV Ibiuna-Bateias（伊比乌纳—贝特斯）（东南部→南部）	1285	—

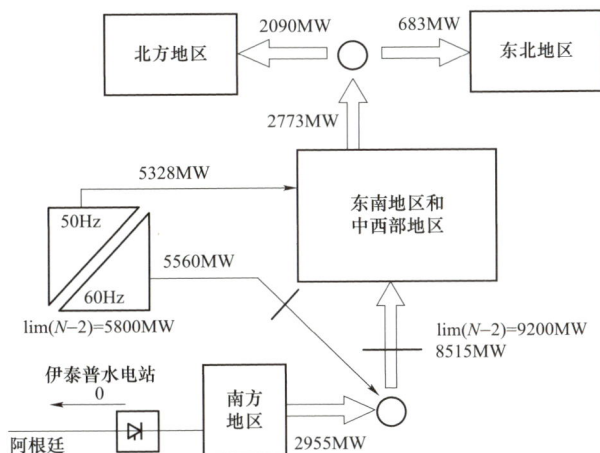

图 3-4 故障前巴西电网潮流示意图

3.3.2 事故过程

巴西官方调查报告披露了这次事故经过。以 2009 年 11 月 10 日 22:13 为 0 时刻，所述时刻均相对 0 时刻。

（1）0 时刻，765kV 伊瓦波尔—伊塔贝拉的 C1 输电线路位于伊塔贝拉侧的滤波器绝缘柱底座 B 相发生对地短路。

（2）13.5ms 时，765kV 的伊瓦波尔—伊塔贝拉的 C2 输电线路的 A 相发生短路。

（3）17ms 时，765kV 伊塔贝拉变电站母线 C 相发生短路故障。

（4）48ms 时，C1 线路基于载波的主、后备保护动作，跳开线路。

（5）58.9ms 时，通过母线差动保护动作，断开母线断路器。由于伊塔贝拉的主接线方式为 3/2 接线，故没有切除变电站出线。

（6）62.3ms 时，C2 输电线路非对称故障的主、后备方向过流保护动作，跳开该段线路。

（7）104.5ms 时，由于伊瓦波尔的母线中性点电抗器上的零序过电流保护的作用，跳开 765kV 伊瓦波尔—伊塔贝拉的 C3 线路。保护动作原因是伊塔贝拉—伊瓦波尔线路 C1 回路 B 相、C2 回路 A 相、伊塔贝拉变电站母线 C 相在伊塔贝拉变电站侧先后发生单相对地短路故障，故障引起的不平衡电流导致伊瓦波尔侧母线中性点电抗器的暂态电流达到 1500A，触发零序过流保护动作。

（8）251ms 时，伊泰普水电站 60Hz 系统配备的安全稳定控制装置检测到伊瓦波尔—伊塔贝拉 2 回线路跳开，切除了编号为 10、12、14、18 号的 4 台机组。随后检测到伊瓦波尔—伊塔贝拉 C3 回路跳开，在 476ms 时追切编号为 18A 的机组，共切出力 3100MW。

（9）通过安全稳定控制装置切除伊泰普 5 台机组后，并没有使系统稳定，南部—东南部电网发生严重的振荡：680ms 时，525kV 贝特斯—伊比乌纳双回线开断；1s 内，连接南部和东南部电网的 230、138kV 联络线先后跳开。南部和东南部电网高电压等级的联络线只剩下 1 回 525kV 隆德里纳—阿西斯—阿拉拉夸拉（Araraquara）线路。

（10）由于南部—东南部电网之间的剧烈振荡，同时伴随着电压崩溃，1~2s，圣保罗地区各电压等级线路相继跳开。

（11）1088ms 时，位于负荷中心的瓦拉内布拉加（Gov.Ney Braga）核电厂由于高频切机安全稳定控制装置误动，切除编号为 G1、G2 的两台机组，进一步恶化系统情况。

（12）由于圣保罗地区线路的相继开断，该地区 440kV 系统内机组相对于北部/东北部电网的机组失步，又导致以下线路开断：1204ms，440kV 阿瓜韦梅利亚（Agua Vermelha）—阿拉拉夸拉线路开断；1264ms，525kV 线路阿瓜韦梅利亚—圣西蒙（Sao Simao）开断；1789ms，525kV 线路阿瓜韦梅利亚—马林邦多（Marimbondo）开断，这些线路的开断使得北部/东北部电网与东南部/中西部电网解列。解列后东北电网的低频减载动作，切除负荷 802MW。

（13）事故后 2s 左右，230kV 多拉杜斯—瓜伊拉（Dourados-Guaira）、新波尔图·普里马韦拉—因贝德索（Nova Porto Primavera-Imbirussu）、新波尔图·普里马韦拉—多拉杜斯线路相继跳开，将马托格罗索（Mato Gross do Sul）州从南部和东南部电网解列，之后南马托格罗索州电网低频减载动作，切除负荷 588MW。

（14）事故后 2s 左右，南部电网频率上升为 63.5Hz，上升速度为 1.4Hz/s，伊泰普水电站通过启动稳控策略，切除了库里提巴—伊瓦波尔 3 回 765kV 线路，将南部电网与伊泰普水电站隔离，减少了故障对南部电网的冲击。

随着南部电网与东南部电网联络线逐步减少，艾瑞亚—勾文纳多·本多木娅斯（Areia-Governador Bento Munho）525kV 线路 C1 和 C2 回路、艾瑞亚—塞格雷杜·本头（Areia-Segredo）线路 C1 回路、艾瑞亚—库里奇巴（Areia-Curitiba）线路 C1 回路、艾瑞亚—伊瓦波尔线路 C1 回路、伊瓦波尔—隆德里纳线路 C1 回路因过电压跳开，南部电网因电压波动损失负荷 104MW。

（15）圣保罗地区 440kV 网架解列后，伊比乌纳站 345kV 母线电压显著降低。库里提巴换流站欠压保护动作（直流电压持续低于额定电压 48% 时动作），导致伊泰普水电站直流相继闭锁。

直流双极闭锁导致伊泰普水电站 50Hz 侧机组切机。随后，440kV 输电系统被破坏使得伊泰普水电站电厂切除了更多的机组，最终伊泰普水电站 18 台机组全停，总损失出力 11 000MW。

（16）东南地区电网电压普遍降低，许多线路因过流或过电压保护相继动作跳闸。其中南部与东南部 525kV 联络线阿西斯—阿拉拉夸拉在 1min20s 跳闸，南部与东南部电网解列。

（17）直流线路全部闭锁，使得东南部电网失去电源支撑，功率缺额增大。许多线路由于过电压、过负荷保护动作，圣保罗、里约热内卢、圣埃斯皮里图及玛多克罗索电网几乎全部崩溃，共损失负荷 21 363MW。

（18）230kV 维赫纳—佩布埃诺（Vihena-pepper Bueno）线路由于解列装置动作，使阿格雷/容多尼亚（Acre/Rondonia）地区电网与东南部电网隔离，成为孤岛系统，孤岛运行的阿格雷/容多尼亚电网的频率降至 57.5Hz。低频减载动作，切负荷 199MW。

（19）米纳格来斯/巴西利亚/马托格罗索（Minas Goias/Brasilia/Mato Grosso）地区与东南部电网解列后，频率分别降至 58.3Hz 和 58.0Hz，米纳格来斯地区低频减载动作切负荷 667MW，中西部电网低频减载动作切负荷 279MW。

整个事故发展进程如图 3-5 所示。

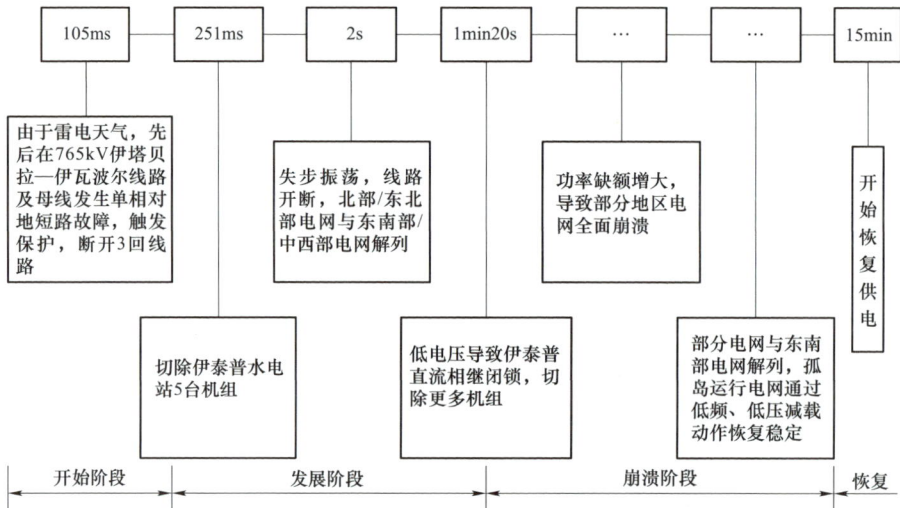

图 3-5　事故发展进程图

3.3.3　事故后恢复

停电约 15min 后，伊泰普水电站恢复向巴拉圭供电。

停电超过 2h 后，巴西受停电影响的城市于 11 日凌晨（当地时间）开始慢慢恢复供电。

巴西多个城市在经历 4h 断电后陆续恢复供电，此次事故的负荷平均恢复时间为 222min。

3.4　原　因　分　析

3.4.1　事故仿真分析

事故后，巴西电网有关部门基于事故前的运行方式，按照故障发生和控制系统动作时序，重演事故过程。

案例 1：开断 3 回 765kV 伊瓦波尔—伊塔贝拉线路，切除伊泰普水电站 5 台机组。

案例 2：开断 2 回 765kV 伊瓦波尔—伊塔贝拉线路，切除伊泰普水电站 4 台机组。

仿真结果曲线如图 3-6～图 3-9 所示。当开断 2 回 765kV 伊瓦波尔—伊塔贝拉线路，切除伊泰普水电站 4 台机组后，系统能够保持暂态稳定；当失去 3 回 765kV 伊瓦波尔—伊塔贝拉线路，切除水电站 5 台机组，系统失稳，南部与东南部/中西部电网发生振荡失步。仿真结果与实际故障过程相一致。可见，若 765kV 伊瓦波尔—伊塔贝拉 C3 母线电抗器如果能躲过不平衡电流，不发生 C3 线路开断，则能避免事故的扩大。这说明巴西事故前在多重故障的校核和/或安全稳定控制参数设置上存在问题。

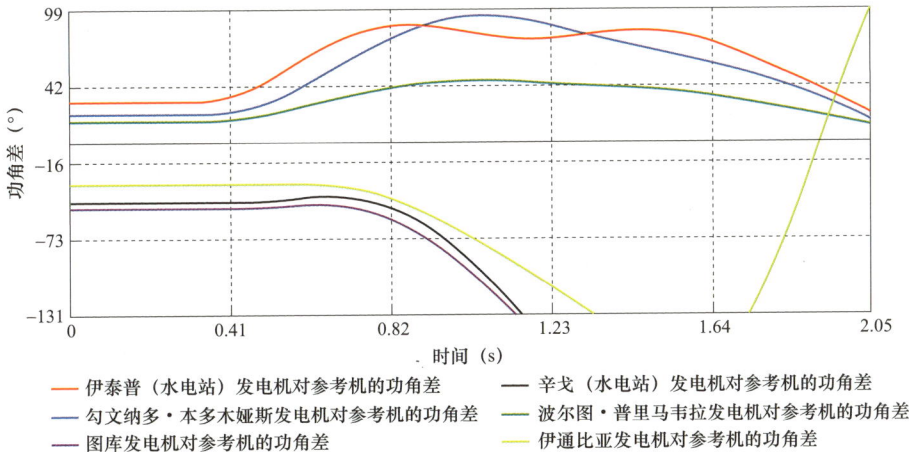

图 3-6   案例 1 故障后发电机功角差曲线

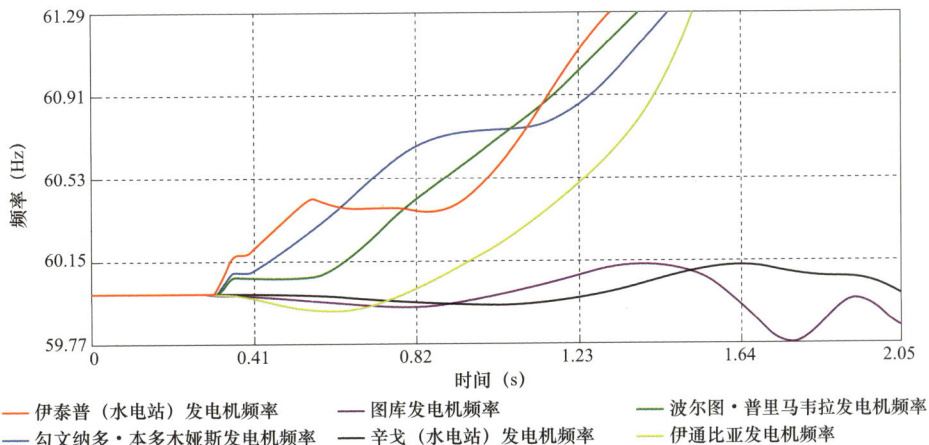

图 3-7   案例 1 故障后发电机频率曲线

35

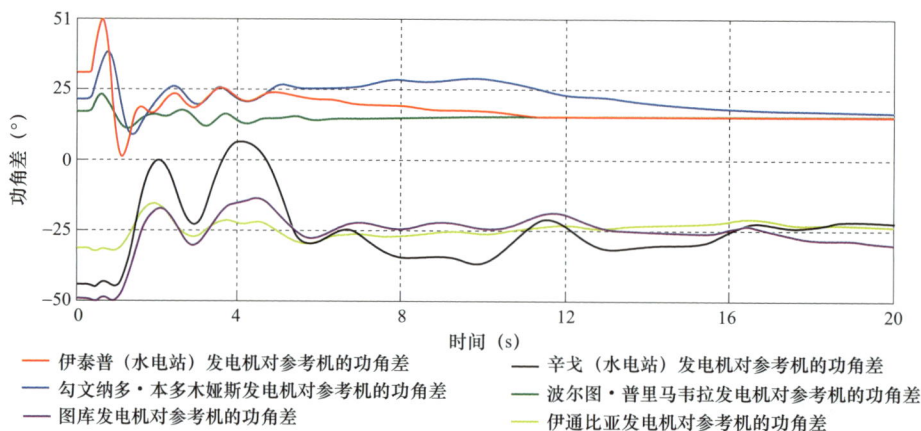

图 3-8　案例 2 故障后发电机功角差曲线

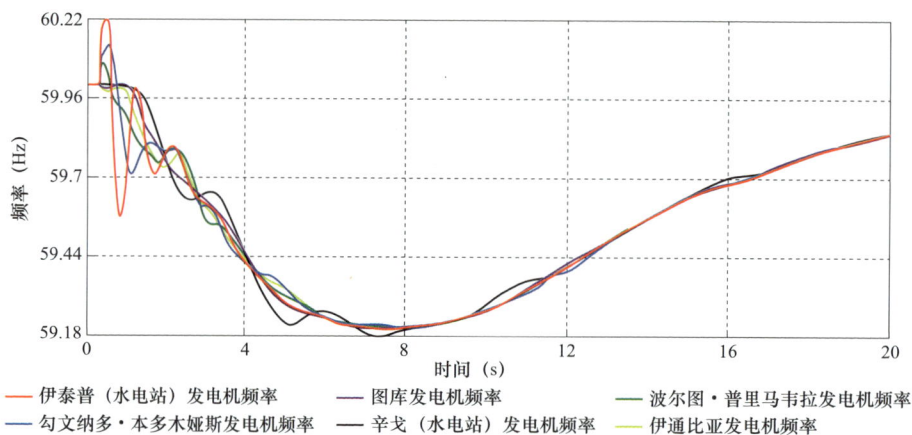

图 3-9　案例 2 故障后发电机频率曲线

3.4.2　事故原因分析

3.4.2.1　薄弱的网架结构

（1）网架结构不合理。在巴西东南部电网负荷中心，电压等级有 765、525、440、345、230、138kV，电网结构分层分区不清晰。伊泰普水电站 3 回 765kV 伊瓦波尔—伊塔贝拉—蒂茹库普雷图线路与 525kV 贝特斯—伊比乌纳形成电磁环网。事故前，贝特斯—伊比乌纳线路潮流由东南部送往南部电网，再由南部电网的伊瓦波尔变电站通过 3 台主变压器上网，继而再通过 765kV 线路外送东南部电网，体现了网络结构的不合理。

（2）受端电网缺乏与 765kV 交流通道相匹配的坚强网架。伊泰普水电站的受端地区，电网电压等级为 525kV 和 345kV，缺少与 765kV 交流通道和 ±600kV 直流通道相匹配的坚强网架，电网的支撑能力、功率交换和紧急状态下的功率支援能力都很弱。

（3）单一受电通道输送规模较大。事故前，伊泰普水电站 765kV 交流和直流送电通道分别为 5328、6545MW，占东南部电网总负荷的比例分别为 15.5% 和 19%，单一通道送电规模相对偏大。一旦重要送电通道断开，受端系统将由于大量的功率缺额而导致稳定破坏。

3.4.2.2　安全稳定控制装置和继电保护的整定和动作不合理

（1）从仿真结果来看，若 765kV 伊塔贝拉母线的中性点电抗器上的零序过电流保护装置若能躲过事故中的不平衡电流，即 C3 线路不开断，则可能避免这次大停电事故。

（2）伊泰普水电站 60Hz 系统配备的安全稳定控制措施中预想了失去 3 回 765kV 线路的故障，设置了切 5 台机组的安全稳定控制措施，但实际故障过程中，该切机量并不能保证系统的稳定。

（3）在事故发展过程中，瓦拉内布拉加核电厂的高频切机安全稳定控制装置误动，切除编号为 G1、G2 的两台机组，也使得系统运行工况进一步恶化。

（4）在系统振荡过程中，非振荡中心的线路的继电保护装置没有实现振荡闭锁跳闸（没有设置该保护，或是该保护参数设置不合理），使得线路无序解列，极大程度上破坏了电网的完整性。

（5）在系统振荡过程中，位于振荡中心的南部和东南部联络线 525kV 阿西斯—阿拉拉夸拉线路保护动作延时，没有及时解列，导致系统持续振荡，故障范围扩大。

3.4.2.3　不完善的事故预想及紧急处理决策

事故后，通过仿真得到与实际事故相近似的仿真曲线，说明在事故前没有做好完善的事故预想和相应的紧急处理决策，导致出现伊泰普水电站安全稳定控制措施切 5 台机组，系统仍由于切机量不足而失去稳定的局面。

3.4.2.4　设备缺乏维护

事故后，通过对母线绝缘子的绝缘性能的研究和试验结果表明，伊塔贝拉变电站的母线绝缘子的绝缘性能在事故前满足技术规范（NBR6936）的要求，但在强降雨的情况下（3mm/min）使得绝缘性能降低 30%，增加短路的风险。因此需更换绝缘强度更高的绝缘子，并定期检查、维护。

3.5 事 故 启 示

尽管巴西"11.10"事故造成了大规模停电，但事故过程中及事故恢复过程仍有一些宝贵经验可以借鉴。

（1）失步解列装置的正确动作。这次大停电事故中，失步解列装置的正确动作，使得北部/东北部、阿格雷/容多尼亚、马托格罗索孤岛运行，有效避免了事故的进一步扩大。

（2）低频减载装置的正确动作。事故过程中，低频减载装置动作情况基本正常，大都符合设计的动作轮次和减载量。北部和东北部电网、米纳格来斯/巴西利亚、马托格罗索、阿格雷/容多尼亚电网解列成为孤岛后，低频减载装置正确动作，为确保孤网系统稳定运行起到了至关重要的作用。

（3）系统负荷恢复速度较快。由于巴西电网自 20 世纪 80 年代以来发生过数起严重的大停电事故，也使得巴西电网在黑启动和负荷恢复方面积累了丰富的经验。这次事故停电约 15min 后，伊泰普水电站恢复向巴拉圭供电。停电超过 2h 后，巴西受停电影响的城市于 11 日凌晨（当地时间）开始慢慢恢复供电。这次事故的负荷平均恢复时间为 222min。总体来说，整个事故的恢复速度较快。

巴西"11.10"大停电事故对我国电网安全稳定运行有如下启示：

1. 加强电网基础建设

加强电网建设，特别是受端电网的建设。我国正在构建特高压大电网，应加强与特高压直流送电相匹配的特高压交流通道的建设，同时加快特高压受端环网建设，提高电网的支撑能力，扩大受端电网规模，充分发挥电源的支撑能力和电网紧急功率支援能力。

2. 合理适当地分散电源接入

坚持保持一个负荷中心和多个分散的外部电源这种特色的电网结构形式，这对保证我国电网的安全稳定运行、避免大面积停电提供了极为有利的前提条件。

3. 单一通道送电比例不宜过大

避免一组送电通道的输送容量过于集中，在发生严重事故时，因失去电源容量过多而引发受端系统崩溃，每一组送电通道占受端总负荷的比例不宜过大。

4. 积极推进电磁环网解环

一旦高电压等级线路故障跳闸，若存在电磁环网，潮流转移到低电压等级的线路后，很可能造成多米诺骨牌效应，诱发连锁跳闸，在巴西这次故障中也得以反映。电磁环网在电网发展中往往不可避免，我国仍有相当数量的 500/220kV 电磁环网运行。因此，在电网的规划、建设过程中，应加强电磁环网解环研究，合理制定解环方案，保证电源分层分区合理接入电网。

5. 合理配置系统的继电保护及安全稳定控制装置

继电保护、安全稳定控制装置的整定和动作不合理，是巴西"11.10"事故迅速扩大、导致电网崩溃的最关键因素。线路的继电保护在电网振荡过程中不发生误动作跳闸，是确保振荡中电网完整性、电网事故不扩大的重要条件。然而国外电网线路继电保护普遍不设振荡闭锁，以致由于振荡误动作而扩大了电网事故，在这次事故中也得到了充分体现。

自 1955 年，我国从苏联引进距离保护以来，实现线路振荡闭锁保护就成为一项基本要求，并保持至今。这是极为可贵的成功经验，也是我国电网避免事故扩大重要保证。

6. 加强电网安全稳定校核

校核电力系统安全稳定性，在世界各国电力系统中最常用的是 $N-1$ 安全准则。但在大停电事故中，通常是由多重严重故障引发对系统的稳定性破坏，因此对多重严重故障的校核至关重要。若事故前，巴西对此次的 $N-3$ 事故进行详细的事故预案分析，配备完善的安全稳定控制措施，则有效避免大停电事故的发生。

7. 加强电网在恶劣自然环境下的运行控制

天气因素是这次事故的导火索。近几年来，我国也频频发生地震、冰雪等自然灾害，对我国电网带来严峻考验。因此，在电网的规划阶段需考虑差异化规划，电网建设期间应考虑可能发生的恶劣天气等自然灾害对设备的影响，并加强对设备的日常维护，定期开展安全检查，及时发现和处理设备缺陷，避免或尽可能降低由于自然环境引发的大停电事故。

4 2011年巴西"2.4"大停电事故

4.1 事 故 概 况

2011年2月4日当地时间00:08，巴西东北部电网发生大规模停电事故，事故波及巴西东北部伯南布哥州（Pernambuco）、塞阿拉州（Ceara）、北里奥格兰德州（Rio Grande do Norte）、帕拉伊巴州（Paraiba）、阿拉戈斯州（Alagoas）、塞尔希培州（Sergipe）、巴伊亚州（Bahia）及皮奥伊州（Piaui）8个州，共损失负荷约8000MW，占东北部电网总负荷（8883MW）的90.1%，约4000万人生活受到影响，占巴西人口的1/6，给居民生活和公共交通造成了不便。经济损失约1亿雷亚尔，折合约6000万美元。

事故后，东北部电网中部区域在停电52min后首先恢复供电；8h后，东北部电网主要负荷恢复完毕。

4.2 东北部电网概况

巴西水利资源丰富，电源以水电为主，水电约占全国总装机的72%。巴西负荷主要集中于经济发达的东南部地区，东北部电网负荷约占巴西总负荷的14%。正如第3章介绍，巴西电网按区域可分为六大电网，由巴西国家互联电网（SIN）的四大电网公司分别主管。

"2.4"大停电事故发生在巴西东北部电网，该电网以保罗·阿方索（Paulo Afonso）水电枢纽为中心，形成3个500kV环网，构成了东北部电网的主网架。

4.3 事 故 过 程

4.3.1 事故前系统状态

（1）系统电源与负荷。事故前，东北部电网电力负荷为8883MW，保罗·阿方索水电枢纽区域出力5360MW，占东北部电网机组出力的95.1%，而分布于东部、东北部沿海负荷中心的风电厂和燃油厂，出力仅占 2.6% 和 2.3%，见表 4-1。

（2）联络线断面。事故前，东北部电网从北部、东南部电网共受电 3237MW，电网外送电比例达到 36%，网际交换功率较大。其中，东北部电网通过 4 回 500kV 线路实现与北部电网的互联，通过 1 回 500kV 线路实现与东南部电网的互联，见表 4-2。

（3）线路检修。事故前，皮奥伊州圣若昂—米拉格里斯（Sao Joao do Piaui-Milagres）线路因检修停运。故障过程中，该线路与其他开断线路构成了解列断面。

表 4-1　　　　　　　　　事故前东北部电网电源出力情况

电源类型	出力（MW）	比例
水电	5360	95.1%
燃油电	130	2.3%
风电	147	2.6%
总计	5637	100%

表 4-2　　　　　　　　东北部电网与其他电网联络线情况

联络区域	联　络　线	线路潮流（MW）
北部—东北部	杜特拉总统镇—特雷西纳—索布拉尔（Presidente Dutra-Teresina- Sobrai）Ⅲ 2 回 500kV 线路	2424
	杜特拉总统镇—博阿埃斯佩兰斯—皮奥伊州圣若昂（Presidente Dutra-Boa Esperance-Sao Joao do Piaui）1 回 500kV 线路	
	塞瑟易纳斯—里贝罗贡萨尔维斯—皮奥伊州圣若昂（Cciinas- Ribeiro Goncalves-Sao Joao do Piaui）1 回 500kV 线路	
	皮里皮里—索布拉尔（Piripiri-Sobral）1 回 220kV 线路	
东南部—东北部	塞拉达·梅萨 2—里奥达斯马雷什—邦热苏斯·达拉帕（Serra da Mesa 2－Rio das Eguas-Bom Jesus da Lapa）Ⅱ 1 回 500kV 线路	813
总计		3237

4.3.2　事故过程

以当地时间为基准，详细事故经过如下：

（1）00:08～00:20:34，变电站母线故障。

00:08，由于路易斯贡萨加—索布拉廷诺（Luiz Gonzaga-Sobradinho）C1 线路与母线 1 间的开关失灵保护装置误动，导致母线 1 与 C1 线路跳闸，如图 4-1 所示，虚线框内为跳开的开关。事故前 500kV 双回路易斯贡萨加—索布拉廷诺线路外送潮流 2×590MW，路易斯贡萨加—索布拉廷诺 C1 跳开后，系统保持稳定，满足 $N-1$ 安全准则。

00:09，变电站运行公司报告线路没有异常情况。

00:12，全国电力调度中心（Operador Nacional do Sistema Eletrico，ONS）准备恢复路易斯贡萨加—索布拉廷诺 C1 线。先下令索布拉廷诺侧对线路充电，该侧操作正常。接着下令对路易斯贡萨加—索布拉廷诺 C1 线路进行合闸操作。

00:20:34，路易斯贡萨加变电站运行人员手动进行索布拉廷诺 C1 线路合闸，在操作 C1 线路和母线 2 之间的开关时，由于同样的开关失灵保护误动，导致母线 2 跳闸。

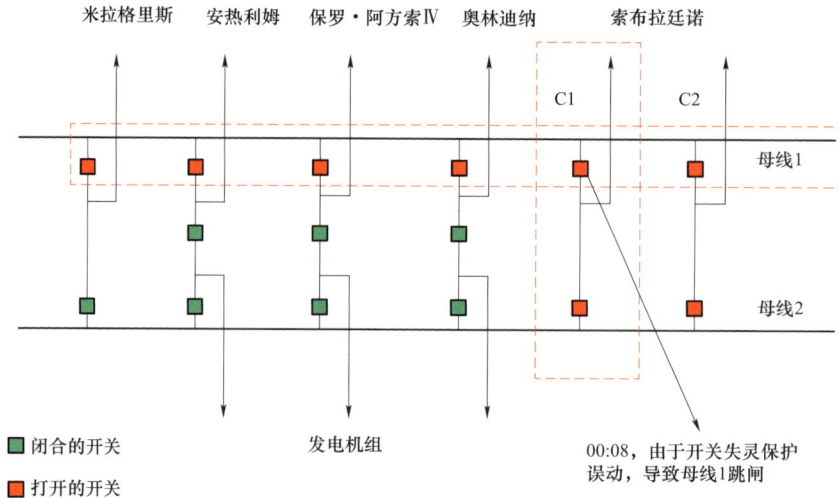

图 4-1 事故变电站母线 1 与 C1 间开关失灵保护误动

至此，母线 1、母线 2 的跳闸使得 500kV 索布拉廷诺双回线及米拉格里斯单回线路停运；由于变电站内的其他 3 回线路均为 3/2 接线方式，路易斯贡萨加变电站下的 5×250MW 机组通过母线中间开关直接外送电力，如图 4-2 所示，其中虚线框内为跳开的开关以及线路。

（2）00:20:35，失步解列。

上述故障导致东北部电网与北部、东南部电网失步，联络线失步解列装置正确动作，开断东北部电网与北部电网、东南部电网间的网间联络线（特雷西纳Ⅱ—索布拉尔Ⅲ的双回 500kV 线路、220kV 皮里皮里—索布拉尔线路、里奥达斯马雷什—邦热苏斯·达拉帕Ⅱ 500kV 线路、伊雷塞（Irece）—邦热苏斯·达拉帕Ⅱ 220kV 线路），加之先前开断的路易斯贡萨加—索布拉廷诺双回线路、检修线路皮奥伊州圣若昂—米拉格里斯，东北部电网与巴西国家互联电网（SIN）解列，东北电网孤岛运行。

（3）00:20:35～00:20:46，低频减载、低压减载以及自动甩负荷阶段。

由于事故前东北部电网通过联络线从外部受电比例较高（36%），东北部电网孤岛运行后，系统的低频减载、低压减载及负荷自身的低压保护动作使系统恢复稳定。由于过切负荷，系统频率恢复至 61Hz，电压水平较高。系统第三道防线正确动作。

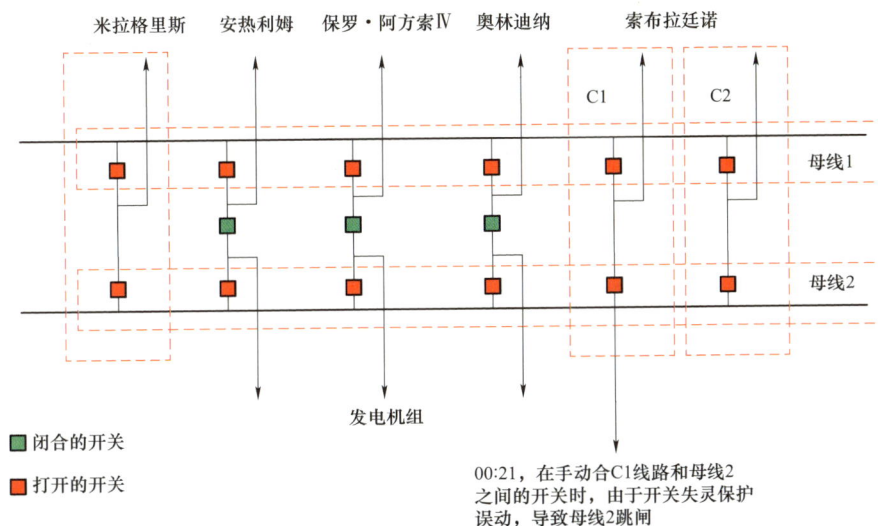

图4-2　事故变电站母线2与C1间开关失灵保护误动

至此，从发生故障的 00:20:34 时刻至 00:21:14，系统的安全自动装置正确动作，系统稳定运行了 40s。若无后续故障，系统不会发生大面积停电事故。

（4）00:21:14～00:29:00，大规模停机阶段。

辛戈（XINGO）水电站 4×527MW 机组端电压为 0.9～0.93p.u.（标幺值）。由于该电站辅助设备（冷却、调速或其他）电源低电压保护设定不合理，没有正确切换到备用电源，导致共计 2108MW 的水电机组停运。使东北部电网再次发生大功率缺额。

由于低频、低压减载已经动作完毕，大规模的功率缺额，导致保罗·阿方索Ⅰ～Ⅳ及阿波洛尼奥·赛尔斯（Apolonio Sales）等主力电厂与电网解列。

至此，巴西东北部的伯南布哥州、塞阿拉州、北里奥格兰德州、帕拉伊巴州、阿拉戈斯州、塞尔希培州 6 个州电力供应全部中断，东北部电网仅剩余 9%由外部电网供电的负荷（800MW），其中皮奥伊州剩余负荷约 473MW，巴伊亚州剩余负荷约 340MW。

4.3.3　事故后恢复

东北部电网中部区域在停电 52min 后首先恢复供电；事故停电 8h 后（即早上 8 点），东北部电网主要负荷恢复完毕。具体恢复过程如下：

（1）01:00，东北部电网的中部区域完全恢复。

（2）01:05，路易斯贡萨加—索布拉廷诺的 500kV C2 线恢复供电，东北部电网与主网重新联网。

（3）01:10，500kV 特雷西纳Ⅱ—索布拉尔Ⅲ—福塔莱萨（Fortaleza）Ⅱ线路恢复送电，北部电网与东北部电网重新联网。

（4）01:30，东北部电网的西南部区域恢复供电。

（5）02:10～05:00，东北部电网的南部区域恢复供电。

（6）02:19～05:00，东北部电网的东部区域恢复供电。

（7）02:30，恢复负荷 3000MW。

（8）03:30，恢复负荷 3750MW。

（9）04:48，安热利姆Ⅱ—辛戈Ⅱ（Angelim Ⅱ-Xingo Ⅱ）500kV 线路恢复供电。

（10）05:00，恢复负荷 5800MW。

（11）06:30，萨佩阿苏—卡马萨里Ⅱ（Sapeacu-Camacari Ⅱ）500kV 线路恢复供电，东北部电网与东南部电网同步连接，恢复负荷 5900MW。

（12）08:18，恢复负荷 6900MW，至此东北部电网的主要负荷恢复完毕。

4.4　原　因　分　析

这次事故起始于路易斯贡萨加变电站索布拉廷诺 C1 线路与母线 1 间的开关失灵保护装置误动，造成变电站母线 1、线路 C1 跳闸。由于变电站运行人员没有及时、正确查找到故障原因，在对线路重合闸过程中，又因为 C1 线路与母线 2 间的开关失灵保护装置误动，导致变电站两条母线全停，引起变电站 3 回 500kV 出线停运。

尽管路易斯贡萨加变电站的两回母线跳闸，导致东北部电网与北部、东南部振荡失步，但通过系统的失步解列、低频减载、低压减载装置等安全自动装置的正确动作后，东北电网一度恢复了稳定运行。

随后，由于辛戈水电站辅助设备的电源低电压保护整定不合理，没有正确切换至备用电源，造成机组全部停运，是导致该次事故扩大的关键原因。之后，孤网运行的东北电网功率严重失衡，最终导致巴西东北部电网大面积停电。

通过对巴西"2.4"大停电事故的发生、演化过程的系统梳理，可以从以下几个方面总结事故发生的原因：

（1）继电保护装置可靠性低以及参数整定不合理。这是引发该次事故以及事故扩大的关键原因。路易斯贡萨加变电站母线开关失灵保护误动导致变电站两条母线跳闸，引发了该次故障；辛戈水电站辅助设备的电源低电压保护装置整定设置不合理导致了东北部电网最终崩溃。事故后，巴西相关方提出了关于继电保护装置以及参数设定的相关整改方案。

（2）机网协调能力不足。巴西东北部电网孤岛运行后，由于采取了一系列有效措施，系统一度恢复稳定运行。尽管辛戈机组机端电压降低至额定值的 90%～93%，但仍在机组运行范围内，然而由于机组辅助设备的低电压保护装置整定不合理，导致 4 台机组解列，破坏了故障后系统稳定运行条件，引发了连锁跳机，这是造成东北部电网最终崩溃的直接原因。因此，对于并网机组，应充分重视涉网保护参数的合理整定，提高机网协调能力。

（3）运行人员操作不当。路易斯贡萨加变电站的运行人员操作不当，导致事故扩大。如若在母线 1 及索布拉廷诺 C1 线路跳闸时，正确、及时判断故障原因，检查、确认线路的断路器失灵保护，则有可能避免大停电事故的发生。

4.5 事 故 启 示

受多种因素综合作用，巴西东北部电网发生大面积停电，但是事故过程中仍有一些合理的事故处理经验值得借鉴：

（1）失步解列装置的正确动作。这次大停电事故中，失步解列装置的正确动作，使得东北部电网与北部电网、东南部电网及时解列并孤岛运行，有效避免了事故范围的进一步扩大。

（2）低频减载、低压减载装置的正确动作。在东北部电网解列并孤岛运行后，低频减载、低压减载装置的正确动作，对确保孤网系统稳定运行起到了至关重要的作用。

从巴西"2.4"大停电事故，我们可以在以下几个方面获得启示：

1. 提高继电保护和安全稳定自动装置的可靠性及保证参数的正确整定

当系统发生扰动，处于紧急状态时，系统的继电保护及安全稳定控制装置的合理配置及高可靠性，能够使系统有效隔离故障，避免事故扩大，提高系统的稳定性，反之则会导致事故扩大并引发大停电事故。

应当充分汲取该次事故中的经验和教训，重视和改进继电保护和安全稳定自动装置参数整定工作，提高装置的可靠性。

2. 加强机网协调研究

（1）深入研究励磁、调速控制系统在严重故障后的动作特性。励磁、调速系统是在电网发生严重故障后，始终参与调节的实时控制系统，它们的动作特性直接影响故障后系统的稳定水平。因此，掌握励磁、调速系统在故障全过程的动作规律，对于提高电网安全运行水平意义重大。

（2）发电机/发电厂涉网保护的合理整定。发电机的各种保护需要适应电网运行方式的变化，并且与自动装置达到最佳配合，从而保证电厂和整个电力系统的安全稳定性。在我国厂网分开的情况下，更需要电厂、电网之间的协调，从而最大限度地保证电力系统的安全稳定运行。

3. 加强对系统隐性故障的研究

隐性故障是指系统正常运行时对系统没有影响，而当系统某些部分发生变化时，这种故障就会被触发，可能导致大面积故障的发生。隐性故障在系统正常运行时是无法发现的，而一旦有故障发生，系统在极端运行状态下就有可能会使带有隐性故障的保护系统误动作。

事故中，辛戈4台机组辅助设备的低压保护装置即存在隐性故障，在巴西东北部电网孤网运行时，低电压保护装置不能适应新的运行条件，最终使刚刚被拉回稳定运行状态的东北电网崩溃并形成大面积停电。

我国对隐性故障的研究甚少，这类问题很可能是事故扩大或导致大面积停电的关键因素。因此，为避免大停电事故的发生，应加强对隐性故障的研究和防范。

4. 深化连锁故障的研究

大停电事故往往是由连锁故障蔓延开来，系统起初的 $N-1$ 故障有可能是一系列多重故障中倒下的第一张多米诺骨牌。连锁故障的成因与发展规律都比较复杂，并随着电力系统规模及其复杂性的增加而加剧。因此，应深化对连锁故障的机理研究，提出和制定防御连锁故障的控制措施，加快基于广域信息的实时监测、稳定分析和智能控制等技术的研究和推广，预防和抵御连锁故障诱发的大停电事故。

5. 加强孤岛电网稳定运行的研究

在系统出现灾变、故障或扰动后，通过预先制定策略的安全自动装置将电网解列形成孤岛，通过孤岛电网中的低频、低压减载及自动甩负荷等措施，保证孤岛电网的安全稳定运行，从而缩小事故的影响范围，提高系统运行的可靠性。

在我国大区互联系统运行模式下，加强解列后的孤岛系统的稳定运行研究，对防止事故蔓延扩大尤为重要。应重视孤岛系统的安全稳定运行及控制的仿真和分析。特别是注重电力系统长过程的稳定性问题研究，避免发生大面积停电事故，以及研究防止事故扩大的有效措施，应成为电力系统计算分析的一项重要内容。

6. 加强系统运行人员应对故障能力的培训

在电力系统的安全稳定运行中，应尽可能避免人为因素导致的系统失稳甚至大停电事故的发生。建立和执行完善、严格的安全操作规程，加强系统运行人员的操作培训，进行重大事故及紧急情况下的仿真训练或事故演习，提高系统运行人员应对故障的能力，对保证系统的安全稳定运行具有重要作用。

5 2011年日本"3.11"大停电事故

5.1 事 故 概 况

日本当地时间 2011 年 3 月 11 日 14:46,宫城县海域突发里氏 9.0 级特大地震并引发海啸,导致日本多地发生大停电,进而造成严重核泄漏事件。地震发生后,日本青森、岩手、秋田、宫城、山形、茨城 6 县几乎全县断电。3 月 12 日下午,东北和关东地区约 442 万户停电、44.5 万户停气。3 月 13 日 8:00,岩手、宫城等 7 个县共有 208 万户停电。震区内的新干线和铁路全部停运,9 条高速公路封闭,仙台、宫城等多地机场封闭。三井化学、三菱化工、JFE 制铁公司、住友金属工业、丸善石油公司等日本大企业的多处工厂因遭灾或停电等因素停工。3 月 30 日,约 2000MW 的火电机组恢复供电,水电机组已全部恢复供电,核电和大量火电机组仍处于停运状态,核电机组短期内无法恢复。此次事故波及范围广,造成了重大人员伤亡和巨额财产损失,并演变成一场全球核危机,对日本及全球核电发展产生重大影响。

5.2 日 本 电 力 系 统 概 况

日本电网由 10 大电力公司管辖电网组成,其中除冲绳外的 9 大电网实现了联网。各电力公司均为发输配售垂直垄断体制,电力供应相对独立。2011 年 2 月各电力公司负荷情况如图 5-1 所示。其中东京电力公司负荷超 50 000MW,位列第一。

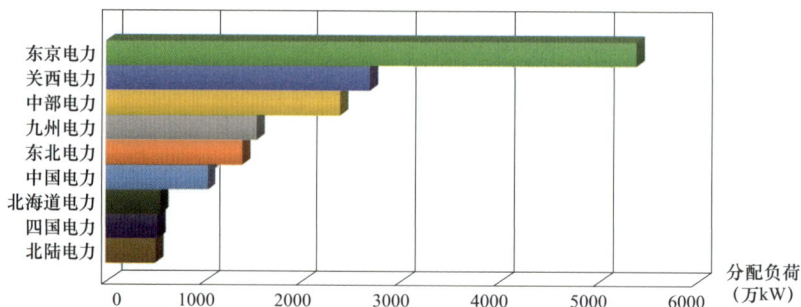

图 5-1 2011 年 2 月日本电力公司负荷情况

图 5-2 给出了 2000～2009 年日本电力公司最大负荷及装机容量变化情况。从图中可以看出，日本最大负荷、装机容量逐年平稳增长，2009 年日本最大负荷达 1.99 亿 kW。

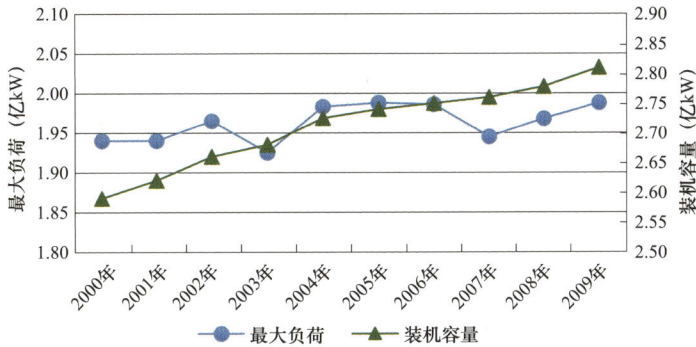

图 5-2 2000～2009 年日本电力公司负荷增长图

图 5-3 给出了东京电力公司 2004～2009 年负荷变化情况。可以看出，东京电力公司负荷增长水平整体缓慢。

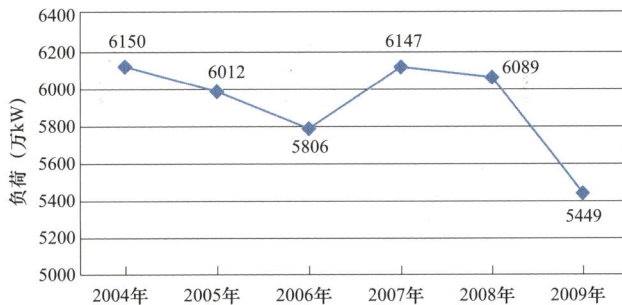

图 5-3 2004～2009 年东京电力公司负荷变化情况

对应于负荷变化情况，东京电力公司总装机容量同样增长缓慢，2008、2009年增长率分别为 2.414%、0.791%，装机容量平均年增长率为 0.9%。东京电力公司在 2007～2009 年的水电、火电、核电和新能源装机容量情况如图 5-4 所示。

日本各大电力公司连接情况及此时最大电力与发电容量如图 5-5 所示。日本的电力系统包括 50Hz 和 60Hz 两种频率，北海道、东北和东京三大电网使用 50Hz系统，其他电网使用 60Hz 系统。东京和东北两电网之间采用 500kV 输电线路互联；东京和中部之间通过 3 个变频站连接；北海道—东北、东京—中部、北陆—中部、关西—四国分别采用直流输电线路实现互联。

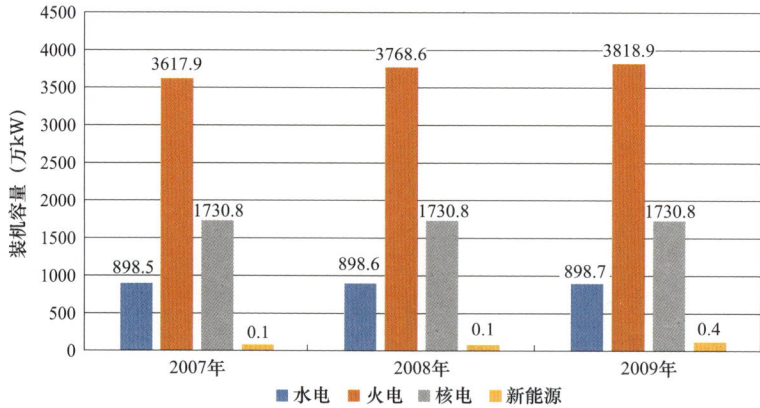

图 5-4 东京电力公司负荷变化情况

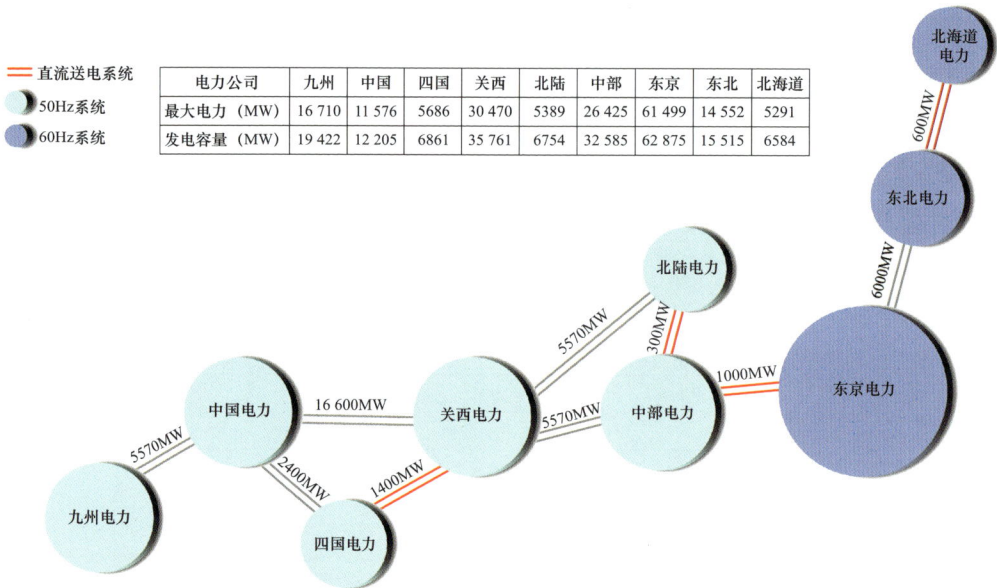

图 5-5 日本电力公司连接情况

5.3 事 故 过 程

5.3.1 事故前电网概况

2011 年 2 月，日本最大负荷为 1.592 亿 kW。大地震发生前，日本共有 18 座核电站、55 个反应堆，承担全国 30% 左右的电力供应。福岛核电站是此时世界上最大的核电站，总装机约 9096MW。由福岛第一核电站（在运机组 6 台）、福岛第二核电站（在运机组 4 台）组成，均为沸水堆动力源电站。地震前，福岛核电站及柏崎刈羽核电站的装机情况见表 5−1。

表 5−1　　　　　　　　东京电力公司核电机组装机容量

核电厂名	地点	占地面积（万 m²）	装机情况		总装机（MW）	堆型
			单机容量（MW）	台数		
福岛第一核电站	福岛县	350	1100	1	4696	沸水堆
			460	1		
			784	4		
福岛第二核电站	福岛县	150	1100	4	4400	沸水堆
柏崎刈羽核电站	新泻县	420	1356	2	8212	沸水堆
			1100	5		改良型沸水堆

5.3.2　事故经过

日本当地时间 3 月 11 日 14 时 46 分，日本发生里氏 9.0 级特大地震。地震导致 12 000MW 核电机组、10 000MW 火电机组及部分水电机组遭到破坏，总计损失约 22 000MW 电源，加之对外联络线供电支援能力不足，造成了巨大的电力缺口，引发大面积停电事故。事故过程要点如下：

（1）日本主网受地震影响小，基本保持完整。

（2）地震导致东京电力公司共辖区内 9 座变电站因故障退出运行。

（3）仅中部电网通过 3 座换流站提供 1000MW 电力支援，网间功率支援能力有限。

（4）东京电力公司承担 38 000～41 000MW 负荷，震后电网出现约 10 000MW 电力供应缺口。

（5）地震导致核电站机组停运并发生核泄漏。截至 3 月 12 日 00:00 地震共导致 18 台核电机组停运。地震导致福岛第一核电站 2～4 号机组退出运行，并由自备发电机提供冷却控制；但服役时间最长的 1 号机组因应急柴油机失效无法正常为核燃料贮存仓及时冷却，发生爆炸和核泄漏。福岛第二核电站的所有机组在地震发生后立即自动退出，虽然部分反应堆的排热功能因海啸而暂时丧失，但功能随后恢复，福岛第二核电站所有机组在 3 月 15 日前均达到"冷停堆"状态。

（6）3 月 12 日下午，东北和关东地区约 442 万户停电。

（7）3 月 13 日凌晨，3 号机组供电系统发生意外致使冷却系统丧失功能；3 月 13 日上午，距离福岛核电站 120km 的宫城女川核电站的放射性检测装置在大气中测到放射性数值约是正常放射性的 4 倍；3 月 14 日 11:00，3 号机组发生氢气爆炸。

（8）由于短期内无法平衡电力缺口，东京电网被迫于 3 月 14 日轮流停掉 26%的负荷。

（9）3 月 19 日，停电限制解除，但负荷水平由二月底的 51 000MW 降为30 910MW。

（10）地震发生一周后，电网呈现发电设施大量退出、电网设施快速恢复的状态。福岛第一、第二核电站的核泄漏事态得到初步控制，已逐步进入恢复阶段。截至 3 月20 日，发电设施的运行情况见表 5-2。地震使核电机组几乎全面瘫痪，并对环东京湾火电群造成了不同程度的损失。

（11）3 月 30 日，所有变电站已重新投入运行。另外，水电机组全部恢复供电，约 2000MW 的火电机组恢复供电，核电和大量火电机组仍处于停运状态。

表 5-2   地震对电网造成的影响

类型	名称	3 月 12 日 00:00	3 月 20 日 9:00
		因地震停止发电容量（MW）	因地震停止发电容量（MW）
火/核电厂	福岛第一核电站 1~3 号机组	2028	2028
	福岛第二核电站 1~4 号机组	4400	4400
	广野 2、4 号机组	1600	1600
	常陆那珂 1 号机组	1000	1000
	大井 2、3 号机组	700	恢复
	五井 4 号机组	476	恢复
	东扇岛 1 号机组	1000	恢复
	鹿岛 2、3、5、6 号机组	3200	3200
水电厂	福岛县 14 座、栃木县 4 座、山梨县 4 座	停运	恢复
变电站	那珂、新茂木、常磐、茨城、石冈、西水户、河内、芳贺、水户北部	停运	恢复

5.4 事 故 启 示

1. 建设坚强网架结构，加快电网互联，推动能源互联网发展

此次日本大地震中，震区主网架结构基本得到保存，为迅速恢复供电，开展抢险救援工作，稳定国内秩序等提供了保障。但是由于本地电源的损失，以及仅有可能提供电力紧急援助的中部电网受制于联络线输送容量，电力供应能力有限，地震导致的电力缺口难以快速弥补。东京电力公司和东北电力公司所辖供电区域被迫采取轮流限电措施。因此坚强的网架结构和优化的互联格局对于应对不可抗拒事件，保障电网安全稳定运行具有重要作用。我国应继续加快坚强电网结构设计，加强跨区跨省输送通道建设，推动能源互联网发展，积极促成全国强联网格局，有效提高电网大范围优化配置资源的能力，实现大电网互备。

2. 坚持电力统一规划、统一调度、统一管理

此次日本大停电，东京电力公司、东北电力公司及相关电力公司各自为战，难以实现电力资源的快速有效调度。我国应坚持统一规划、统一调度、统一管理的电力发展模式，在突发故障时迅速采取统一的电力调度措施，防止事故扩大，保证电网安全稳定运行。

3. 做好防灾减灾与恢复措施预案，增强电网应急响应能力

自然灾害引发的大停电事故具有偶发性，对电力系统影响范围明确。此次特大自然灾害造成日本东京和东北电网电力基础性设施毁灭性损坏导致大面积停电。受本次地震影响，占日本全国装机容量20%的各类发电设施由于防灾减灾设计能力欠缺而相继退出运行，且短时无法恢复。东京电力公司和东北电力公司电网辖区分别出现占负荷需求26%和10%的电力供应缺口。我国应对极端条件下可能出现的电网故障建立充分的防灾减灾应急预案以及恢复措施预案，加强电网与气象、交通等部门的信息互动，增强电网预警能力与应急响应能力。

4. 核安全是核电发展的生命线

此次日本地震引发的大停电及核泄漏严重事故，造成了严重的人员伤亡与财产损失，核安全问题对日本及全球其他国家核电发展产生深远影响。日本是核电大国，核电在电源结构中占比高，但此次地震引发的大停电及核泄漏严重事故，使日本政府和民众对核电发展带来的能源和环境安全问题产生更深刻的认识。我国应牢牢把握安全发展理念，依托坚强的电网结构，充分考虑环境、技术和规模等因素，实现核电安全利用。

6 2012 年印度 "7.30" "7.31" 大停电事故

6.1 事 故 概 况

6.1.1 "7.30" 事故概述

印度当地时间 2012 年 7 月 30 日 2:33 左右，北部电网发生大面积停电事故，损失负荷约 36 000MW，影响人口约 3.7 亿（占印度总人口约 30%）。当日 16:00，电网基本恢复正常。

6.1.2 "7.31" 事故概述

当地时间 7 月 31 日 13:00 左右，印度北部、东部、东北部 3 个区域电网再次发生大面积停电事故，损失负荷约 48 000MW，超过 6 亿人（占印度总人口超过 50%）受到影响，是世界范围内影响人口最多的大停电事故。事故发生后约 20h，3 个区域电网基本恢复供电。

6.2 印 度 电 力 系 统 概 况

6.2.1 网架结构

印度的输电线路电压等级主要由 765、400、220、132kV 交流和 ±500kV 直流组成，其中 400kV 交流线路构成其主网架。

印度电网分为北部、西部、东部、东北部和南部 5 个区域电网。其中，北部、西部、东部和东北部 4 个区域电网共同组成 NEW 电网。NEW 电网之间各部分采用同步联网运行模式，并通过直流与南部电网实现异步互联。2014 年南部区域电网实现与 NEW 电网的同步运行，从而实现全印度电网同步联网。

印度的主要电力输出地区位于东北部、东部，还有建在不丹境内的电厂；电力负荷主要集中在南部、西部和北部地区。印度电网输电方向主要为"东电西送"，再辅以"北电南送"。

6.2.2　电网管理及调度机制

印度的电力按中央、邦分层管理。在发电领域，中央和邦政府共同指导国家火电和水电公司运作。在输电领域，印度电网公司负责跨邦输电线路的建设和运营。各邦设有邦电力局/邦输电公司，负责邦内输电事业的发展和运营。在配电领域，印度各邦的自主权很大，各自负责本邦内配电网的建设、运营和管理。此外，中央政府管理机构负责颁布电力行业法规，制定宏观政策和规划，协调融资等。

印度电网调度机制如图 6-1 所示，可分为 3 级，即国家电力调度中心（National Load Dispatch Center，NLDC）、区域电力调度中心（Regional Load Dispatch Center，RLDC）、邦级电力调度中心（State Load Dispatch Center，SLDC）。

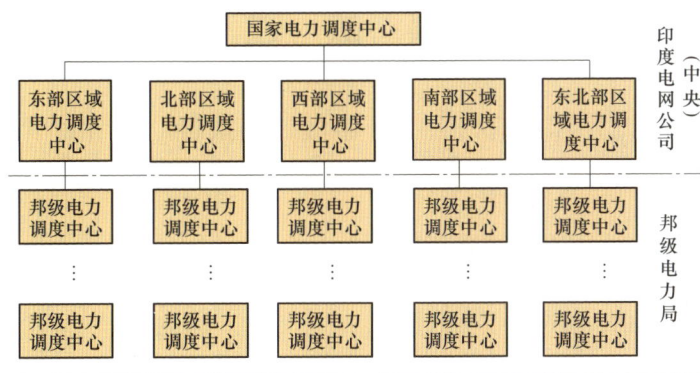

图 6-1　印度电网调度机制

国家电力调度中心是确保印度全国电力系统一体化经营的最高机构，负责监督和协调各区域电力调度中心，制定区域间输电计划并调度电力，保证印度国家电网运行的安全性和经济性。区域电力调度中心在所辖区域内负责各邦之间的电力调配和电网监控。邦级电力调度中心是邦一级管理电网经营的最高机构，负责监测和控制邦内部的电力输送及联系区域电力调度中心与邦级电力局或邦级输电公司。国家电力调度中心和区域电力调度中心均属于印度电网公司的下属机构，邦级电力调度中心则附属于邦级输电公司或邦级电力局。

6.2.3　装机容量及负荷

截至 2012 年 6 月，印度发电装机容量已达 200GW 以上，各个区域电网的装机容量和比例见表 6-1。

表 6-1 印度区域电网发电装机容量

区域电网	装机容量（MW）	比率
北部	56 060	27.4%
西部	66 760	32.6%
南部	52 740	25.7%
东部	26 840	13.1%
东北部	2450	1.2%
总计	204 850	100%

印度电力以火电、水电为主，占总装机容量的 85% 左右，其中火电装机容量占 67% 左右，可再生能源占 12%，核电占 2.35%。目前由于核电发展停滞、煤价高、来水偏少等问题，印度一直处于严重缺电的状态。

6.3 事 故 过 程

2012 年 8 月 16 日，印度官方公布了事故调查报告，本节对事故过程的描述主要依据该报告。

6.3.1 "7.30" 事故过程及恢复情况

1. 事故前系统运行状态

（1）功率需求。事故发生前，印度 NEW 电网的发电、负荷需求、各区域电网的功率交换见表 6-2。

表 6-2 事故前 NEW 电网发电、负荷需求及电力流

区域	发电功率（MW）	负荷需求功率（MW）	电力受入功率（MW）
北部电网	32 636	38 322	5686
东部电网	12 452	12 213	−239（由不丹受入 1127）
西部电网	33 024	28 053	−6229
东北部电网	1367	1314	−53
NEW 电网	79 479	79 479	—

（2）线路停运情况。事故发生前，NEW 电网中共有 4 回 765kV 线路、超过 50 回 400kV 线路停运。其中，北部与西部电网间停运了 2 回 400kV 联络线，北部与东部电网间停运了 5 回 400kV 联络线。因而，北部与西部电网间仅有 2 回 400kV

联络线、北部与东部电网间有 6 回 400kV、1 回 220kV 交流联络线运行。北部—东部、北部—西部电网间停运及运行的联络线情况见表 6-3。

表 6-3   事故前区域电网间交流联络线情况

断面		线　路
北部—西部	2 回 400kV 线路投入运行	400kV 比纳—瓜廖尔—阿格拉（Bina-Gwalior Agra）Ⅰ线
		400kV 塞尔达—宾马尔（Zerda-Bhinmal）线
	2 回 400kV 线路、4 回 220kV 线路停运	400kV 比纳—瓜廖尔—阿格拉 Ⅱ线
		400kV 塞尔达—坎克罗利（Zerda-Kankroli）线
		220kV 马来普尔—奥莱雅（Malanpur-Auraya）线
		220kV 梅赫加奥恩—奥莱雅（Mehgaon-Auraya）线
		220kV 巴多德—莫达克（Badod-Modak）线
		220kV 巴多德—科塔（Badod Kota）线
北部—东部	6 回 400kV 线路、1 回 220kV 线路投入运行	400kV 戈勒克布尔—穆扎夫法尔普尔（Gorakhpur-Muzaffarpur）双回线
		400kV 巴利亚—比哈尔谢里夫（Balia-Biharsharif）双回线
		400kV 巴特那—巴利亚（Patna-Balia）双回线
		220kV 普苏利—萨哈普瑞（Pusauli-Sahupuri）线
	1 回 765kV 线路、5 回 400kV 线路停运	765kV 法塔赫布尔—加雅（Fatehpur-Gaya）线
		400kV 普苏利—巴利亚（Pusauli-Balia）线
		400kV 普苏利—阿拉哈巴德（Pusauli-Allahabad）线
		400kV 普苏利—萨尔纳特（Pusauli-Samath）线
		400kV 巴利亚—巴斯（Balia-Barth）双回线

（3）系统频率。NEW 电网电力供应紧张，北部某些邦电网存在超额用电的情况，系统运行频率降至 49.68Hz 左右。

2. 事故经过

事故的详细过程如下：

（1）2:33:11:907，由于重负荷导致北部与西部间联络线 400kV 比纳—瓜廖尔Ⅰ线因距离Ⅲ段保护动作跳开。事故前该线路向北部电网送电 1050MW，处于重载运行状态，Bina 侧电压已降至 374kV。

上述故障导致塞尔达—宾马尔（400kV）—宾马尔（220kV）—桑乔雷（220kV）[Zerda（400kV）—Bhinmal（400kV）—Bhinmal（220kV）—Sanchore（220kV）]及杜拉瑞曼纳（Dhaurimanna）（220kV）线路成了西部电网与北部电网断面的唯一交流联络通道。西部电网的电力仅通过一回 400kV 塞尔达—宾马尔线送至北部电网，再通过宾马尔 400/220kV 变压器在北部电网下网消纳。

（2）2:33:13:438，由于电网功角摆开导致北部与西部断面间的 220kV 宾马尔—桑乔雷线及 220kV 宾马尔—杜拉瑞曼纳线保护动作跳开线路。

至此，北部电网与西部电网已失去全部交流联络线。北部电网的宾马尔地区仍有小部分负荷通过 400kV 塞尔达—宾马尔线与西部电网相连。

西部—北部电网联络线断开后，联络线功率通过西部—东部—北部通道迂回送至北部电网，沿线潮流大幅增加。

（3）2:33:13:927～2:33:13:996，东部电网的 400kV 詹谢普尔—鲁尔克拉（Jamshedpur-Rourkela）双回线由于重载导致距离Ⅲ段保护动作跳开线路。随后北部电网与西部—东部—东北部电网功角失稳。

（4）2:33:15:400～2:33:15:542，东部电网与北部电网间的 400kV 联络线［包括戈勒克布尔—穆扎夫法尔普尔（Gorakhpur-Muzaffarpur）双回线、巴利亚—比哈尔谢里夫（Balia-Biharsharif）双回线及巴特那—巴利亚（Patna-Balia）双回线］由于功角摆开相继跳闸。

至此，北部电网与东部电网之间失去了所有的 400kV 交流通道。北部电网的萨哈普瑞地区的负荷通过 220kV 普苏利—萨哈普瑞（Pasauli-Sahupuri）线路接入东部电网。

（5）由于北部电网与东部—东北部—西部电网解列，北部电网出现了 5800MW 的功率缺额，电网频率大幅下跌。由于紧急控制措施切负荷量不足，导致北部电网崩溃。整个北部电网仅巴达普（Badarpur）、纳罗拉核电站（Narora Atomic Power Station，NAPS）等少数负荷仍有电力供应。

（6）北部电网解列后，东部—东北部—西部电网出现 5800MW 的功率盈余，系统暂态频率升高至 50.92Hz，通过切机措施切除 3340MW 机组，最终稳定在 50.6Hz。

3. 事故恢复

事故发生后，印度电网公司利用北部留存电源及从东部、西部电网支援北部电网的电力恢复，至 16:00 电网基本恢复正常。恢复过程见表 6-4。

表 6-4   "7.30"事故的恢复过程

时间	事件
02:33	电网故障造成北部 9 个邦停电
08:00	恢复对铁路、地铁、机场和交通要道等关键设施的供电
11:00	北部地区 60% 的负荷恢复供电
12:30	逐步恢复对大部分区域的供电
16:00	北部电网恢复正常，可以满足 30 000MW 的电力需求

6.3.2 "7.31"事故过程及恢复情况

1. 事故前系统运行状态

（1）功率需求。事故发生前，印度 NEW 电网的发电、负荷需求、各区域电网的功率交换见表 6—5。

表 6—5　　　　　事故前 NEW 电网发电、负荷需求及电力流

区域	发电功率 （MW）	负荷需求功率 （MW）	电力受入功率 （MW）
北部电网	29 884	33 945	4061
东部电网	13 524	13 179	−345（由不丹受入 1140）
西部电网	32 512	28 053	−4459
东北部电网	1014	1226	212
NEW 电网	76 934	76 403	

（2）线路停运情况。事故发生前，NEW 电网共计 3 回 765kV 线路、超过 44 回 400kV 线路停运。其中北部电网与西部电网间停运了 2 回 400kV 和 2 回 220kV 联络线，北部电网与东部电网间停运了 2 回 400kV 联络线。因而，北部与西部电网间仅有 1 回 400kV 和 2 回 220kV 联络线联系，北部与东部电网间有 1 回 765kV、9 回 400kV、1 回 220kV 交流联络线联系，东部与西部电网间有 6 回 400kV、3 回 220kV 联络线联系。事故前北部—西部、北部—东部、西部—东部电网间交流联络线情况见表 6—6。

表 6—6　　　　　事故前区域电网交流联络线情况

断面		线　路
北部—西部	1 回 400kV 线路、 2 回 220kV 线路 投入运行	400kV 比纳—瓜廖尔—阿格拉Ⅰ线
		220kV 马来普尔—奥莱雅线
		220kV 梅赫加奥恩—奥莱雅线
	3 回 400kV 线路、 2 回 220kV 线路 停运	400kV 比纳—瓜廖尔—阿格拉Ⅱ线
		400kV 塞尔达—坎克罗利线
		400kV 塞尔达—宾马尔宾马尔线
		220kV 巴多德—莫达克线
		220kV 巴多德—科塔线
北部—东部	1 回 765kV 线路、 9 回 400kV 线路、 1 回 220kV 线路 投入运行	765kV 法塔赫布尔—加雅线
		400kV 戈勒克布尔—穆扎夫法尔普尔双回线

续表

断面		线　路
北部—东部	1 回 765kV 线路、9 回 400kV 线路、1 回 220kV 线路投入运行	400kV 巴利亚—比哈尔谢里夫双回线
		400kV 巴特那—巴特那—巴利亚双回线
		400kV 普苏利—巴利亚线
		400kV 普苏利—阿拉哈巴德线
		400kV 普苏利—萨尔纳特线
		220kV 普苏利—萨哈普瑞线
	1 回 400kV 线路停运	400kV 巴利亚—巴斯双回线

（3）系统频率。事故发生前，由于系统供电仍然紧张，北部一些邦在"7.30"大停电恢复后又持续从主电网超载用电，系统频率降至 49.84Hz 左右。

2. 事故经过

（1）13:00:13，西部电网与北部电网间 400kV 比纳—瓜廖尔Ⅰ联络线由于重负荷引发比纳侧距离Ⅲ段保护动作跳闸。线路跳闸前的视在功率为 1254MVA，线路重载运行，比纳侧电压降至 362kV。

（2）13:00:13，由于 400kV 比纳—瓜廖尔Ⅰ线跳闸，潮流转移至 220kV 线路，导致瓜廖尔变电站与西部电网连接的 220kV 比纳—瓜廖尔双回线跳开，使瓜廖尔变电站与西部电网断开，而仅通过 1 回 400kV 瓜廖尔—阿格拉Ⅰ线和 2 回 220kV 马来普尔—奥莱雅、梅赫加奥恩—奥莱雅线与北部电网互联。至此，西部电网与北部电网解列。

（3）西部电网与北部电网联络线功率通过西部—东部—北部电网联络线迂回至北部电网，导致西部电网与北部电网功角失稳。相比"7.30"事故，"7.31"事故发生时北部与东部电网间联络断面加强，振荡中心由北部与东部电网间断面转移至东部电网内部（靠近西部—东部电网断面处）。随后，一系列线路跳闸导致西部电网与东部电网在 13:00:20 时刻解列。至此，NEW 电网解列为西部电网和北部—东部—东北部两个同步电网运行。

（4）解列导致西部电网功率盈余，频率上升至 51.4Hz。同时西部至北部电网的阿达尼—曼尼特拉格（Adani-Manindragarh）直流停运，通过切除 1764MW 机组，提升西部至南部电网比特拉沃迪—拉马古恩达姆直流功率，最终西部电网频率稳定在 51Hz。

（5）解列导致北部—东部—东北部电网出现大约 3000MW 功率缺额，由于紧急控制措施切负荷量不足，系统频率下降至约 48.12Hz。

（6）北部—东部—东北部电网部分机组跳闸引起系统功角振荡和频率进一步

下降。随后，北部、东部电网内部及北部—东部电网联络断面线路由于过电压保护（数量少）、失步保护、距离Ⅲ段保护动作导致超过 50 条线路跳闸，最终使北部电网与东部—东北部电网解列。

（7）北部电网除 NAPS、安塔（Anta）GPS、达德里（Dadri）GPS 和费尔达巴德（Faridabad）地区孤岛运行外，剩余部分电网停电；东部—东北部电网除波卡罗钢铁（Bokaro steel）、加尔各答供电公司（Calcutta Electric Supply Company，CESC）所辖区域、国家铝业公司（National Aluminium Company，Nalco）所辖区域等孤岛运行外，其余部分电网停电。

（8）由于东部电网崩溃，南部电网损失了由塔尔彻—科拉尔（Talchar-Kolar）直流供应的 2000MW 电力，频率由 50.05Hz 降低至 48.88Hz。通过将西部—南部电网间的比特拉沃迪—拉马古恩达姆直流功率由 880MW 提升至 1100MW，同时低频减载装置动作切除了 984MW 负荷，南部电网保持稳定运行。

3. 事故恢复

事故发生后，印度电网公司通过从不丹和塔拉卡汉德水利枢纽电站给主网提供电源，并从西部电网紧急提供电力供应恢复停电区域供电。事故的恢复过程见表 6-7。

表 6-7　　　　　　　　　　　　 "7.31" 事故的恢复过程

时间	事件
13:00	第二次大停电发生，影响印度北部、东部和东北地区 13 个邦
15:30	恢复了地铁和铁路的供电
17:30	新德里恢复电力供应能力 2100MW 北部区域（包括德里）恢复电力供应
19:30	东北区域恢复供电

6.4 原 因 分 析

任何一次大停电事故都不是单一原因造成的，印度这两次大停电也不例外。通过对印度官方事故调查报告（8 月 16 日发布版）的分析可知，多个技术、管理和体制上的原因共同导致了大停电的发生。

（1）印度电网网架薄弱，事故前线路大量停运进一步削弱网架结构。两次事故发生前，电网中均有大量线路停运，如 "7.30" 事故前，北部电网和西部电网之间的 400kV 交流联络线仅剩比纳—瓜廖尔—阿格拉Ⅰ线和塞尔达—宾马尔线 2 回线路正常运行（其余 2 回 400kV 线和 4 回 220kV 线均停运），且 400kV 塞尔达—宾马尔线路宾马尔侧（位于北部电网）的其他 400kV 出线全部停运，宾马尔变电站仅通过 2 回 220kV 线路与北部电网相联。线路停运大幅削弱了印度电网的网架结构，为大停电事故的发生埋下了隐患。

（2）北部部分邦超计划用电导致联络线重载运行。两次事故发生前，北部部分邦超计划用电导致北部—西部联络线重载，其中比纳—瓜廖尔—阿格拉单回线路功率达到约 1000MW（另一回线正在升级改造），远超其自然功率 691MW，该线路由于重载导致距离Ⅲ段保护跳闸直接触发了随后的连锁反应，导致了大停电的发生。

（3）保护的不正确动作引发连锁反应。在两次事故的连锁反应过程中，保护的不正确动作是造成事故扩大的最重要原因之一。如潮流转移导致线路负载（电流）增加、电压下降，在无故障情况下，距离保护（包括距离Ⅰ段、距离Ⅲ段）动作跳开线路等，直接导致了事故的迅速扩大。

（4）低频减载未能充分发挥作用。印度电网普遍配置了低频切负荷装置，但印度中央电力企业如国家电力公司为缩减电网维护成本，低频减载投入普遍不足。因而在电网频率大幅下降时，未能及时切除足量负荷。以"7.30"事故为例，北部电网虽然配备了自动低频切负荷装置（切除约 4000MW 负荷）及频率变化速率（df/dt）自动切负荷装置（切除负荷约 6000MW），但该区域电网与主网解列后，导致电网频率大幅下降时，这些自动切负荷装置却无法阻止系统频率崩溃。

（5）体制存在弊端，国家/区域电力调度中心不具备统一调度职权。印度电网管理借鉴美国模式，国家电力调度中心在各个邦过负荷用电情况下只能通过电监会下达处罚通知，没有权力和适当方法限电，即使是在电网安全紧急情况下，也没有调控权对系统进行调整和控制，极易出现大的安全稳定事故。印度连续 2 次大停电事故充分暴露出其国家/区域电力调度中心对邦电网的管控能力不足。事故发生前，各个邦为了满足本地负荷需求，大量从主网超配额用电，忽略了电网的整体安全，而国家电力调度中心对此缺乏有效的应对措施。

6.5 事 故 启 示

1. 构建坚强网架结构

加强电网建设，构建坚强的网架结构，为电网安全稳定运行奠定坚实基础。我国应加快与特高压直流送电相匹配的特高压交流电网的建设，增强网络支撑，应对大规模潮流转移及连锁故障的能力。尽早建成以特高压交流电网为骨干网架、各级电网协调发展的坚强智能电网，充分发挥特高压交流和直流的综合优势，最大限度提升大电网资源优化和安全保障能力。

2. 电源、电网建设均应适度超前

为了与社会经济增长速度相匹配，满足负荷增长需求，避免因电力供应不足造成经济损失和民众生活不便，应保证电源建设适度超前经济发展，并合理安排备用以应对自然因素造成的电力缺口。同时应立足当前、着眼长远，加强电网和电源的协调发展，电网建设适度超前电源，避免因为电网建设滞后造成窝电、限电情况发生。

3. 坚持分层管理、统一调度

建立完善的统一调度指挥机构和高效的调度管理机制，实现对事故的快速处理和事故后恢复的统一指挥，对于保证电网的安全运行具有重要意义。对快速发展中的我国电网而言，必须坚持输配一体化、电网调度一体化、城乡电网一体化，加强电网的统一调度，推进调控一体化。并确保调度员在应对事故时的处理权限，加强调度员间的有效沟通，形成高效的事故处理机制，防止发生大面积停电事故。

4. 合理安排电网运行方式，加强电网调控能力

应继续坚持在全面分析电网运行情况的基础上，合理安排电网的运行方式，消除事故隐患，降低电网运行风险，提高电网在正常、检修、事故后等方式下抵御故障冲击的能力。同时，应继续完善及推广新一代 EMS、WAMS、AVC 等电网监测/调度/控制系统，实现电网在线安全智能分析和稳定裕度的量化评估，优化运行方式，帮助调度人员及时掌握电网运行状态、为调度人员的决策提供辅助支持，提高调度人员对电网的调控能力，确保电网安全运行。

5. 坚持严格的电网安全稳定分析标准

严格按照《电力系统安全稳定导则》（GB 38755—2019）规定的标准进行安全稳定计算分析，切实保证最基本的 $N-1$ 安全准则，同时满足第二级和第三级安全稳定标准的需求。坚持没有经过计算的方式不得付诸运行，电网操作前要根据当时的电网情况进行复核计算。

此外，还应考虑电力系统应对可能发生的恶劣天气等自然灾害的能力，加强电网在极端运行方式下的安全稳定计算分析，进一步加强三道防线建设，避免系统发生连锁故障和大停电，保证电网安全稳定运行。

6. 合理安排故障应急与恢复措施，保障供电快速恢复

应继续坚持"安全第一，预防为主"的原则，紧密结合电网运行的实际情况，编制程序化、规范化的事故处理预案，在电网出现紧急情况下给事故处理者提供有

效指导，保证电网事故处理的准确、迅速，防止电网稳定破坏影响范围的扩大。此外，必须依靠电网调度统筹协调好电网、电厂、用户之间的恢复进度，避免在电网恢复过程中发生次生灾害。

电网发生大面积停电事故后，为保证重要负荷供电及电网快速恢复，必须保证主要电源点保安机组的正常运行，在大面积停电发生后减少重要负荷的损失，同时为供电快速恢复提供保障。

7 2015 年土耳其"3.31"大停电事故

7.1 事 故 概 况

欧洲中部时间 2015 年 3 月 31 日上午，土耳其电网发生大规模停电事故，除凡城和哈卡里（Van and Hakkari）地区部分电力供应由伊朗提供外，土耳其全国的电力供应几乎全部中断（包括 81 个省中的 80 个），影响人数约 7000 万，占全国人口总数 90%，共损失负荷约 32 200MW，经济损失折合约 7 亿美元。这次事故是继土耳其 1999 年 8 月 17 日马尔马拉地震导致大停电后最严重、波及面积最广、影响人口最多的一次大停电事故，也是继 2003 年 9 月 23 日瑞典—丹麦大停电和 2006 年 11 月 4 日西欧大停电后，欧洲互联电网近 15 年来第三严重的停电事故。

土耳其大部分公务部门在下午开始恢复供电，所有的省份在 20:00 恢复供电，本次停电事故持续时间超过 9h。

7.2 土耳其电力系统概况

7.2.1 地理和经济情况

土耳其共和国是一个横跨欧亚两洲的国家，国土包括西亚的小亚细亚半岛（安纳托利亚半岛）和南欧巴尔干半岛的东色雷斯地区。北邻黑海，南邻地中海，东南与叙利亚、伊拉克接壤，西邻爱琴海，并与希腊及保加利亚接壤，东部与格鲁吉亚、亚美尼亚、阿塞拜疆和伊朗接壤。安纳托利亚半岛和东色雷斯地区之间是由博斯普鲁斯海峡、马尔马拉海和达达尼尔海峡组成的土耳其海峡，是连接黑海及地中海的唯一航道。海岸线长 7200km，陆地边境线长 2648km。土耳其国土面积为 78.356 2 万 km²，2014 年人口约 7770 万。土耳其地理位置和地缘政治战略意义极为重要，是连接欧亚的十字路口。

土耳其是北约成员国，又为经济合作与发展组织创始会员国及二十国集团的成员。拥有雄厚的工业基础，为发展中的新兴经济体，亦是全球发展最快的国家之一。土耳其外交重心在西方，在与美国保持传统战略伙伴关系的同时加强与欧洲国家的关系。综合国际货币基金组织、世界银行、联合国对 2012 年世界各国名义 GDP 统计，土耳其已是全球第十七、欧洲第七。拥有雄厚的工业基础，为发展中的新兴经济体，亦是全球发展最快的国家之一。土耳其 2014 年 GDP 总计 7995 亿美元，人均 GDP 为 10 543 美元。

7.2.2 电力需求和电网概况

自 1980 年起，土耳其的电力需求就开始快速增长，2009 年达到了 194TWh。1980～2009 年土耳其电力需求如图 7-1 所示。

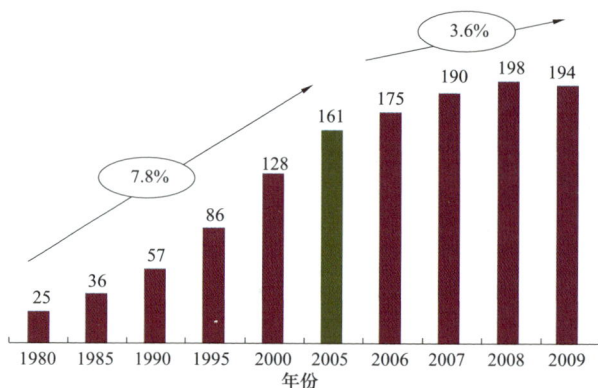

图 7-1 1980～2009 年土耳其电力需求（TWh）

数据来源：TEDAS、EUAS。

目前土耳其的人均用电量低于 2200kWh，远低于欧盟 6602kWh 的平均水平。根据土耳其能源部的调查显示，土耳其的电力需求从 2008 年的 198TWh 增加到 2017 年的 363TWh。

电力产业可分为发电、输电、配电和售电 4 个垂直分工的部门。在土耳其，目前除了输电环节仍完全由土耳其输电公司（TEIAS）控制外，其他环节均引入了私营企业。

2010 年 9 月，土耳其电网与欧洲电网同步互联，开始试验运行。土耳其可以与欧洲电力市场进行电能交易，购买和出售电力，提高整个欧洲电网的可靠性和获取各种电力的能力。土耳其有大量的可再生能源，联网可使欧洲电网获取更多的清洁能源，双方互惠互利。

2011 年 6 月，土耳其电网与欧洲电网开始进行商业电力交换，在满足相关技术要求的前提下，逐步增加交换容量。2012 年 1 月，受土耳其西北地区暴风雪极端气候条件影响，系统出现严重扰动，土耳其部分城市出现停电事故，为避免波及欧洲电网，土耳其电网与欧洲电网解列，独立运行 3h 后，再次联网。此次扰动未对欧洲电网带来不利影响。

土耳其政府在 2015 年 4 月表示，土耳其将正式加入欧洲电网。当时，欧洲电网已经成为全球最大的同步交流电网之一。土耳其的加入对土耳其和整个欧洲用户来说都是利好的消息。

土耳其输电公司 TEIAS 表示，这意味着土耳其与欧洲输电网络运营商联盟五年电网互联试点项目的圆满完成，并加入欧洲输电网络运营商联盟，加强区域电网互联建设。自此，土耳其与欧洲的电力贸易进一步加深，也为双方带来更丰富的绿色电力。

欧洲电网包括欧洲大陆、北欧、波罗的海、英国、爱尔兰 5 个同步电网区域，此外还有冰岛和塞浦路斯两个独立系统。截至 2013 年底，欧洲电网 220kV 及以上输电线路总长度约 30.75 万 km，电网总装机容量约 10.07 亿 kW，发电量 3.35 万亿 kWh，用电量约为 3.31 万亿 kWh，服务人口约 5.04 亿。各成员国间交换电量约为 3873 亿 kWh，达到用电量的 12%。

欧洲输电系统运营商联盟（ European Network of Transmission System Operators for Electricity，ENTSO-E ）的成员包括来自欧洲 34 个国家的 41 个输电网运营商。34 个成员国分别是奥地利、比利时、波黑、保加利亚、捷克、克罗地亚、丹麦、法国、北马其顿、德国、希腊、匈牙利、意大利、卢森堡、黑山、荷兰、波兰、葡萄牙、罗马尼亚、塞尔维亚、斯洛伐克、斯洛文尼亚、西班牙、瑞士、芬兰、挪威、瑞典、冰岛、爱沙尼亚、拉脱维亚、立陶宛、塞浦路斯、英国、爱尔兰。

根据 2009 年的欧洲能源部长会议报告，ENTSO-E 的供电区域是世界上电力需求最大的地区之一。ENTSO-E 成员国的能源政策是所有的同步化电网都采用单个市场模型，最大限度地提高发电、输电、配电及用电的效率，提高供电可靠性，减少对环境的影响。

7.2.3 电力工业管理体制

在土耳其电力工业的发展初期，曾有外国企业参与，之后由地方公共团体承担。1950 年以后，私营企业逐渐参与。1970 年 10 月，根据国家第 1312 号法令，设立土耳其电力局（TEK），垄断性地经营发电、输电、配电业务。根据土耳其 3096 号法令，从 1984 年开始，允许私营部门进入电力市场，但只有极少数的民营企业参与电力经营。1994 年，一贯垄断经营发电、输电、配电的 TEK 被分割成发电、输电公司 TEAS 和配电公司 TEDAS。2001 年，TEAS 解体为 EUAS、TEIAS 和 TETAS，这三家公司的主营业务分别是发电、输电和售电。2005～2010 年，土耳其配电领域的私有化开始，并在当时预计 2005～2010 年的 5 年中 TEDAS 会被 21 个私营配电公司所取代。2007 年，土耳其发电领域开始了私有化进程。2008 年，拥有总装机容量 141MW 的 ADUAS 公司成功完成了私有化重组，这是土耳其政府私有化管理局在发电领域成功实施的首个私有化项目，如图 7-2 所示。

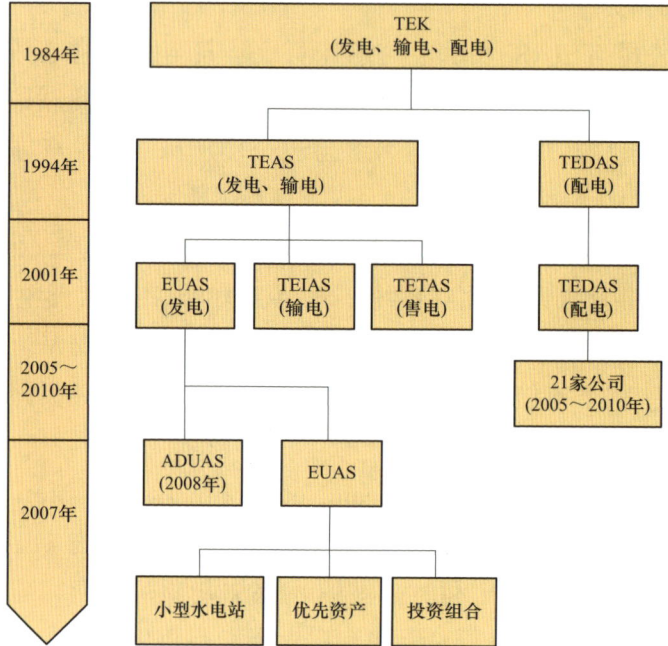

图 7-2 土耳其电力市场自由化时间表

其他主要的电气事业相关机构有能源天然资源部和电力调查厅及国家水利厅。管理电力企业的机构是能源天然资源部，负责制定、实施国家能源政策。电力调查厅负责调查、制定电源开发计划。国家水利厅负责水力发电设备的设计和建设。允许民营企业参与发电和配电业务。

7.2.4 电网运行

土耳其电力系统的频率是 50Hz，配电方式是单相二线式或者三相四线式。住宅用及商业用标称电压是 220V，工业用标称电压是 380V、16kV 或 133kV，容许电压变动率是±5%、频率变动率是±2%。

在土耳其，由于电源与负荷中心相距较远，所以输配电设备需大量投资。主要的负荷中心是伊斯坦布尔和伊兹米特所在的西北部，并且需求呈增长趋势。另外，以褐煤火电为中心的发电设备的 2/3 集中在北部及东南部，所以电力潮流向西北部流动。

截至 2015 年，土耳其发电装机容量已达 71.5GW 以上，装机构成以天然气发电与水力发电为主，可再生能源（水能、风能、地热能等）发电占总装机容量近 40%，各类电源装机容量与构成见表 7-1。

表 7-1　　　　　　　　　　土耳其电网装机容量与构成

类型	装机容量（MW）	比例
天然气发电	26 279.3	36.75%
水力发电	24 315.6	34.01%
煤炭发电	15 740.5	22.01%
风力发电	3733.3	5.22%
液态燃料发电	677.6	0.95%
地热能发电	416.5	0.58%
太阳能发电	41.3	0.06%
其他	296.3	0.41%
合计	71 500.4	100.00%

7.3　事　故　过　程

7.3.1　停电前系统状态

停电当天没有极端天气的状况出现。水力发电厂均满负荷运行，特别是在黑海东部区域、安纳托利亚的南部和东部区域，而位于安纳托利亚西部区域的大部分电厂停运。土耳其处于东部区域向西部区域输电的满载运营状态。

欧洲中部时间 09:00，系统负荷是 32 200MW，有一些线路停运，见表 7-2。

表 7-2　　　　　　　　　　土耳其输电系统计划的线路停运表

线 路 名 称	解 释
卡亚巴斯—巴格拉（Kayabasi-Baglum）400kV TL	将并联电抗器和串联电容器的保护系统移到新的建筑中
古尔巴西—开塞利南部（Golbasi-Kayseri Southern）400kV TL	准备双回线，加强现有走廊
古尔巴西—开塞利北部（Golbasi-Kayseri Northern）400kV TL	为了上述工作，安全检修
欧马皮纳尔—埃尔梅内克（Oymapinar-Ermenek）400kV TL	故障原因

部分线路停运导致连接土耳其东部到西部系统的 400kV 输电线路重载。传统上，土耳其电力系统的高峰负荷一般出现在夏季，而高峰期前的设备和线路维修工作一般安排在负荷相对较低的春季。

根据接近土耳其电网的欧洲东南部输电系统的检修计划，停电前的线路检修计划见表 7-3。

表 7-3　　　　　　　　　欧洲东南部输电系统计划的线路停运表

线路名称	开始日期及时间	结束日期及时间	日常/永久
IPTO 内部输电线路 400kV 尼亚珊塔—菲利皮（Nea Santa-Filippi）1	2015 年 2 月 25 日 06:30	2015 年 4 月 9 日 14:00	永久
北马其顿国有企业电力输送系统运营公司（MEPSO）内部 输电线路 400kV 杜布罗沃—斯科普里（Dubrovo-Skopje）4	2015 年 3 月 23 日 08:00	2015 年 3 月 27 日 17:00	日常
互联线路 400kV 捷尔达普—伯罗蒂菲尔［Djerdap（EMS）–Portile de Fier （TEL）］	2015 年 3 月 23 日 06:00	2015 年 4 月 5 日 08:00	永久
互联线路 400kV 迈利蒂—比托拉［Meliti（IPTO）–Bitola（MEPSO）］	2015 年 3 月 30 日 08:00	2015 年 4 月 3 日 16:00	永久
电力系统运营商（ESO）内部输电线路 400kV 东马里查—普罗夫迪夫（Maritsa East-Plovdiv）	2015 年 3 月 30 日 07:00	2015 年 4 月 3 日 16:00	日常
电力系统运营商内部输电线路 400kV 察雷维茨—瓦尔纳（Tsarevets-Varna）	2015 年 3 月 30 日 08:00	2015 年 4 月 7 日 16:00	日常
电力系统运营商内部输电线路 400kV 科兹洛杜伊—西索菲亚（ozloduy-Sofia West）2&3	2015 年 3 月 30 日 07:00	2015 年 4 月 9 日 15:30	取消

7.3.2　事故顺序

事故的顺序记录见表 7-4，时间均是当地时间，即欧洲东部时间。

表 7-4　　　　　　　　　　事 故 顺 序 记 录

序号	线路/故障	时间 间隔 （s）	时间 （h:m:s:hs）	有功 （MW）	无功 （Mvar）	电压 （kV）	电流 （A）	备注
1	库尔欣卢—奥斯曼吉亚（Kursunlu—Osmanca）	0	09:36:09:418	1127	510	393	1816	跳闸
2	阿塔图尔克—耶希尔希萨尔北部 ［Ataturk-Yesilhisar Kuzey（North）］	1.566	09:36:10:984	600	531	333	1400	输电线路 断开
3	塞伊迪谢希尔—阿达纳（Seydisehir-Adana）	1.597	09:36:11:015	867	697	296	2163	跳闸
4	辛詹—埃尔比斯坦（Sincan-Elbistan）B	1.724	09:36:11:142	613	587	246	1992	跳闸
5	辛詹—埃尔比斯坦（Sincan-Elbistan）A	1.786	09:36:11:204	422	1054	303	2160	跳闸
6	阿塔图尔克—耶希尔希萨尔南部 ［Ataturk-Yesilhisar Guney（South）］	1.825	09:36:11:243	484	1154	355	2060	输电线路 断开
7	泰梅尔利—耶希尔希萨尔北部 ［Temelli-Yesilhisar（North）］	1.835	09:36:11:252	348	1035	315	1980	跳闸
8	泰梅尔利—耶希尔希萨尔南部 ［Temelli-Yesilhisar（South）］	1.899	09:36:11:317	51	1391	346	2300	跳闸
9	巴巴埃斯基(土耳其)—尼亚珊塔［Babaeski （TR）—Nea Santa（GR）］	3.023	09:36:12:441	440	265	130	2333	跳闸
10	哈米塔巴德（土耳其）—东马里查 ［Hamitabat（TR）–Maritsa East］3（2）	3.024	09:36:12:442	335	230	130	2828	A 相在 9:36:12:267 断开
11	哈米塔巴德（土耳其）—东马里查 ［Hamitabat（TR）–Maritsa East］3（1）	3.110	09:36:12:528	631	300	165	2036	跳闸

事故的详细过程如下，以下列出的事故前的数据均为跳闸时刻瞬时值：

（1）09:36:09:418，库尔欣卢—奥斯曼吉亚 400kV 线路因为线路的继电器动作（阻抗）跳开（根据设定对应 1820A）。事故前该线路向西部电网送电 1127MW（1816A）。

（2）09:36:10:984，阿塔图尔克—耶希尔希萨尔北部 400kV 线路跳开。事故前该线路负载 600MW（1400A）。

（3）09:36:11:015，塞伊迪谢希尔—阿达纳 400kV 线路跳开。事故前该线路负载 867MW（2163A）。

（4）09:36:11:142，辛詹—埃尔比斯坦 B 400kV 线路跳开。事故前该线路负载 613MW（1992A）。

（5）09:36:11:204，辛詹—埃尔比斯坦 A 400kV 线路跳开。事故前该线路负载 422MW（2160A）。

（6）09:36:11:243，阿塔图尔克—耶希尔希萨尔南 400kV 线路跳开。事故前该线路负载 484MW（2060A）。

（7）09:36:11:252，泰梅尔利—耶希尔希萨尔北 400kV 线路跳开。事故前该线路负载 348MW（1980A）。

（8）09:36:11:317，泰梅尔利—耶希尔希萨尔南 400kV 线路跳开。事故前该线路负载 51MW（2300A）。

在这之后，土耳其电网解列成东部和西部电网。

（9）09:36:12:441，土耳其与格鲁吉亚间的 400kV 联络线巴巴埃斯基—尼亚珊塔线路由于尼亚珊塔处的电压相角差保护动作跳闸。事故前该线路向电网送电 440MW（2333A）。

（10）09:36:12:267，土耳其与保加利亚间的 400kV 哈米塔巴德—东马里查 3 联络线 2 的断路器 A 相断开。根据继电器记录的结果，这个开断属于误动。09:36:12:442，土耳其与保加利亚间的 400kV 哈米塔巴德—东马里查 3 联络线 2 由于 Maritsa 处的失步继电器保护动作跳开。事故前该线路向土耳其电网送电 335MW（2828A）。

（11）09:36:12:528，土耳其与保加利亚间的 400kV 哈米塔巴德—东马里查 3 联络线 1 由于 Maritsa 处的"失步"继电器保护动作跳开。事故前该线路向土耳其电网送电 631MW（2036A）。

至此，土耳其电网从欧洲互联电网同步区域解列。

在此过程中，土耳其与保加利亚间两回 400kV 哈米塔巴德—东马里查 3 联络线 1、2 有功功率的峰值为 2220MW。

从保加利亚东马里查 3 处观测到的事件顺序见表 7-5。

表 7-5　　　　　　　　　事故中 TR-BG 线路断开顺序（欧洲东部时间）

序号	时间	动　作
1	10:36:11:742	过负荷保护开始-1400MW/8s
2	10:36:12:263	BG-TR 联络线 2 哈米塔巴德 s/s 处的相 L1（A 相）断开
3	10:36:12:266	BG-TR 联络线 2 失步保护（PSP）启动
4	10:36:12:276	BG-TR 联络线 1 失步保护（PSP）启动
5	10:36:12:445	BG-TR 联络线 2 东马里查 3 的相 L2 和相 L3 因为主 1 距离保护（REL 521）动作跳闸。1830ms 后，哈米塔巴德 TPP 的相 L2 和相 L3 相继跳闸
6	10:36:12:531	BG-TR 联络线 1 ME3s/s 处的三相因为主 2 距离保护（7SA522）动作跳闸。58ms 后 BG-TR 联络线 1 哈米塔巴德 TPP 处的三相跳闸
7	10:36:12:653	400kV ME3-ME2 线路 ME3s/s 处的过电压保护启动，变电站投入并联电抗器

7.3.3　系统恢复

TEIAS 的恢复计划是将系统分成 9 个孤岛来启动，每个孤岛与 9 个区域管制中心（RCC）有关。停电后 18min，特雷斯地区从保加利亚获取电能开始恢复，然后与安纳托利亚 RCC 西北地区同步，同时在其他区域开始黑启动。11:11，停电后 1.5h，50% 的特雷斯地区已通电。16:12，东部系统和西部系统及最终与 ENTSO-E CE 电网的同步发生在 400kV 开塞利变电站（土耳其中部）。此时，土耳其电网 80% 已经通电。剩下部分通过可用发电厂的启动逐步恢复供电。

7.4　原　因　分　析

（1）位于土耳其东西向输电走廊的 4 回 400kV 线路停止运行（3 回因为新设施的建设，1 回因为检修），长输电距离 [1300km，从东北部偏远的乔鲁赫水电站（HPPs）到伊斯坦布尔的主要负荷区] 和全部串联电容器的退出运行导致东西向传输阻抗很高。在东部大功率水电输送到西部电网的状态下，系统并不满足 $N-1$ 的安全准则要求。输送功率最高的线路因为过载跳闸引起功角失稳，最终导致系统解列。

（2）停电前，运行人员对串联电容器维持这种系统运行状况下的功角稳定性的重要性没有足够的认识。

（3）尽管土耳其 400kV 电网按国际标准配备了保护系统，但是第一回跳闸线路上安装的距离继电器的效果没有被正确评估。

（4）在西部子系统从欧洲大陆电力系统解列后的暂态过程中，几台大型热电厂的发电机在频率高于 47.5Hz 时从系统解列，违反了土耳其电网的相关规定。

（5）在其后的机电暂态过程中，由于部分发电机退出运行，需要低频减载切除更大数量的负荷来补偿。

（6）对于土耳其电力系统 3 月 31 日停电事故前的系统配置和特定潮流来说，西部系统 41% 和东部系统 21% 的负荷和发电间巨大的不平衡功率使系统稳定面临挑战。并且当时使用的保护方案，不适合在这种极端的不平衡中来维持系统的稳定。

（7）东西向线路走廊系统特殊的极端弱化，特别是在中部—北部，以及所有的串联电容器组退出运行的影响，3 月 31 日从东部输送到西部的 4700MW 功率没有被正确地评估。TEIAS 最新的潮流和功角稳定计算分析表明，所有 400kV 联络线和串联电容器组均投入运行时，从东部输送到西部的功率可以达到约 8000MW，符合 ENTSO-E 为 CE 系统规定的 $N-1$ 安全准则。

7.5　事　故　启　示

1. 关键线路或设备检修时应合理安排电网运行方式

系统中的关键设备或线路检修可能引起运行情况发生较大变化，系统对用户供电的可靠性将降低。为保证安全、稳定地向用户供电，应在全面分析电网运行情况的基础上，合理安排电网的运行方式，确定设备或线路检修是否可行，消除事故隐患，降低电网运行风险，提高电网在正常、检修、事故后等方式下抵御故障冲击的能力。

2. 加强运行方式分析，确保电网满足 $N-1$ 安全准则

我国应严格按照《电力系统安全稳定导则》（GB 38755—2019）规定的安全稳定标准进行计算分析，切实保证系统运行满足最基本的 $N-1$ 安全准则，同时满足第 2 级和第 3 级安全稳定标准的要求。在电网规划、建设、运行阶段还应考虑电力系统应对可能发生的恶劣天气等自然灾害的能力，适当提高电网规划、建设标准，加强电网在极端运行方式下的安全稳定计算分析，避免系统发生连锁故障或大停电，保证电网安全稳定运行。

3. 加强电力系统安全稳定三道防线建设

要充分利用信息、计算与控制领域的最新技术，加强电力系统安全稳定的三道防线建设，构建防止电力系统发生稳定破坏和大面积停电的电力系统安全稳定超级防线，保障中国大规模交直流混联电力系统的安全稳定运行。

4. 加强源网协调管理

电源（发电厂）与电网之间的协调配合是保证电力系统安全稳定运行的关键因素，当电网出现紧急情况时，系统可能出现高频率或低频率、系统过电压和发电厂设备低电压交织在一起的复杂情况，此时发电机组的各种保护应能适应电网运行条

件的变化，与电力系统自动装置达到最佳配合。

随着大电源、大电网的不断发展，我国应继续加强源网协调的管理，进一步规范机组并网准入管理工作；加强源网协调规范标准的制定与执行；形成源网协调常态机制，培养技术队伍；开展限制、保护定值实测试点工作。在保障电源安全的基础上，以及电源能力范围内，充分发挥电源对电网安全稳定运行的支撑能力。

5. 建立有效的故障应急与恢复措施预案机制

由于土耳其与欧洲大陆同步电网联络断面特殊保护系统动作快速且正确，"3.31"停电事故主要发生在土耳其国内，没有对欧洲互联电网其他系统的正常运行造成影响。并且对于土耳其电网而言，因为大部分关键基础设施设备拥有应急电源，所以电力系统恢复过程是在一个相对较短的时间内（平均恢复时间约为 7h）完成的。

我国应结合电网运行的实际情况，制定规范有效的事故处理预案，在电网出现紧急情况下给事故处理者提供有效的指导，保证电网事故处理的准确有效、迅速，最大限度减少大面积电网稳定破坏造成的影响和损失。此外，依靠电网调度统筹协调好电网、电厂、用户之间的恢复进度，保证事故处理机制的协调运行，避免在电网恢复过程中发生次生灾害。

8 2015年乌克兰"12.23"大停电事故

8.1 事　故　概　况

乌克兰当地时间 2015 年 12 月 23 日，乌克兰普利卡帕亚、切尔尼夫齐和基辅等至少 3 个区域的电力系统遭到网络恶意代码攻击，导致 7 座 110kV 变电站和 23 个 35kV 变电站出现故障，超过一半地区和部分伊万诺—弗兰科夫斯克地区电力中断 3～6h，约 140 万人受到影响。本次事件中，黑客通过骗取配电公司员工信任、植入木马、后门连接等方式，绕过认证机制，对乌克兰境内三处变电站数据采集与监视控制（Supervisory Control And Data Acquisition，SCADA）系统发起网络攻击。该起事故是首例由于网络攻击造成的大规模停电事故，是人类历史上信息安全影响电力系统运行的里程碑事件。

8.2　乌克兰电力系统概况

乌克兰位于欧洲东部，东连俄罗斯，南接黑海，北与白俄罗斯毗邻，西与波兰、斯洛伐克、匈牙利、罗马尼亚和摩尔多瓦诸国相连，国土面积为 60.37 万 km²（包括克里米亚），是欧洲除俄罗斯外领土面积最大的国家。乌克兰地理位置重要，地处欧洲地缘政治中心，是欧洲联盟与独联体特别是与俄罗斯地缘政治的交叉点。2014 年，乌克兰人口约 4536 万，GDP 总计 1318.05 亿美元，人均 GDP 为 2905美元。

乌克兰能源需求量大，国内煤炭储量相对丰富，但其他资源严重匮乏，其中 60%的石油和 70%的天然气均依赖进口，严重制约乌克兰的经济发展。2006 年初的"乌俄天然气争端"，使乌克兰将电力和煤炭定为首要能源品种，计划至 2030 年在全国兴建 10 个煤炭基地和多座火电及核电站，加大本国及外埠区域的油气开采规模，扩充本国的能源战略储备，提高本国的能源利用率。

乌克兰是电力生产大国，在 2012～2015 年发电量保持在 1700 亿 kWh 以上，电力生产既供应内需，又出口创汇。乌克兰电力以核电和火力发电为主，境内共有 5 座核电站，所发电量占全国总发电量的 50%，同时拥有乌格列戈尔斯克热电站、克里沃罗格热电站、布尔什腾热电站和兹米耶夫热电站等大型热电站，以及集中在第聂伯河，由卡霍夫、第聂伯、卡涅夫、基辅等水电站形成的梯级水电站等。乌克兰的现代化电力工业发展水平高，但受困于能源价格上涨以及能源利用效率低，电力工业技术改良及设备更新问题突出。

8.3 事 故 过 程

乌克兰当地时间 2015 年 12 月 23 日 15:30，在乌克兰西部伊万诺—弗兰科夫斯克地区负责当地电力供应的 Prykarpattyao-blenergo 控制中心遭到网络攻击，控制中心的计算机光标被远程控制断开断路器，使整座变电站全面停运，之后攻击者将运维人员从控制面板中退出登录，同时变更了运维人员的密码，使其无法登录，该事件导致约 30 座变电站停运，同时影响到另外两座配电中心，停运的变电站数量扩大至约 60 座，超过 23 万名居民陷入停电困境。攻击导致停电时长 1~6h。电力供给恢复后，工作人员仍然需要以手动方式控制断路器。并且在此次攻击的两个月之后，控制中心仍未全面恢复运转。

结合乌克兰电网官方和相关安全组织披露的信息，整体攻击过程如下：

（1）攻击者在 2014 年春季对负责乌克兰国内各供电企业网络管理工作的 IT 人员与系统管理员进行鱼叉式钓鱼攻击。隐藏在 Microsoft Office 文档中的 Black Energy 木马程序被定向发送到 3 家供电企业的员工邮箱中，一旦员工点击该附件，并同意启用文档宏，则当前设备被感染，使攻击者与此恶意软件和受感染的系统之间建立通信通道。

（2）攻击者在事故发生 6 个月前侵入乌克兰电力系统，逐步盗取授权凭证，获得访问 Windows 域控制器以管理网络内用户账户的能力，并以此为基础，收集相关登录凭证及部分工作用 VPN，获得 SCADA 控制权限。

（3）攻击者对 UPS 进行了重新配置，该 UPS 为两座控制中心提供后备电力。并且，针对各供电企业不同的分发管理系统开发了用于串行接口网关设备的恶意固件。

（4）2015 年 12 月 23 日 15:30 左右，攻击者通过被劫持的 VPN 接入到 SCADA 网络，并发送命令以禁用已经被其重新配置的 UPS 系统。之后对目标变电站下达恶意指令，控制断开断路器。

（5）攻击者同时利用分布式拒绝服务（Distributed Denial of Service，DDoS）对乌克兰电力客服中心进行线下电话攻击，破坏正常和应急通信通道，防止客户向运维人员报告断电状况，使电力运营商难以采取应急救援措施。

（6）攻击者通过植入恶意固件对变电站串行到以太网转换器中的固件进行覆盖，使得变电站远程控制命令无法传达，仅能以手动方式进行合闸操作。

（7）攻击者利用清除型恶意软件 KillDisk 使 SCADA 监控失效，并对系统文件进行清除或者覆盖，导致系统崩溃，且使事故后难以追踪其攻击路线。

8.4 原 因 分 析

1. 网络恶意攻击

攻击者在 Microsoft Office 文档中利用宏功能嵌入恶意软件，并通过鱼叉式钓鱼邮件向乌克兰电力工作人员控制设备中植入 Black Energy 木马程序，攻击 SCADA 监视主机使其功能失效，并采用清除和覆盖系统日志和其他重要格式文件的方式，导致数据损失和系统瘫痪。同时攻击者在串行接口网关设备植入恶意固件，导致变电站无法接收调度中心的远程控制命令。通过控制变电站开关跳闸，进而导致大面积停电。

2. 狡猾的线下攻击

攻击者对乌克兰多家电力公司发动拒绝式服务 DDoS 攻击，呼叫中心被大量来电挤占，使其网络流量激增，破坏正常和应急通信通道，阻止客户向运维人员报告断电状况，干扰客户停电申诉及电力公司紧急抢修，使电力运营商难以采取应急救援措施。

3. 安全防范体系不健全，网络隔离不足

乌克兰电网安全防护体系存在开源漏洞，现有防火墙限制及权限认证不完善。同时，乌克兰电力系统的办公系统与生产系统缺乏严格的网络物理隔离措施。电力公司为发、输、配业务的通信和控制便利，通过互联网连接，控制类与非控制类系统采用身份认证的方式进行信息安全防护，易被攻击利用。

4. 工业控制系统的网络安全监测能力不足

对于恶意软件的侵入及长时间潜伏未做到有效监测，同时在电网受到攻击时仅能被动遭受控制，不能做到有效监测攻击动向。同时，电力工作人员信息安全意识薄弱，对于恶意邮件等缺乏过滤与安全保护意识。

8.5 事 故 启 示

乌克兰电力系统遭黑客攻击引发世界关注，虽然国内尚未发生类似事件，但却给我们敲响了警钟。新形势下，我国应积极跟踪信息安全动态，及时掌握行业安全

事件及漏洞风险情报，提升自我防范的基础能力。

1. 全面加强信息网络系统安全风险评估与管控

在保证物理电网安全稳定运行的同时，应全面加强信息网络系统的安全风险评估与管控。从电力网络与信息网络耦合的视角，做好新型电力系统安全防御体系设计。将设备监控常态化，对于电力系统中的所有核心运行装备进行可信环境筛查、安全状态认证；对于信息网络中所有通信报文和控制指令等进行实时监测，及时预警拦截不正常、不可信信息；加强系统安全风险评估工作，对自身漏洞隐患或潜在网络攻击做到尽早发现，尽早处置。

2. 加快推进电网设备关键核心技术研究

我国电网核心运行设备尚未实现完全国产化，在高端控制系统技术领域仍然受制于国外厂商。应当积极推进科技创新，充分发挥产学研相结合的功能与资源优势，努力推进自主研发体系建设，研究新技术、制造新产品，尽快实现电网核心运行设备的国产自主可控替代。同时也应加强国际合作，建立长期互信安全的技术、管理交流机制，并严格落实安全评估监测工作。

3. 提高网络安全防护意识

定期开展安全检查和安全演习工作，加强对电力工作人员的信息安全培训。通过检查与演习，最大限度找到电网信息安全薄弱环节，充分评估电网信息安全状况与防护水平，制定完备有效的预警响应预案、故障补救处理预案及反击预案，完善信息系统网络安全防护体系。通过对重点部门电力工作人员的选拔与培训机制，避免因疏于防范意识的人为不确定因素造成网络信息暴露。

9 2016~2017 年南澳大停电事故

9.1 南澳大利亚电力系统概况

南澳大利亚州位于澳大利亚中南部，总面积 983 482km²，占澳大利亚总面积的 1/8，是唯一与澳大利亚大陆上各州接壤的地区。全州总人口 170 万，其中约 70.3% 的居民居住在环绕首府阿德莱德的卫星城市中，电网负荷比较集中，历史最大负荷超过 3000MW。南澳州是澳大利亚可再生能源发电占比最高的地区。南澳电网由伊莱克特拉（ElectraNet）输电公司独立运营，输电线路长达 5529km，骨干网架电压等级 275kV，存在 275/132kV 电磁环网。另外，南澳电网属于典型的末端电网，与澳大利亚主网之间通过海伍德（Heywood）双回 275kV 交流联络线及默里林克（Murraylink）直流联络线的交直流混联形式连接。

澳大利亚国家电力市场（National Electricity Market，NEM）电网由昆士兰、新南威尔士、南澳大利亚、维多利亚、塔斯马尼五州电网互联组成。澳大利亚能源市场运行商（Australian Energy Market Operator，AEMO），独立于电网内电厂、输配电运营商等公司，通过两个异地同时运行的调控中心，独立、统一负责电网的调度运行和交易组织，其电力市场采用现货和中长期合同相结合的方式进行交易。正常情况下，AEMO 根据电厂报价及竞价结果安排网内机组的实时出力；对于电网故障、断面功率越限等紧急情况，AEMO 有权根据相关法律法规中止市场交易优先采取措施保障电网安全稳定。

9.2 2016 年南澳 "9.28" 大停电事故

9.2.1 事故概况

澳大利亚东部时间 2016 年 9 月 28 日下午，台风、暴雨和冰雹等极端天气导致新能源发电占比高的南澳地区在 88s 内出现 5 次线路故障，造成 6 次系统电压跌落，13 个运行风电场中的 9 个风电场低电压穿越失败，445MW 风电大规模脱网。系列故障使得剩余发电量和负载之间产生突然和大量的电力失配，最终造成了全州停电

50h 的特大电网安全事故。这是世界上第一次由于极端天气诱发的大停电事故。

9.2.2 事故前电网概况

在极端天气来临前，天气预报预测当日最大风速为 120km/h，未超出南澳输电线路及杆塔等可承受风速能力。对于预测风速下网内部分风电机组脱网情况进行的预测校核结果并未指向电网安全稳定风险。

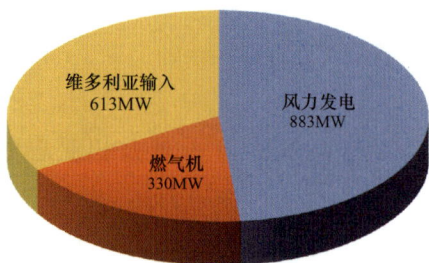

图 9-1 事故前南澳电网发电来源组成

事故前，南澳拥有约 85 万电力用户，共计 1826MW 电力需求，电力来源主要包括风力发电、燃气发电和从维多利亚州通过海伍德交流联络线及默里林克直流联络线输入的电力，如图 9-1 所示。大停电前 40min，南澳电网风力发电量开始显著减少，从约 1150MW 跌至约 850MW。大停电前 90s，有 14 座风电场和 5 台燃气机组处于并网运行状态，燃气机组给系统提供的总惯量为 3000MW·s。

9.2.3 事故过程

事故过程要点如下：

（1）16:16:46～16:18:14，极端天气导致南澳电网先后发生 5 次 66kV 线路和 275kV 线路故障，加一次重合闸失败共造成 6 次系统电压跌落，前 5 次电压跌落并未引起风电场大规模脱网。线路故障情况见表 9-1。

表 9-1　　　　　　　　　　　　线 路 故 障 情 况

故障编号	当地时间	详细情况
1	16:16:46	Northfield-Harrow 66kV 发生馈线故障；跳闸并成功自动重合闸；Davenport 的电压下降到 85%
2	16:17:33	Brinkworth-Templers West 275kV 输电线路发生两相接地故障；因为故障为两相接地，南澳 275kV 输电系统仅使用单相自动重合闸（SPAR），所以没有进行重合闸；Davenport 的电压降至 60%
3	16:17:59	Davenport-Belalie 275kV 输电线路发生单相接地故障；故障相成功自动重合闸；Davenport 的电压下降到 40%
4	16:18:08	Davenport-Belalie 275kV 输电线路发生单相接地故障；没有自动重合闸，因为故障发生在前一个故障的 30s 内。线路三相断开，处于停运状态；Davenport 的电压下降到 40%
5	16:18:13	Davenport-Mt Lock 275kV 输电线路发生单相接地故障；Davenport 的电压下降到 40%
	16:18:14	由于自动重合闸失败，Davenport-Mt Lock 275kV 输电线路发生单相接地故障；故障仍然存在。线路三相断开，处于停运状态。Davenport 的电压下降到 40%

（2）16:18:15，第 6 次电压跌落发生瞬间，电网内 445MW 风电脱网。

（3）风电机组脱网瞬间，海伍德联络线潮流瞬间增大至 850～900MW，超过最大容量 600MW，联络线跳开。图 9-2 为南澳电网多个 275kV 节点的电压变化情况。电压最初由于风力发电量减少而快速下降，海伍德联络线断开后，电压水平恢复。

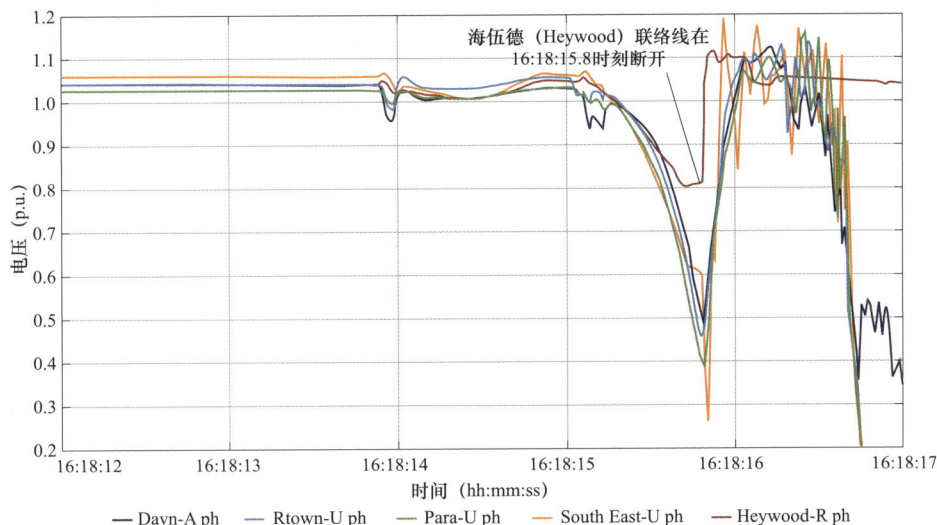

图 9-2　南澳电网多个 275kV 节点的电压变化情况

（4）海伍德联络线跳开后，南澳剩余的发电量无法满足需求，南澳电网产生 850～900MW 电力缺口，频率短时间内迅速下降至 47Hz 以下，下降速率达 6～7Hz/s。由于下降速率已经超出低频减载 3Hz/s 的标准响应速率，安全稳定控制策略表和低频减载措施失效；并且频率降至 47Hz 以下后超出了发电机低频保护范围，造成发电机组切机。最终南澳电网内发电机组短时全部脱网，系统随即崩溃。事故过程中南澳电网频率与维多利亚州电网频率比较情况如图 9-3 所示。

9.2.4　事故后恢复过程

事故恢复过程要点如下：

（1）16:18，2 号黑启动机组 Mintaro 发电站的应急柴油发电机在没有收到 AEMO 黑启动指令下自动启动。2 号机组柴油发电机启动 5s 后发生定子侧接地短路事故，柴油发电机损坏，2 号黑启动方案失败。

（2）16:37，1 号黑启动机组 Quarantine 发电站依据 AEMO 指令成功启动站内小型发电机，但在启动邻近大型机组时断路器受变压器励磁涌流影响连续 5 次合闸后断开，未能连接两台机组，造成断路器动作电池电量耗尽，后经过人工现场

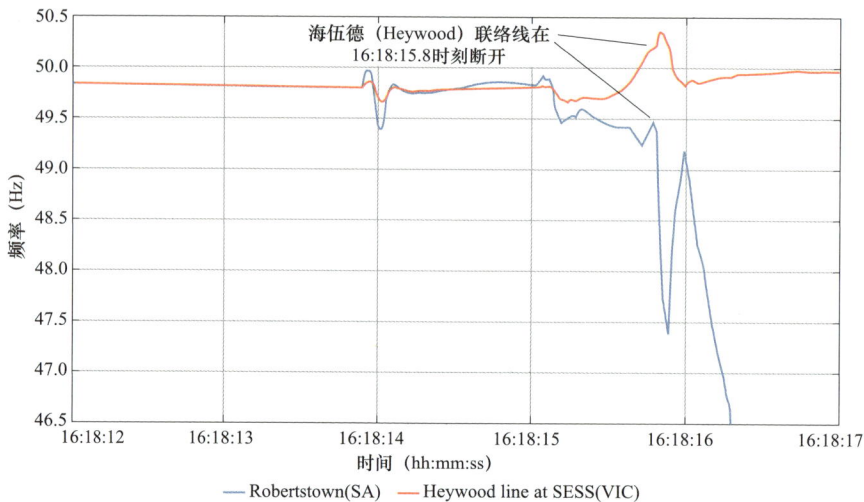

图 9-3　事故过程中南澳电网频率与维多利亚州电网频率对比

确认证实 1 号黑启动方案失败。

（3）调度部门于 17:32 下令控制海伍德联络线建立电力通道。维多利亚州到南澳托伦斯岛的供电通道于 18:28 建立。当日 18:43，托伦斯岛"A"和"B"发电站的辅助电源从黑启动电源切换到互连电源。阿德莱德地区的电力传输网络在负荷恢复之前重新供电。从维多利亚州到托伦斯岛的第二条电力通道于 19:06 建立，并于 19:31 延伸至鹈鹕角发电站。大停电损失的负荷于 19:00 开始恢复；故障后 4h，约 40% 的负荷恢复；故障后 7.5h，80%～90% 的负荷恢复；10 月 11 日南澳电网全部负荷得以恢复。

9.2.5　原因分析

"9.28" 南澳大停电事故原因分析如下：

（1）自然灾害预警及监控不足。南澳天气预报预测风速未超出南澳输电线路及杆塔等可承受风速能力，调度部门对极端天气预警和监控能力不足，并且在事故前未进行过电网紧急事故演习。

（2）系统转动惯量不足。南澳地区燃煤气机组数量少，高渗透率的新能源机组难以提供大量有效的转动惯量支撑，系统转动惯量缺乏。故障发生时，大规模出力损失超出低频减载装置反应速度，系统频率迅速跌落至崩溃。

（3）大量风电机组低电压穿越失败导致脱网。南澳风电机组预设了短时间内多次低电压穿越将引起减出力或切机脱网的控制策略。调度部门对于极端天气下南澳风电机组的保护控制响应未做好充分预案，导致风电场出力突然大幅度损失超出安全预设范围。

（4）网架结构薄弱。南澳电网为典型受端电网，网内主要依靠天然气和新能源发电，外部仅依靠两条联络线供电且常处于重载运行状态，本次事故中风电机组大面积甩负荷及脱网，使得联络线严重过载并跳开，形成南澳系统孤网，最终导致崩溃。同时南澳电网基础建设滞后，网架设备老化严重。

9.3 2017 年南澳"2.8"大停电事故

9.3.1 事故概况

澳大利亚东部时间 2017 年 2 月 8 日，南澳电网因风电出力低于预测，加之极端高温天气造成用电负荷激增，导致大量用户非计划停电事件，损失负荷共计300MW。

9.3.2 事故前电网情况

澳大利亚东部时间 2017 年 2 月 8 日，网内风电出力不及预期与极端高温天气影响相叠加造成南澳电网部分辖区停电 1h。事故发生当日，南澳电力供应结构如图 9−4 所示。

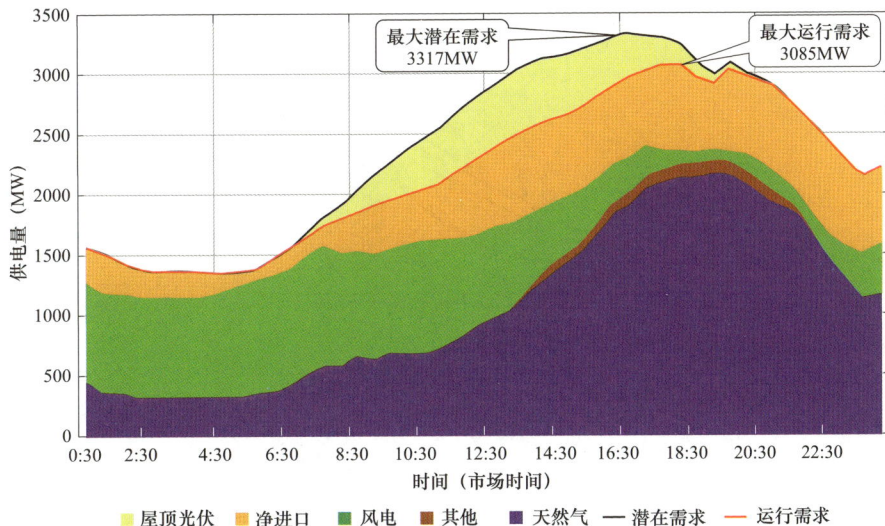

图 9−4 2017 年 2 月 8 日南澳电力供应结构

事故发生当日，南澳地区的极端温度高于预测值，用电负荷激增。温度预测的错误导致需求预测错误，当日 17:00，网内统调负荷超过 3000MW 且持续攀升，比日前预测高出近 300MW，网内备用紧张。事故当日，南澳气温预测值与实际值对比如图 9-5 所示，预测负荷与实际负荷对比如图 9-6 所示。

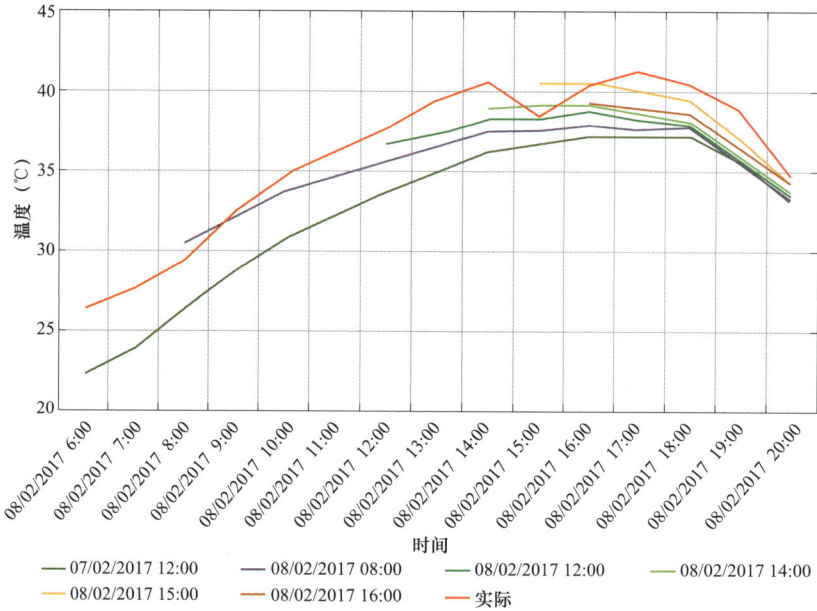

图 9-5　南澳当日气温预测值与实际值对比

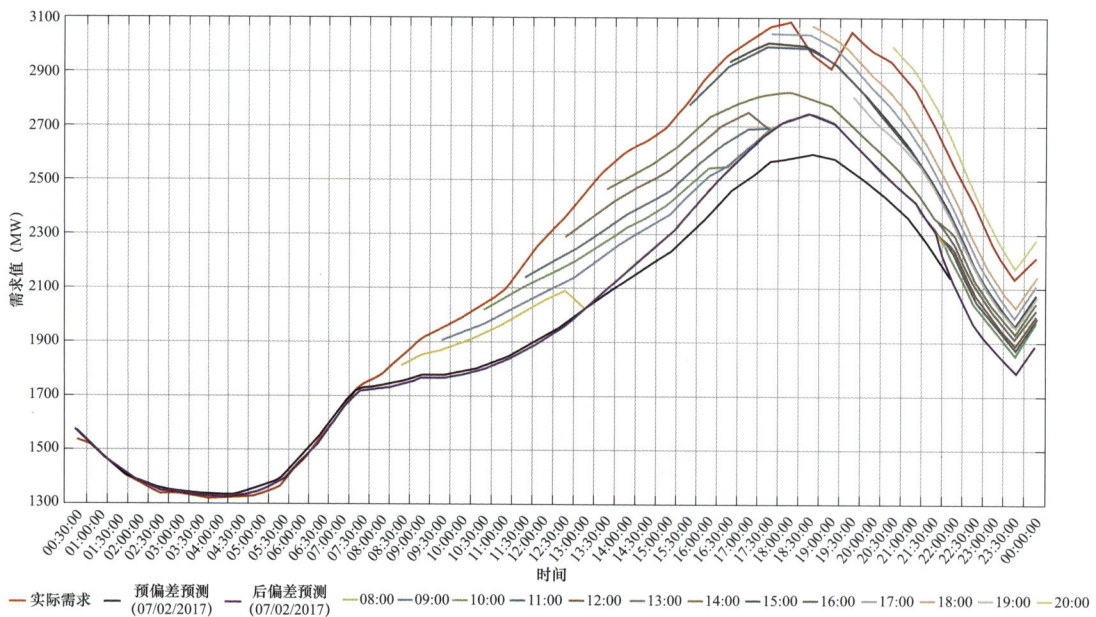

图 9-6　南澳当日负荷预测值与实际值对比

9.3.3　事故过程

事故当天 13:00～18:00，网内风电出力从 720MW 锐减至 120MW，18:00 风电实际出力值较预测值低 100MW。事故过程要点如下：

（1）17:25，默里林克直流功率超过 78MW 稳定限额；海伍德交流联络线压限额运行。同时，网内并网火电机组均已基本达到最大出力，未并网的机组难以在短时间内并网。

（2）18:00，默里林克直流功率不降反升，持续越限 35min。18:03，调度部门向电网运行商伊莱克特拉电网下发切除网内 100MW 负荷的指令。

（3）18:30，实际被切除的负荷达 300MW 左右，网内断面已无越限，调度部门要求伊莱克特拉电网在 10min 内恢复 100MW 被切除的负荷。

（4）18:40，负荷最高峰时段已过，网内旋备充足，全部被切除负荷恢复，整个负荷损失时间持续了 1h 左右。

9.3.4 原因分析

"2.8"南澳大停电事故原因分析如下：

（1）风功率预测与天气预测错误，导致发电与需求预测错误。风电机组实际发电量不及预期与高温导致用电负荷激增的矛盾造成了本次大停电事故。本次南澳大停电中风电机组实际出力低于预测值 100MW，而实际负荷量高于预测值 300MW，巨大的电力缺口导致大量用户被迫非计划停电。

（2）电网平衡分析、调度与应急响应能力不足。未充分考虑风电机组出力的不确定性，紧急情况下系统的旋转备用容量，跨区联络线路的功率支援能力，以及突发故障后的应急处理措施不足。

（3）南澳电网无功支撑能力方面存在问题。默里林克直流额定容量为 220MW，但事故当日受制于电压稳定后的功率限额仅为 78MW。

（4）调度与电网等运营商管理及协同方面的缺陷。调度指令切除 100MW 负荷，电网运营商却切除 300MW，人为增大了事故面积。

9.4 事 故 启 示

1. 加强电网规划设计，构筑坚强网架结构

坚强的网架结构是抵御电网故障，增强系统稳定性，促进新能源消纳的重要保障。南澳电网是典型的受端电网，且电网内新能源渗透率高，电网建设滞后。"9.28"大停电事故中南澳电网大面积风电机组脱网，使得与主网间仅有的两条联络线由于过载断开引发系统崩溃，反映出南澳网架结构的薄弱。我国应当继续加快特高压主网架建设，依据各地经济发展、能源分布与电力需求情况等，优化电网结构设计，最大限度提升电网资源优化和安全稳定运行能力。

2. 加强新能源机组涉网特性分析

南澳电网新能源总装机容量超过 40%，大量风电机组和光伏的接入给电网安全稳定运行带来巨大压力。为应对我国未来高比例新能源接入的总体发展趋势，应当充分考虑新能源机组的间歇性和波动性等出力特点，通过对新能源机组的控制策略与运行特性的深入研究，从能源整体规划上做好新能源与常规同步机组的协调、新能源与大电网稳定的协调，完善相关涉网标准，实现全部机组可控、在控。

3. 加强电力气象预报分析，提升电网预警防控能力

南澳两次大停电事故前电网部门均对极端天气估计不足，未及时启动灾害预警。"9.28"大停电事故中调度部门没有收到严重台风预警信号，极端天气造成的系统风险没有提前得到有效处理；"2.8"大停电事故中风电机组出力小于预测值，导致系统备用不足被迫限电。因此，在新能源高占比电网，应当充分重视电力气象预报技术，部署完善的电网风险监视与预警防控系统，加强对电网实时调度运行时的电源出力、网络潮流、负荷水平的监视分析，帮助调度部门及时掌握电网状态，为调度决策提供辅助支持。

10 2018 年巴西"3.21"大停电事故

10.1 事 故 概 况

2018 年 3 月 21 日，因断路器过载保护动作后的一系列连锁反应，巴西电网发生大面积停电事故，北部和东北部电力系统与主网解列，导致北部和东北部 14 个州大面积停电，南部、东南部、中西部 9 个州也受到一定影响，总共损失负荷 20 528.5MW（占巴西电网总负荷约 26%）。

10.2 巴西电力系统概况

10.2.1 网架结构及特点

截至 2018 年，巴西电网仍然由六大电网构成，除西北电网为独立运行电网外，其余部分形成了大规模区域互联电网。巴西电网主网架示意图如图 10-1 所示。

巴西电网具有如下特点：

（1）能源与负荷逆向分布，远距离输电。受自然资源条件的影响，巴西总发电量的 70%以上来自水力发电，而巴西可供开发的水电资源多集中在北部与西部区域，负荷中心多集中在东南沿海区域，整个国家的输电格局呈现"北电南送、西电东送"的局面。巴西全国范围内 5 条±600kV 及±800kV 直流输电线路主要连接送端的伊泰普水电站、美丽山水电站及马代拉河上游大型水电站与受端巴西东南部地区。此次"3.21"事故中受到影响的正是由北向南的交直流通道。

（2）大区电网间联系薄弱。巴西国家互联电网的各大区电网间主要通过 1~3 回 500kV 线路联网，联系较为薄弱。地区电网内仍存在电磁环网问题，电网安全稳定运行水平有待提高。如此次停电的北部、东北部地区，北部电网为明显的长链式结构，将区域内水电站串联在一起，北部、东北部电网与南部电网的交流联络断面也较为薄弱。历史上，由于设备故障导致北部、东北部电网与主网解列，最终引发大停电事故的情况时有发生。

（3）电网发展不均衡。巴西电网近 80%负荷集中分布在南部和东南部地区（包

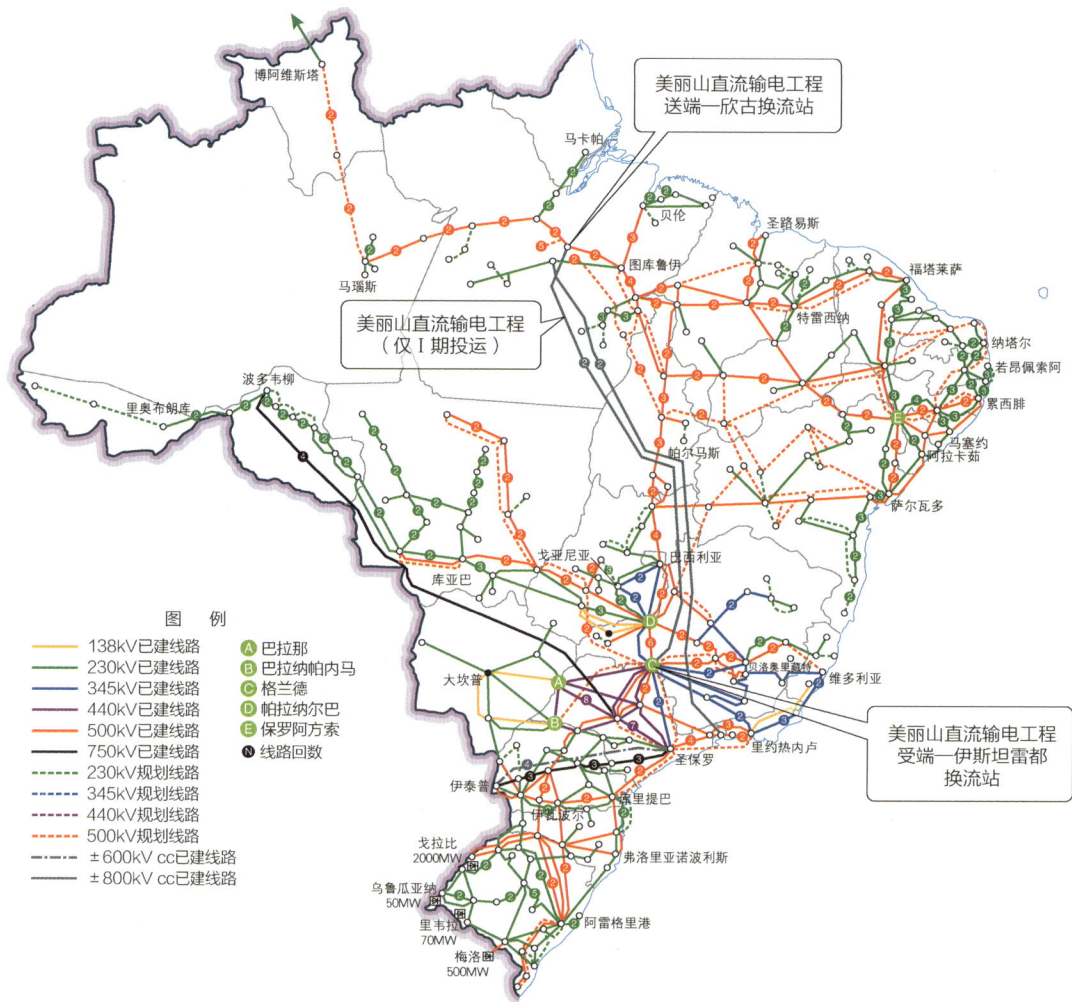

图 10-1 巴西电网主网架示意图

括中西部），形成了以 500kV 为主干网架较为坚强的地区电网。北部和东北部地区负荷发展相对缓慢，地区 500kV 主干网架较为薄弱。

10.2.2 美丽山水电送出系统

事故起始于巴西东北部地区美丽山水电站送出系统的欣古（Xinggu）换流站。该水电站设计装机容量为 11 230MW，2020 年全部建成，是继三峡水电站和伊泰普水电站之后的世界第三大水电站。美丽山水电站送出系统建设两条 ±800kV 直流线路与若干条 500kV 交流线路，其中直流送端为东北部电网的欣古换流站，受端为南部电网的伊斯坦雷都（Estreito，一期）和瑞奥（TerminalRio，二期）换流站。直流建成后与东北部电网、北部—南部联络线等构成大范围交直流并联系统。巴西美丽山水电站送出系统主网架示意图如图 10-2 所示。

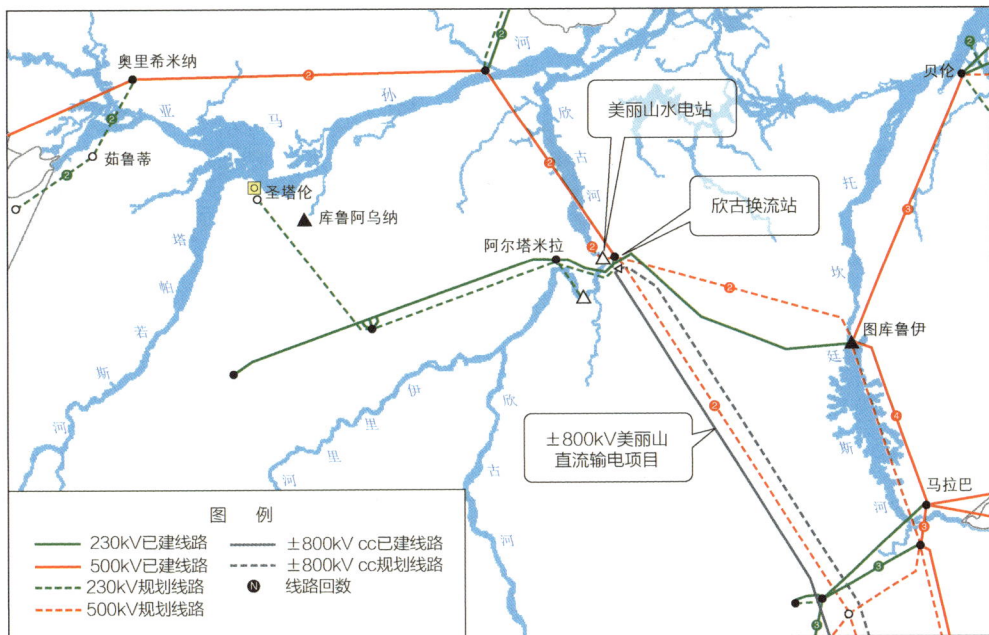

图 10-2 巴西美丽山水电站送出系统主网架示意图

10.3 事 故 过 程

10.3.1 事故前电网运行情况

事故起源于美丽山（BeloMonte）水电站送出系统。事故发生前，美丽山水电站 7 台机组运行，总出力 4021MW，美丽山送出直流 I 期工程正常运行，直流功率正在上升期间，15:47 输送功率已上升至 3923MW。

杜特拉（P. Dutra）—特雷西纳（Teresina）II 500kV 两回线、杜特拉—博亚埃斯佩兰萨（B. Esperana）500kV 一回线、克利纳斯（Colinas）—里贝罗贡萨尔维斯（R.Gonçalves）500kV 两回线是北部电网与东北部电网的联络断面。古鲁比（Gurupi）—米拉塞马（Miracema）三回线为北部电网与东南部电网的联络断面。

事故前巴西电网的发电、负荷需求、各区域电网的功率交换如图 10-3 所示，其中北部电网电力大规模外送，东北部电网电力受入，东南/中西部电网电力受入。

89

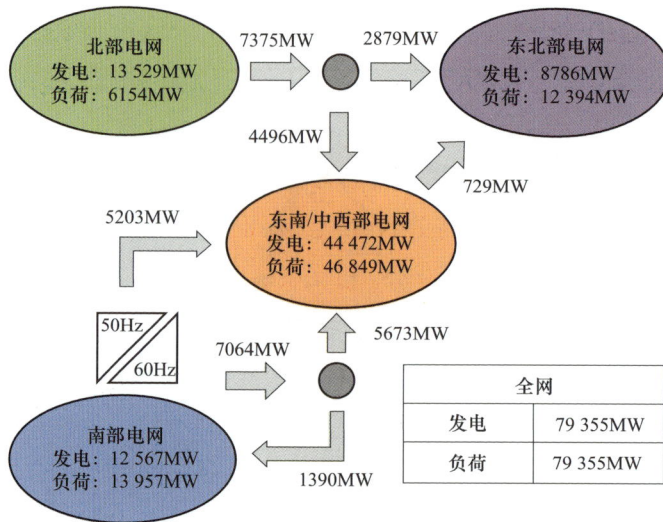

图 10-3 事故前巴西电网发电、负荷需求及电力流

10.3.2 事故过程

本次事故由 6 个主要事件组成。

（1）事件 1 发生时间：3 月 21 日 15:48:03.245。欣古换流站 500kV 母线分段断路器（9522）过流保护动作跳闸，造成美丽山直流系统接入的 A2 段交流母线失压，直流双极停运；此时安稳装置（SEP）没有发出切机信号，美丽山水电站发电机组继续运行。潮流转移导致系统出现振荡。

（2）事件 2 发生时间：3 月 21 日 15:48:04.133。500kV 塞拉达梅萨 2（S. Mesa 2）变电站安自装置动作，将北部和东南部电网联络线断开。

（3）事件 3 发生时间：3 月 21 日 15:48:04.229。500kV 杜特兰变电站保护动作，将北部和东北部电网三回联络线断开。

（4）事件 4 发生时间：3 月 21 日 15:48:04.295。500kV 里贝罗贡萨尔维斯变电站保护动作，将北部和东北部电网另二回联络线断开。

（5）事件 5 发生时间：3 月 21 日 15:48:04.379。北部电网与主网的其余 230kV 联络线断开，北部电网形成孤网。

（6）事件 6 发生时间：3 月 21 日 15:48:06:448。500kV 博姆杰苏达拉帕（B. J. Lapa）变电站保护动作，将东北部和东南部电网联络线断开，加上其他 230kV 线路断开，东北部电网孤立。

至此，巴西电网解列成北部电网、东北部电网和南部电网。

其中，北部电网孤立后，由于严重的功率盈余，频率大幅升高，部分线路过电压跳闸，高周切机动作切除 50 台左右机组后发生振荡，再次切除 22 台左右机组后系统失去大部分电源，电网基本全停。东北部电网出现严重功率缺额，低周减载五轮切除 3680MW 负荷后，频率恢复至 60Hz 左右，随后保罗·阿方索（Paulo Afonso）水电站两台机组因自身保护不恰当动作跳闸，电网频率再次下降至 58.5Hz，引发一系列的设备保护动作，最终东北部电网基本全停。南部电网因功率缺额，低周减载装置动作切除 3864MW 负荷后，系统恢复稳定运行。

10.3.3　事故后电网恢复情况

事故发生后，巴西北部、东北部、南部、东南部、中西部都有不同程度的停电损失，其中北部损失了 94% 的负荷，东北部损失了 99% 的负荷，南部损失了 8.4% 的负荷，东南部、中西部损失了 5.5% 的负荷，总计 20 528.5MW，约占事故前总负荷的 26%。

事故发生后，巴西电网公司迅速组织电力恢复，南部电网、东南部与中西部电网于 15:48 开始恢复供电，至 16:13 基本恢复供电；北部电网于 16:15 开始恢复供电，至 17:53 全部恢复供电；东北部电网于 16:18 开始恢复供电，至 20:55 恢复 95% 以上供电。

10.4　原　因　分　析

10.4.1　欣古换流站母线断路器跳闸分析

事故发生前，巴西电监会（ANEEL）为了满足美丽山水电站的电力送出，希望美丽山一期直流提早投运。美丽山一期项目公司提出欣古换流站在建设阶段采用单母线接线方式运行，过渡期分为以下 3 个阶段：

第一阶段：500kV B 母线不带断路器投运以保证双极的调试和投运。

第二阶段：500kV A 母线带断路器投运，停运 500kV B 母线并安装相关设备。

第三阶段：500kV B 母线带断路器投运。

ONS 批准了这一方案，并表示承受单母线运行造成双极停运的风险。但相关部门并未组织对不同过渡阶段的运行风险、保护适应性做详细分析。

事故发生在过渡期的第二阶段，此时欣古换流站采用单母线临时运行方式，500kV A 母线带分段断路器（9522）运行，美丽山一期直流接入其中的 A2 段，交流进线全部接入 A1 段，如图 10-4 所示，红色部分为事故前在运母线及设备。

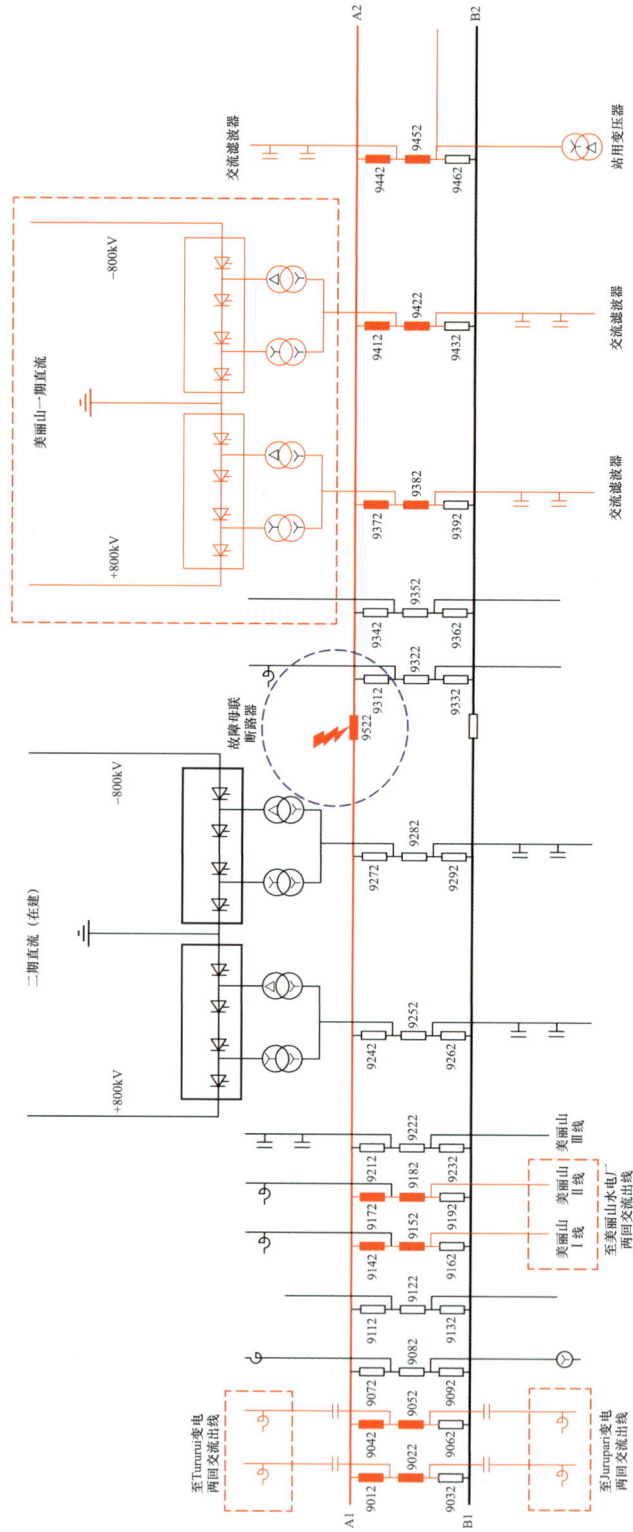

图 10－4 欣古换流站电气接线图

由于处于施工阶段，相关单位未对母线分段断路器（9522）保护进行计算和整定，保护跳闸整定值仍为出厂设定值 4000A。事故前美丽山一期直流功率上升至 3923MW，流过分段断路器过载电流达到 4400A 左右，造成保护正常动作，A1 与 A2 母线断开，A2 母线失压。

由于未根据实际运行方式对母线分段断路器整定值进行调整，导致断路器跳闸引发了这次事故，母线分段断路器本身动作是正确的。

10.4.2　美丽山一期直流闭锁安控拒动分析

欣古换流站 500kV 母线分段断路器（9522）跳闸后，母线失压导致美丽山一期直流送端失去了唯一的电源。由于直流测量系统采用双重化配置，控制系统检测到交流低电压后，切换了测量系统，以验证测量结果是否一致。切换测量系统后，控制系统仍检测到交流低电压。在检测到母线失压后，鉴于此时直流仍处于运行状态，极控系统认为测量结果与实际运行状况不一致，极控与美丽山二期直流接口装置（BP2I）通信数据被判定为无效，935ms 后发出 ESOF 信号闭锁美丽山一期直流。

此时，美丽山二期直流接口装置（BP2I）的特殊保护（SEP）由于需要判别极控数据有效信号标志位，虽然本身切机信号已经按逻辑触发并发送至切机执行单元（S7），但因数据被判定无效，所以切机执行单元没有产生最终的切机信号，致使美丽山水电站发电机组继续运行。

直流闭锁产生切机信号逻辑如图 10-5 所示。

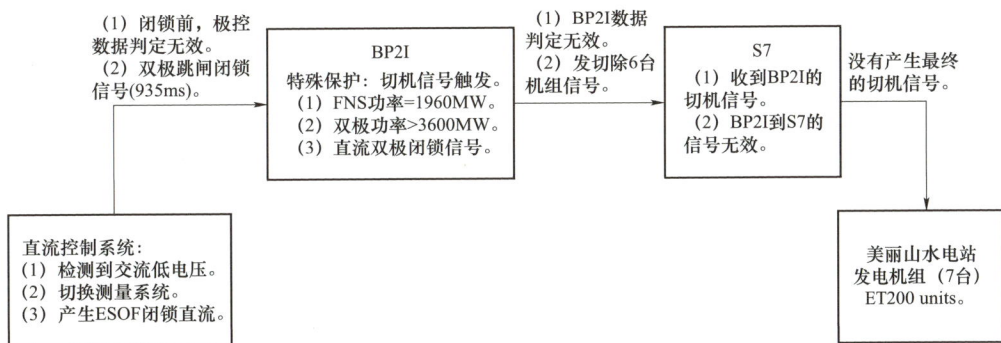

图 10-5　切机信号逻辑图

10.4.3　北部—东北部—东南部电网联络线解列分析

直流闭锁故障后系统解列涉及的区域电网 500kV 主网架及主要断面如图 10-6 所示。

直流闭锁后，由于安控拒动未切除美丽山水电机组，大功率潮流穿越巴西电网北部、东北部电网，导致北部—东北部—东南部电网联络线跳闸，巴西电网解列成三片，根据解列断面的时序，一共有 5 个阶段。

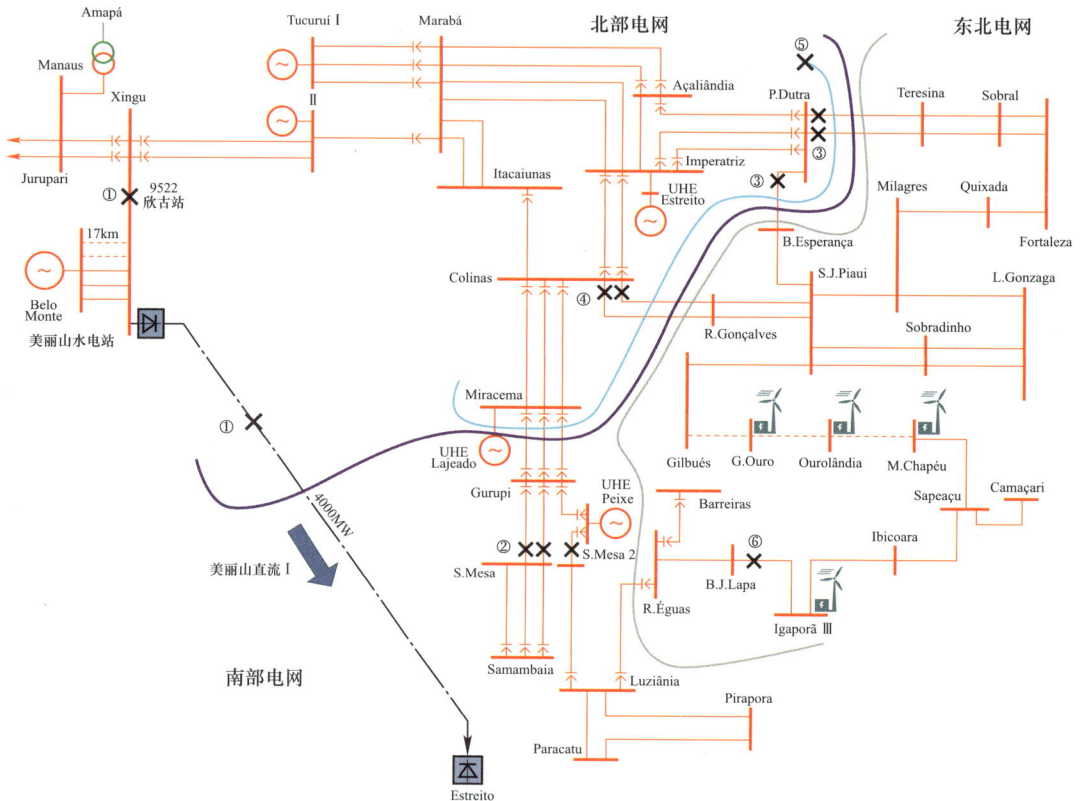

图 10-6　关键断面的示意图

第一阶段（图 10-6 中断面 1）：在故障发生后约 738ms，由安装在塞拉达梅萨（S. Mesa）2 侧的失步保护动作，解列了 500kV 塞拉达梅萨 2—佩谢（Peixe）线路；74ms 后，由于功率振荡，古鲁比（Gurupi）侧的距离保护 I 段动作断开了 500kV 古鲁比—塞拉达梅萨 C2；76ms 后，由于塞拉达梅萨侧的过电流（POTT）导致距离保护 II 段动作断开了 500kV 古鲁比—塞拉达梅萨 C1 线路。此时，北部电网与东南部电网解列。

第二阶段（图 10-6 中断面 2）：在故障发生后约 984ms，安装在 500kV 杜特拉（P. Dutra）站内的失步解列装置动作，断开了北部与东北部电网的联络线 500kV 杜特拉—特雷西纳（Teresina）II C1、500kV 杜特拉—博亚埃斯佩兰萨（B. Esperance）和 500kV 杜特拉—特雷西纳 II C2 三回线。此时，在杜特拉站内，将北部与东北部电网断开。

第三阶段（图 10-6 中断面 3）：500kV 里贝罗贡萨尔维斯（R. Goncalves）

C1—克利纳斯（Colinas）C2 和 500kV 克利纳斯—里贝罗贡萨尔维斯 C2 线路由于距离保护误动作断开线路。

第四阶段（图 10-6 中断面 4）：在故障后约 1134ms，230kV 特雷西纳（Teresina）—科埃略内托（Coelho Neto）—佩里托罗（Pericoró）线路由距离保护Ⅲ段动作而断开，此时北部地区形成孤网。

第五阶段（图 10-6 中断面 5）：500kV 依加波伦（Igaporâ）Ⅲ—博姆杰苏达拉帕（B. J. Lapa）Ⅱ线路和 230kV 博姆杰苏达拉帕Ⅱ—依加波伦Ⅱ线路因距离保护误动作断开，东北地区成孤网。

断面解列过程具体分析如下：

1. 北部/东北部电网从主网解列

古鲁比—米拉塞马（Miracema）三回线是北部电网与东南部电网的联络断面。根据 ONS 的事故分析报告，从故障录波器中能够观察到 500kV 古鲁比—米拉塞马线路上的功率振荡，但是由于在母线古鲁比处的测量阻抗没有穿越失步保护（PPS）的整定阻抗区域（目前国内采用基于视在阻抗的失步解列装置应用较少，基于阻抗的失步解列判据，一般同时满足两方面条件才会动作，一是阻抗曲线同时穿越多个区域，不同厂家的装置可能会略有差异；二是阻抗的变化率不能出现太大的突变，主要是为了防止短路故障下误动），500kV 古鲁比—米拉塞马 C3 和 500kV 古鲁比—米拉塞马 C1 线路上的失步解列装置均未动作。

在故障发生后约 738ms，由安装在塞拉达—梅萨 2 侧的失步保护动作，解列了 500kV 塞拉达梅萨 2—佩谢线路。该线路的另一侧佩谢站大约在故障后 1.1s 才断开，是由于接收到塞拉达梅萨 2 侧安装的瞬时过电压保护装置发出的跳闸信号。

在 500kV 塞拉达梅萨 2—佩谢解列后约 74ms，由于功率振荡，古鲁比侧的距离保护Ⅰ段动作。系统在振荡过程中，测得的古鲁比—塞拉达梅萨视在阻抗进入了距离保护Ⅰ段的动作区域，导致 500kV 古鲁比—塞拉达梅萨 C2 线路首端断开，线路首端开断瞬间同时向另一侧塞拉达梅萨站发送跳闸信号，并且约 20ms 后动作断开线路。

塞拉达梅萨侧配置了距离保护，但故障期间没有动作。塞拉达梅萨侧还配置了失步解列装置，但系统振荡期间并未动作。塞拉达梅萨侧阻抗穿越 PPS 特性之前，测量阻抗率约为 254Ω/s，而在 500kV 塞拉达梅萨 2—佩谢断开后，阻抗变化率约为 2665Ω/s，穿越 PPS 特性时阻抗变化率超过了设置值 1000Ω/s，导致失步保护不会动作，初步分析 PPS 和距离保护整定的动作定值不合理。

在故障发生约 888ms 后，由于塞拉达梅萨侧的过电流导致距离保护Ⅱ段动作，500kV 古鲁比—塞拉达梅萨 C1 线路开断。古鲁比侧测得的阻抗进入了距离保护Ⅱ

段的动作区域，触发了距离Ⅱ段保护动作。

因此，可以判断，直流闭锁后安控拒动，系统的振荡中心并不在北部电网与东南部电网的联络断面古鲁比—米拉塞马三回线，而是偏移至 500kV 塞拉达梅萨 2—佩谢线上，并且由于古鲁比—塞拉达梅萨线路的距离保护误动作导致该断面断开。

2. 北部与东北部电网断开

杜特拉—特雷西纳两回线、杜特拉—特雷西纳Ⅱ两回线、杜特拉—博亚埃斯佩兰萨一回线、克利纳斯—里贝罗贡萨尔韦两回线为北部与东北部电网的联络断面。故障发生后约 984ms，安装在 500kV 杜特拉站内的失步解列装置动作，同时向线路另一侧特雷西纳Ⅱ C1 母线发送跳闸指令，断开了北部与东北部电网的联络线 500kV 杜特拉—特雷西纳Ⅱ C1。

杜特拉站测得的测量阻抗穿过了配置的 PPS 整定动作区域，且阻抗变化率为 676Ω/s，在继电器的设定阻抗范围内，因此失步保护动作。该过程表明，伴随着 500kV 塞拉达 梅萨 2—佩谢单回线及 500kV 古鲁比—塞拉达梅萨双回线开断后，系统的振荡中心落在杜特拉—特雷西纳线路上，配置的失步解列装置正确动作。

3. 500kV 联络线克利纳斯—里贝罗贡萨尔韦断开

随着 500kV 杜特拉—特雷西纳Ⅱ和杜特拉—博亚埃斯佩兰萨联络线的断开，由于功率振荡，且距离保护没有启动振荡闭锁功能，500kV 里贝罗贡萨尔韦 C1—克利纳斯 C2 和 500kV 克利纳斯—里贝罗贡萨尔韦 C2 线路由于距离保护误动作开断线路。

根据事故录波分析，安装在 500kV 里贝罗贡萨尔韦—克利纳斯 C2 LT 线路里贝罗贡萨尔韦侧的 PPS 没有动作，是因为在穿越 PPS 的特性时测量的阻抗变化率为 1572Ω/s，高于继电器设置的最大阻抗变化率 937Ω/s。500kV 里贝罗贡萨尔韦—克利纳斯 C1 LT 线路也存在同样的问题。

4. 北部地区形成孤网

在贡萨尔韦 C1 和 C2 断开后，北部和东北部系统的 500kV 联络线均断开，但是系统仍然通过 230kV 特雷西纳—科埃略内托—佩里托罗互联。

在故障后约 1134ms，230kV 线路特雷西纳—科埃略内托—佩里托罗因潮流加重，由距离保护Ⅲ段动作而断开线路，此时北部地区形成孤网。

5. 东北地区成孤网

在第五阶段后，东北电网与主网失去同步，且失步振荡中心在 500kV 博姆杰苏达拉帕Ⅱ—依加波伦Ⅲ上。在依加波伦电站处测得的阻抗如图 10-7 所示，穿越了整定阻抗区域。

这种阻抗特性导致距离保护Ⅰ段动作，并且向另一侧发送了跳闸信号，线路两侧均断开。

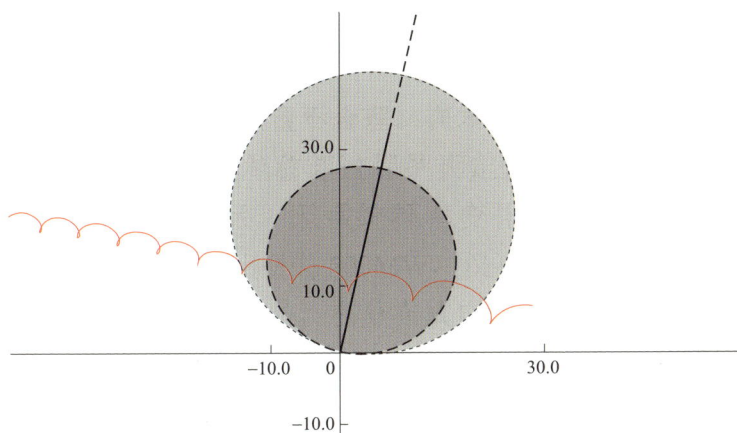

图 10-7   500kV 线路依加波伦Ⅲ—博姆杰苏达拉帕Ⅱ首端的测量阻抗曲线

在上述 500kV 线路断开后，系统仍然通过麦考巴斯—博姆杰苏达拉帕和博姆杰苏达拉帕Ⅱ—依加波伦Ⅱ的 230kV 线路互联。在失步振荡期间，500kV 线路断开后不久，两回 230kV 线路也由于距离保护Ⅰ段动作跳闸。

在东北电网与主网失步期间，能够在 500kV 博姆杰苏达拉帕Ⅱ—埃瓜斯（R. Éguas）和依加波伦Ⅲ—伊比科阿拉（Ibicoara）线路上能观察到功率振荡。但是，在博姆杰苏达拉帕 2 侧的失步保护装置并未动作，也是由于继电器测得的阻抗变化率高于设置范围的最大值。

10.4.4   北部—东北部—东南部电网解列后高周切机/低周减载及连锁反应分析

1. 东北部电网解列连锁反应分析

事故前，东北部电网负荷约 12 394MW，由北部电网受入电力 2879MW，由南部电网受入电力 729MW，受电比例 29%，为典型的高比例受入电网。网内发电 8786MW，见表 10-1，其中新能源发电 3432MW，占比 39%，电网转动惯量低，调节能力差，抗扰动能力不足。

表 10-1　　　　　　　　　　**东北部电网电源构成**

序号	电源类型	发电容量（MW）	占比
1	火电	3355	38.2%
2	水电	1999	22.7%
3	风电	3047	34.7%
4	光伏发电	385	4.4%
5	总计	8786	100%

东北部电网从主网解列后，东北电网全网频率在 $T_0 \sim T_0 + 3s$ 时急速下降，卡特卡加帕洛（Cartedecargapelo）的低周减载装置减负荷动作五轮后，频率缓慢恢复。在 $T_0 + 17s$ 和 $T_0 + 23s$ 时，保罗·阿方索Ⅳ电厂的 UG2 和 UG3 两台水电机组相继跳闸，频率又回落到 58.5Hz，此时低周减载装置已无负荷可减。$T_0 + 35s$ 时，整个东北部电网崩溃。解列过程中东北部电网的频率曲线如图 10-8 所示。

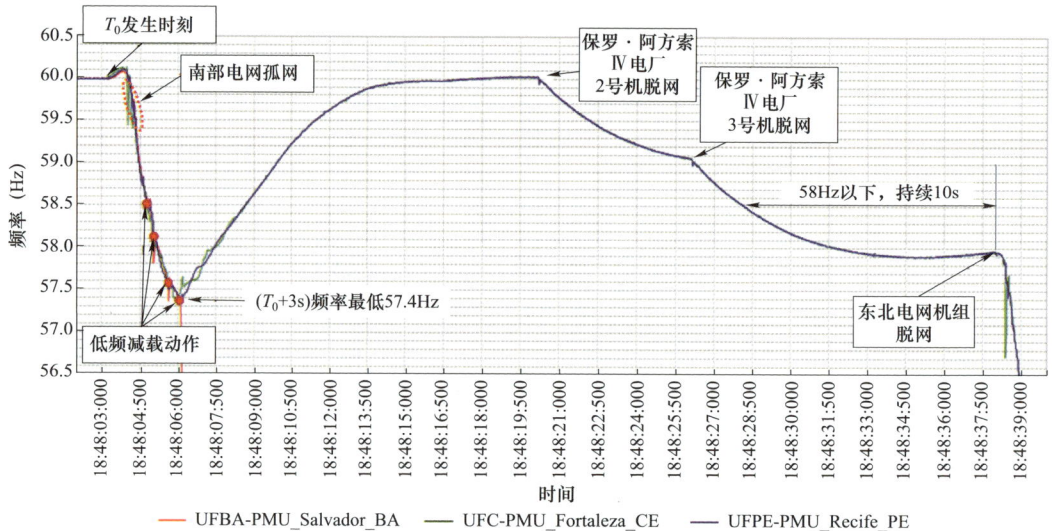

图 10-8　PMU 记录的东北部电网的频率曲线

第一阶段：动作。东北部电网解网后，损失电力 3600MW，频率最低跌至 57.4Hz，低周减载动作五轮切除负荷 3680MW（见表 10-2），约 10s 后频率恢复至 60Hz。

表 10-2　　　　　　　　东北部电网低周减载动作减负荷情况统计

配电公司	基准负荷（MW）	执行情况	第一轮（6%）	第二轮（7%）	第三轮（11%）	第四轮（16%）	第五轮（15%）	合计
COELBA	3177.00	实际执行	187.00	173.90	288.70	486.00	409.70	1545
		占比	5.89%	5.47%	9.09%	15.30%	12.90%	—
COSERN	840.00	实际执行	24.60	60.15	96.80	131.32	118.20	431
		占比	2.93%	7.16%	11.52%	15.63%	14.07%	—
CELPE	2144.38	实际执行	122.24	145.72	147.25	229.75	184.09	829
		占比	5.70%	6.80%	6.87%	10.71%	8.58%	—
ENERGISABORBOREMA	109.89	实际执行	1.40	9.20	13.60	17.30	8.70	50.2
		占比	1.27%	8.37%	12.38%	15.74%	7.92%	—
ENELCE（COELCE）	1943.85	实际执行	111.90	130.60	156.80	181.70	245.00	826
		占比	5.76%	6.72%	8.07%	9.35%	12.60%	—
合计								3681

第二阶段：恶化。大量切除负荷后，网内潮流轻载，无功大量过剩，电压持续升高，导致保罗·阿方索Ⅳ水电站在 2s 间隔内，先后有两台机组跳闸，电网频率再次下滑至 58.5Hz 以下。

第三阶段：崩溃。系统频率持续低于 58.5Hz 且低周减载措施已用尽，10s 后，大量机组因低周跳闸，进一步导致系统的频率和电压恶化，直至东北部电网崩溃。

2. 北部电网解列连锁反应分析

事故前，北部网内发电约 13 529MW，其中水电 12 558MW、火电 878MW、风电 93MW，负荷约 6154MW，送东北电网 2879MW，从 2 个方向送南部电网分别 3726MW 及 770MW。网内水电出力为主，长链式远距离输送电能，网架薄弱，暂稳问题与频率电压稳定问题突出。

美丽山一期直流事故前传送功率约 3923MW，双极闭锁（T_0 时刻）后，由于稳控策略设计的缺陷，未能动作切除美丽山水电 6 台机组，潮流大范围转移，网间联络线相继开断，机组脱网，网内线路无序跳开，网内频率和电压崩溃，最终北部电网大面积停电，仅余帕拉地区和马拉尼昂地区保持孤网稳定。

北部电网解列过程如下：

（1）扰动发生后约 738ms（T_0+738ms），失步解列装置动作跳开 500kV 线路塞拉达梅萨 2—佩谢 2。

（2）在扰动发生后约 888ms 内，塞拉达梅萨站距离保护误动跳开 500kV 古鲁比—塞拉达梅萨 C1，导致北部电网与东南电网解列。

（3）北部电网与东南电网解列触发 3 起稳控动作事件。

1）T_0+1035ms，切图库鲁伊水电站 4 台机组。

2）T_0+1147ms，跳开 500kV 萨曼巴亚—塞拉达梅萨 C1 线路。

3）T_0+1942ms，切拉吉特水电站 2 台机组。

（4）扰动开始后约 984ms（T_0+984ms），杜特拉站失步解列装置跳开 500kV 杜特拉—特雷辛Ⅱ C1，500kV 北部—东北电网联络线开始解列。

（5）扰动开始后 1050ms 后（T_0+1050ms），由于距离保护的误动，500kV 互联线路杜特拉—特雷西纳Ⅱ两回、杜特拉—博亚埃斯佩兰萨、里贝罗贡萨尔维斯—圣乔多朴伊（S. J. Piauí）C2 和克利纳斯—里贝罗贡萨尔维斯 C2 断开。至此，北部—东北互联 500kV 线路已全部断开。

（6）扰动发生 1.134s 后（T_0+1134ms），科埃略西纳内托站距离保护误动跳开 230kV 线路特雷西纳—科埃略内托—佩里托罗，北部电网成为孤网。

北部电网解列后连锁反应过程如下：

（1）北部电网解列后，功率大量过剩，频率最高升到 71.6Hz，扰动后 6s 左右，高频切机大批机组脱网，包括圣安东尼奥贾里（SantoAntôniodoJari）水电厂 4 台机组（三轮切除 61.6/62/66Hz），费雷拉戈麦斯（Ferreira Gomes）2 台水电机组（两轮 61.8/62.6Hz），拉热阿杜（Lajeado）3 台水电机组，库鲁阿—乌纳（Curuá-Una）水力发电厂 3 台机组，阿帕雷西达街区（Aparecida）Ⅱ 3 台火电机组，伊朗杜巴（Iranduba）火电厂，佛洛雷斯（Flores）火电厂，佛洛雷斯 4 台火电机组（66Hz）、坦巴奎（Tambaqui）2 台火电机组（66Hz），贾罗（Jaraqui）2 台机组（66Hz），马瑙拉（Manauara）4 台火电机组（66Hz），毛阿街区（Mauá）Ⅲ 2 台火电机组（66.6Hz），皮门塔尔（Pimental）水电厂 6 台机组，贝洛蒙特（BeloMonte）水电厂 7 台机组。

（2）在此期间，由于网内无功大量过剩，电压升高，过压切除网内大量 500kV 线路。

（3）美丽山水电站所有机组脱网后，图库鲁伊、埃斯特雷托（Estreito）及玛瑙斯（Manaus）/马卡帕（Macapá）剩下的电厂出现 9Hz 的功率振荡。

（4）500kV 线路奥里西明—西尔维斯（Oriximiná-Silves）C1 和 500kV 线路西尔维斯—莱图斯（Silves-Lettuce）C2 由于距离保护误动跳开，可能由于 SEL-421 保护装置限定了测频范围，在过频过压工况下，测量不准确导致误动。

（5）500kV 线路奥里西明—西尔维斯（Oriximiná–Silves）C2 由于过压保护跳开后，玛瑙斯形成地区孤网，230kV 线路巴尔比纳—莱图斯（Balbina-Lettuce）C1、230kV 线路巴尔比纳—克里斯蒂亚诺罗查水电厂（Balbina-UTECristianoRocha）由于距离保护误动被切除。

（6）玛瑙斯孤网内所有机组相继跳闸，玛瑙斯孤网失电。值得注意的是，当玛瑙斯孤网内所有机组脱网时，玛瑙斯孤网内仍处于过频状态。

（7）北部地区剩余的电网进入更严重的振荡阶段，随着大量机组脱网，图库鲁伊水电厂 11、20、21、06、15、02、25 机组，以及埃斯特雷托水电振荡逐渐平息。从振荡的演变过程看，美丽山水电站机组的脱网使得振荡加强，而随着图库鲁伊和埃斯特雷托地区电厂的切除，振荡逐渐平息。

（8）随着以上机组的脱网，北部电网由于过压跳开剩余主要 500kV 及 230kV 线路，最后北部电网形成帕拉和马拉诺两个地区孤网运行。

10.4.5 东南/中西/南部电网解列连锁反应分析

事故前，南部电网负荷约 60 806MW（南部电网又分为东南、中西、南三片），受电 4496MW（受入北部直流 3726MW、交流 770MW；送东北部交流 729MW）。

解列后，频率最低至 58.44Hz，低周减载动作（第一轮动作定值 58.5Hz），切除 3864MW 负荷后频率恢复正常。图 10-9 为东南部电网频率变化过程。

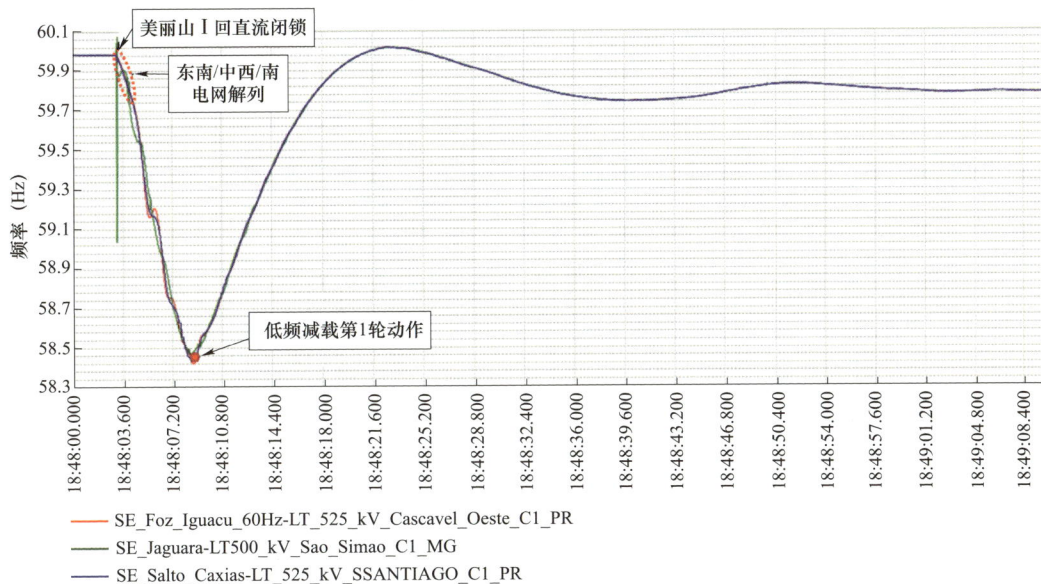

图 10-9 东南部电网频率变化过程

南部电网从巴西电网解列成独立电网运行后，各地区的低周减载装置根据设定的功能定值对各地区进行负荷量调整。其中，东南/中西区和南部电网的低周减载功能轮次定值和减负荷量比例见表 10-3。

表 10-3　　　　　　　　东南/中西/南部地区的低周减载功能定值表

地区	公司	轮次	频率（Hz）	减负荷量
东南/中西	配电、非监管用户（东南、西中区域）	1	58.50	7%
		2	58.20	7%
		3	57.90	7%
		4	57.70	7%
		5	57.50	7%
南部	配电、非监管用户（南部区域）	1	58.50	7.5%
		2	58.20	7.5%
		3	57.90	10%
		4	57.60	15%
		5	57.30	15%

东南部/中西部电网的实际低周减负荷量见表 10-4。

表 10-4　　　　　　　东南部/中西部地区低周第一轮减负荷量

配电公司	基准负荷（MW）	执行情况	第一轮（7%）	总量
CEB	1021.00	实际执行	79.00	79.00
		占比	7.74%	
CEMIG - D	6570.00	实际执行	470.44	470.44
		占比	7.16%	
CPFLENERGIA	7917.63	实际执行	503.25	503.25
		占比	6.36%	
DME	70.38	实际执行	6.39	6.39
		占比	9.08%	
EDPSÃOPAULO	1942.00	实际执行	54.00	54.00
		占比	2.78%	
ELEKTRO	1992.70	实际执行	187.50	187.50
		占比	9.41%	
ELETROPAULO	7331.47	实际执行	547.00	547.00
		占比	7.46%	
ENEL - GO	1902.45	实际执行	160.70	160.70
		占比	8.45%	
ENEL - RJ	2015.20	实际执行	132.00	132.00
		占比	6.55%	
ENERGISA - MG	241.55	实际执行	11.86	11.86
		占比	4.91%	
ENERGISA - MT	1410.30	实际执行	108.98	108.98
		占比	7.73%	
ENERGISA - NF	55.00	实际执行	6.30	6.30
		占比	11.45%	
ENERGISA - SP	695.50	实际执行	22.78	22.78
		占比	3.28%	
ESCELSA	1401.48	实际执行	141.00	141.00
		占比	10.06%	
LIGHT	4113.00	实际执行	306.00	306.00
		占比	7.44%	
合计	38 679.66		7.07%	2737.2

南部电网的实际低周减负荷量见表 10-5。

表 10-5　　　　　　　　　南部地区第一轮低周减负荷量

配电公司	基准负荷（MW）	执行情况	第一轮（7.5%）	总量
CEEE-D	1265.90	实际执行	107.26	107.26
		占比	8.47%	
CELESC	3869.30	实际执行	275.00	275.00
		占比	7.11%	
COPEL-D	4827.00	实际执行	350.39	350.39
		占比	7.26%	
RGE	1645.10	实际执行	137.40	137.40
		占比	8.35%	
RGE-SUL	1450.40	实际执行	117.00	117.00
		占比	8.07%	
合计	13 057.7		7.56%	987.05

从统计数据可以看出，低周动作之前，整个南部电网的基准负荷约为 60 806MW，低周减载第一轮共减负荷约 3864MW，其中东南/中西部地区切负荷 2692MW，南部地区切负荷 1172MW，与解列前南部电网受电规模 3767MW 基本相当，低周减载第一轮配置的减负荷量较为恰当，也是南部电网在解列后能够通过低周减载保住不垮网的主要原因。同时，调度人员及时处理有助于南部电网最终保持稳定。如解列之后，CNOS 迅速启动伊图姆巴拉水电站发电系统，通过增加发电量满足南部和东南部地区的工厂，使南部/东南部/中西部地区的频率恢复正常；COSR-S、COSR-SE 和 COSR-NCO 调控中心也采用多种措施，缓和低周减载产生大面积停电而引起的紧张局势。

10.4.6　事故结论

本次巴西电网大停电事故是由于美丽山一期直流欣古换流站母线断路器过载跳闸引起换流母线失压进而导致直流双极闭锁，由于安全控制装置拒动，未能切除美丽山水电站多余机组，使潮流大范围转移至交流电网，引起功率振荡，区域电网大范围解列，解列后北部电网与东北部电网内部发生一系列装置错误动作，最终导致大面积停电的发生。通过对事故过程进行分析，得出以下结论：

（1）欣古换流站母线分段断路器整定值未进行校核，母线分段断路器过载跳开动作是正确的。

（2）双母失压情况下美丽山一期直流控保系统传送数据被判定为无效逻辑不合理，是导致安控未能切机的直接原因。

（3）北部电网、东北部电网、南部电网失步解列装置基本按整定的逻辑正确动作或不动作，低周减载设备基本按照设定轮次动作。但仍存在三点问题：

1）大部分断面的解列是由于电网振荡期间距离保护误动造成的，并不满足失步保护动作的条件。

2）北部电网没有安排统一的过频切机轮次，导致孤网后切机无序，极大改变了系统内功率分布，引起振荡，扩大了事故。

3）个别机组的涉网保护存在缺陷导致机组跳闸，机组辅机抗扰动能力较弱，机组保护配合不当。

10.5 事 故 启 示

1. 重视电网第一、二道防线建设

继电保护及安控装置的不正确/不恰当动作是引发事故的直接原因或导致事故扩大的重要因素。本次事故中 ONS 忽视了分段母线保护定值 4000A 与直流满负荷运行必将失配的问题。国内开关均配置过流保护，但仅作为临时保护在新设备启动时投用，正常运行时停用。运行中要进一步加强过流保护管理，合理安排运行方式，考虑各种元件通流能力，杜绝过流保护误动的风险。本次事故暴露出了巴西 ONS 对安控系统的联调试验不到位，没有通过联调发现安控系统设计的缺陷。后续仍然需要加强安控试验，检修方式下的安控策略试验应该加强。

2. 严格按照规定的标准进行安全稳定计算分析

严格遵守《电力系统安全稳定导则》（GB 38755—2019）规定，切实遵循 $N-1$ 安全准则，同时满足第二级和第三级安全稳定标准的要求。此外，还应考虑电力系统应对可能发生的恶劣天气等自然灾害的能力，加强电网在极端运行方式下的安全稳定计算分析，进一步加强和健全"三道防线"建设，避免系统发生连锁故障和大停电，保证电网安全稳定运行。

3. 制定有效的故障应急与恢复措施

应继续坚持"安全第一、预防为主、综合治理"的原则，编制程序化、规范化的事故处理预案，在电网出现紧急情况下给调度人员提供有效的指导，保证事故处理准确、迅速，减少停电损失。此外，必须依靠电网调度统筹协调好电网、电厂、用户之间的恢复进度，避免在电网恢复过程中发生次生灾害，保障供电快速恢复。此次大停电事故中，巴西电网恢复供电速度较快，有效减少了停电损失。

11 2019 年阿根廷"6.16"大停电事故

11.1 事 故 概 况

当地时间 2019 年 6 月 16 日 7:06,阿根廷与乌拉圭发生大规模停电事故。大停电起源于阿根廷电网东北部,最终造成阿根廷(该国最南部的火地岛除外)与乌拉圭全国停电,并波及巴西、巴拉圭和智利部分地区。

本次大停电中,阿根廷电网几乎全部停电,损失负荷约 13 200MW,约有 4800 万人受到停电影响。停电发生后,阿根廷国内地铁、城铁等交通暂时停运;阿根廷国有石油公司位于拉普拉塔炼油厂的所有工厂停产;居民正常生活受到影响;部分计划举行省级选举的城市推迟了投票工作。首都布宜诺斯艾利斯市的两大机场在停电后启用了备用发电机,勉强保持运转。本次事故是阿根廷历史上规模最大、影响人口最多的停电事故。

11.2 阿根廷电力系统概况

11.2.1 阿根廷互联系统

阿根廷电网被称为阿根廷互联系统(Sistema Argentino de Interconexión,SADI),负责向阿根廷与乌拉圭供电,并与智利、巴西电网相连。截至 2019 年初,阿根廷互联系统总装机 38 922MW。其中,火电占比 63.09%,水电占比 27.72%,其余电源(光伏、核电等)占比约 9%,各类电源装机比例如图 11-1 所示。

阿根廷互联系统的最大负荷记录发生在 2018 年 8 月 2 日 15:35,负荷水平为 26 320MW。阿根廷互联系统主要有 500、330、220、132kV 等电压等级。其中,主网架由 500kV 线路构成,全长 13 200km。

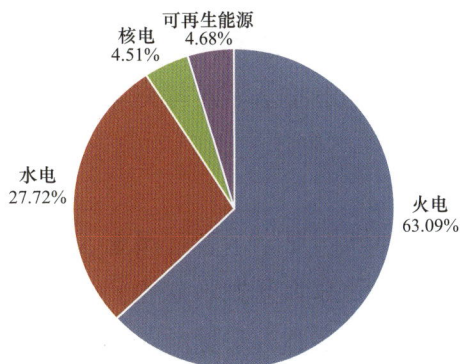

图 11-1 2019 年阿根廷互联系统装机比例

另外，330kV 线路全长 1100km，220kV 线路全长 2800km，132kV 线路全长 29 200km。

该系统 500kV 主网架的主要输电通道的传输容量十分紧张，其传输的电力往往逼近其极限。阿根廷互联系统的 500kV 主网架由电网公司 Transener 负责运营，另有若干电力分销商负责配电销售。

11.2.2 与大停电强相关的设施

本次大停电事故起源于阿根廷互联系统东北部，主要与雅克利塔大坝（Yacyretá Dam）水电站、萨尔托大坝（Salto Grande Dam）水电站，以及自动切机系统（Desconexión Automática de Generación，DAG）有关。

11.2.2.1 雅克利塔大坝水电站

雅克利塔大坝水电站位于阿根廷和巴拉圭边境上。水电站拥有 20 台水轮发电机，总装机容量为 3200MW，年最高发电量纪录为 20.091TWh。水电站 95% 的电力送往阿根廷东北部电网，5% 送往巴拉圭。

该水电站近区有一项加拉比（Garabi）直流工程，电压等级±70kV，含有 4 个区块（block），每个区块额定容量为 550MW，合计 2200MW。该直流主要负责从巴西进口电力，并传输到阿根廷互联系统的东北部电网。

11.2.2.2 萨尔托大坝水电站

萨尔托大坝水电站位于阿根廷与乌拉圭边境的乌拉圭河上，属于两国共享。水电站大坝的建造始于 1974 年，并于 1979 年完工。萨尔托大坝水电站包含 7 台发电机组，总装机容量达到 1890MW。该水电站近区网架呈"口"字形，由 4 座变电站和总计 1300km 的 500kV 架空线组成。4 座变电站总计拥有 8 台主变压器，每台变压器的功率为 300MVA。电力主要输送到阿根廷东北部电网和乌拉圭电网。

11.2.2.3 DAG 安控系统

阿根廷互联系统东北部区域发电机组较多，而网架较为薄弱，配置了 DAG 安控系统。该系统主要目的是在线路故障后 200ms 内，切除部分发电机，保持电网暂态稳定。

11.3 事故过程

依据阿根廷能源部的事故调查报告，对该次大停电事故过程进行梳理，属于推测的内容均予以说明。

11.3.1　事故前电网情况

事故发生前，东北部 2 座水电站及加拉比直流的电力通过 500kV 线路输向南部大布宜诺斯艾利斯地区。系统的网络拓扑与潮流分布如图 11-2 所示。

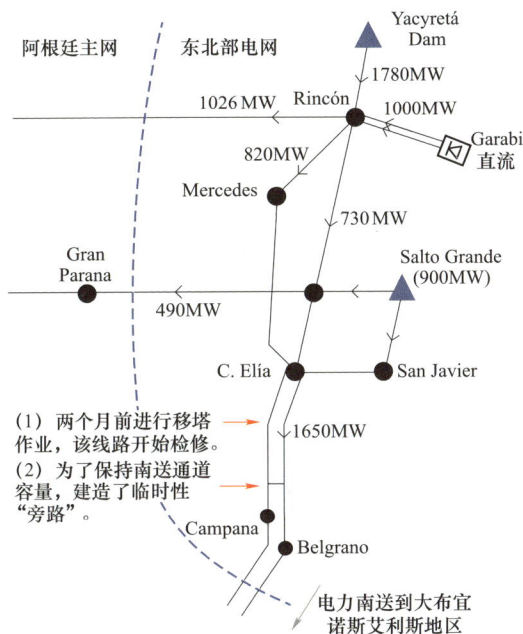

图 11-2　事故发生前东北部电网的网络拓扑与潮流分布

在发电侧，阿根廷电网东北部的雅克利塔大坝水电站出力为 1780MW。萨尔托大坝水电站出力 900MW。与此同时，阿根廷东北部电网还通过加拉比直流从巴西电网受入约 1000MW 电力。

在负荷侧，由于事发时间是周日 7:00，因此，全网负荷较低，约为 13 200MW，是前一日最大负荷水平的 69%（13 200MW/19 000MW），是历史最高负荷水平的 50%（13 200MW/26 320MW）。

在电网侧，萨尔托大坝水电站口字形环网的西南角埃利亚变电站原本有 2 条 500kV 的南向输电线路。然而，其中 1 条 500kV 线路埃利亚—坎帕纳从 4 月起因检修停运。为了保持南送通道容量及坎帕纳变电站的供电，Transener 电网公司建造了 1 条旁路作为临时性措施，如图 11-3 所示。在该检修方式下，埃利亚变电站的南向输电通道仅剩埃利亚—贝尔格拉诺 1 条线路，其潮流为 1650MW。

在安全控制系统方面，线路检修导致了网络拓扑发生变化，Transener 电网公司应该按照规定对 DAG 安控系统进行策略更新，以使其适应检修方式。然而，该公司经过评估，认为全接线方式下的 DAG 安全控制策略可以适应检修方式下含旁

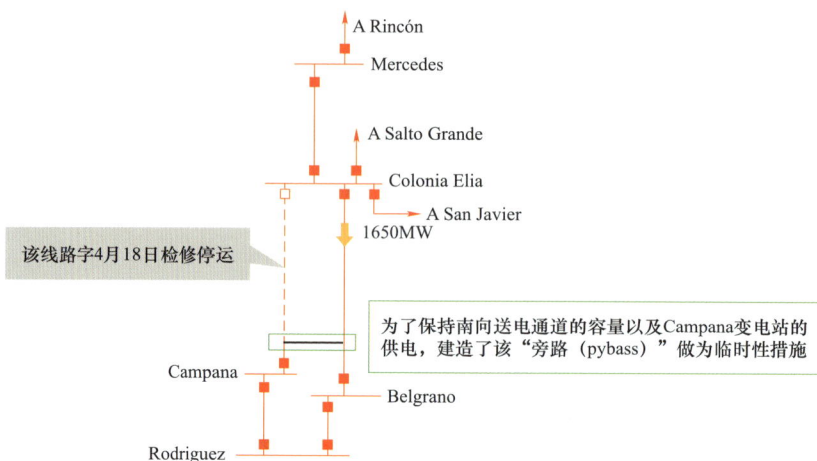

图 11-3　旁路拓扑结构

路电网拓扑，因此没有对 DAG 安全控制系统进行策略更新。事后调查证明，这次事前评估是错误的。但官方事故报告并没有指出是何种因素（运行方式考虑不够、故障类型考虑不全、计算错误等）导致了评估错误。

11.3.2　事故发展过程

事故过程的关键阶段如图 11-4 所示。事故过程的事件时序与频率变化如图 11-5 所示，该图来源于阿根廷能源部的事故调查报告。

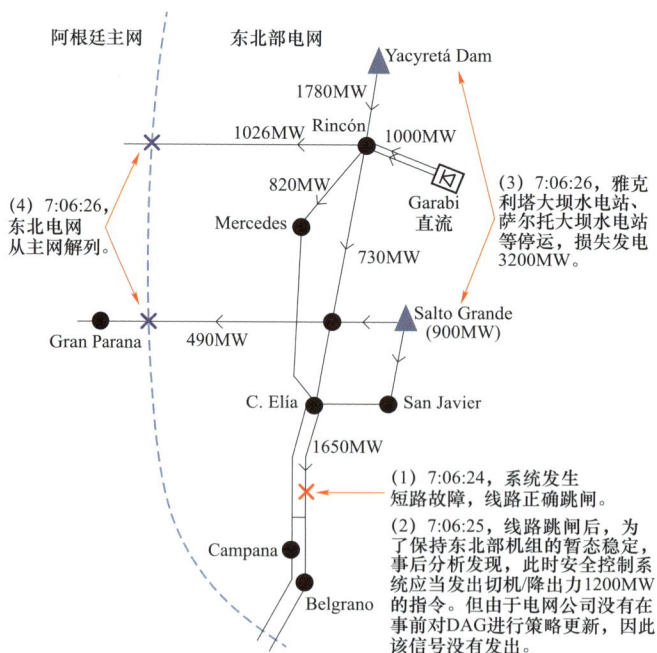

图 11-4　事故过程的关键阶段

大停电事故的全部过程分析如下：

第一阶段：7:06:24，交流线路发生 $N-1$ 故障。500kV 线路埃利亚—贝尔格拉诺因单相短路故障跳闸。该线路的跳闸及先前检修线路的停运使得埃利亚变电站与其南部坎帕纳变电站、贝尔格拉诺变电站的两条输电线路均中断。

第二阶段：7:06:25，DAG 安控系统未发出切机/降出力信号。线路跳闸导致东北部电网失去南送功率 1650MW，潮流通过东北部电网与阿根廷主网的联络线向西转移。事后分析发现，为了保持东北部机组的暂态稳定，DAG 系统应当向东北部萨尔托大坝水电站、雅克利塔大坝水电站、加拉比直流发出减少 1200MW 的切机/降出力的信号。然而，由于 Transener 电网公司错误的事前评估，没有对 DAG 安全控制系统进行策略更新以使其与当前检修方式相匹配，DAG 没发出切机/降出力信号。

第三阶段：7:06:26，东北部机组退出，损失发电 3200MW，东北部电网解列。由于 DAG 安控系统未发出切机信号，萨尔托大坝水电站、雅克利塔大坝水电站等从东北部电网中脱离。东北部电网与主网解列，主网损失了主要的功率来源。系统功率缺额比例为 24%（3200MW/13 200MW），频率大幅下降。需要注意的是，取自官方事故调查报告的图 11-5 中的文字标注显示萨尔托大坝水电站、雅克利塔大坝水电站等在 7:20:24 从东北部电网脱离；而该事故调查报告的文本叙述是这些发电机在 7:20:26 退出，两者存在差异。但这并不影响读者理解本次停电事故中若干关键事件的先后发展顺序，也不影响本次事故的分析结论。

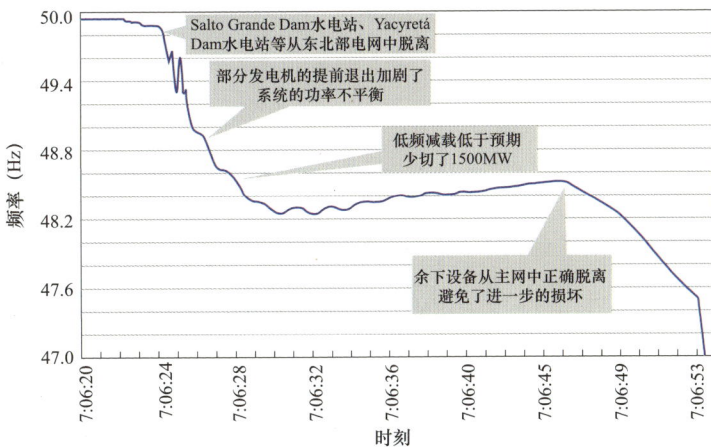

图 11-5   事故过程的事件时序与频率变化

第四阶段：7:06:26～7:06:36，部分发电机提前退出。在东北部机组被切除后，系统仍然有 105 台发电机联网。然而，部分火电厂与核电厂提前脱网，导致损失发电 1500MW。

第五阶段：7:06:28～7:06:30，低频减载量不足，仅为预期的 75%。当频率低于 49.1Hz 时，电力分销商应当按照规定切除负荷。然而 74 家电力分销商中，69 家的低频减载量低于预期，总共少切了 1500MW 负荷。这导致系统功率缺额再次加大，频率下降到 48.2Hz。

第六阶段：7:06:45，各类设备脱网，系统崩溃。阿根廷系统规定的设备耐异常运行时间是 20s。在故障发生后的 20s 左右，由于频率没有恢复正常，各类设备从主网中正确脱离以避免遭受进一步损坏。阿根廷电网失去全部负荷约 13 200MW，导致系统崩溃。

第七阶段：系统开始恢复。事故发生后约 2h，阿根廷首都布宜诺斯艾利斯及周边地区开始恢复供电；10:30，乌拉圭南部沿海和首都地区开始恢复供电；19:00，约 77% 的负荷得到恢复；21:00，约 90% 的负荷得到恢复。整个电网的恢复耗时约 1 天。详细的负荷恢复速度及容量如图 11-6 所示。

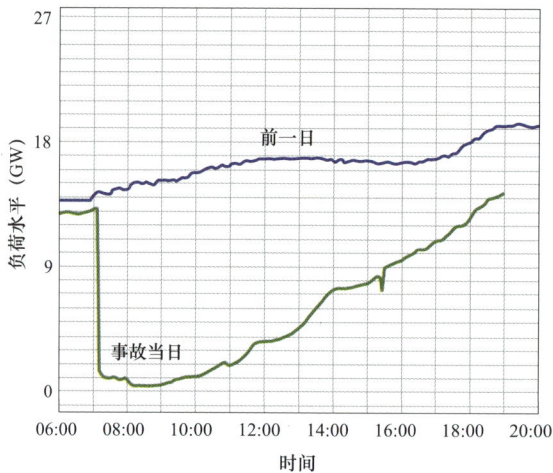

图 11-6　事故中阿根廷电网的总负荷曲线

11.4　原　因　分　析

通常而言，对于一个坚强的电网，单一的线路短路故障至多造成故障邻近区域极小部分负荷停电（大多数情况下任何负荷都不会损失），不会造成全网的大面积停电事故。在本次停电事故中，电网结构、运行方式及安全控制策略管理等多方面存在的问题的共同作用最终导致了事故的发生。

（1）电网网架结构不够坚强。阿根廷电网的网架结构比较薄弱，东北部为水电富集区，其电力送往南部负荷中心的线路仅有两条。事故发生前，其中 1 条 500kV

线路埃利亚—坎帕纳因检修停运,埃利亚变电站仅剩 1 条 500kV 南向输电通道。在此种情况下,电网的网架强度被大幅削弱,稳定裕度水平不高,电网抵御短路故障的能力不足。

(2) 检修运行方式系统不满足 $N-1$ 约束。在线路埃利亚—坎帕纳检修后,电网公司安排了大量水电从东北部送往南部,仅剩的南向输电通道潮流过大。当故障发生时,必须依靠安全控制措施才能保持系统稳定,该方式不满足 $N-1$ 稳定约束。一旦安全控制装置误动/拒动,系统将出现稳定破坏事故。这种运行方式本身存在较大的风险隐患。

(3) 安全控制系统未及时更新策略。在线路因检修停运后,Transener 电网公司经过错误的事前评估,认为全接线方式下的安全控制策略可以应对检修方式下的交流 $N-1$ 故障,没有对 DAG 安全控制系统进行策略更新。这暴露出该公司存在事前评估不细致、安全控制策略管理水平不足的漏洞。故障发生后,DAG 安全控制系统没有发出切机/降出力信号,直接导致了东北部机组失稳。

(4) 发电机涉网性能不足。在本次事故系统经历低频期间,部分发电机提前脱网,不仅未能及时阻止频率进一步下降,还加剧了系统的功率缺额,进一步恶化了系统的运行状态。

(5) 低频减载不足。各电力分销商没有完全遵照规定配置足量的低频减载容量。在东北部电网损失大量发电机导致系统频率大幅下降后,低频减载装置未能及时切除足量的负荷,未能使得系统频率在 20s 内恢复正常。电网安全防御体系最后一道防线的失守最终导致了剩余设备全部脱网,系统完全崩溃。

11.5 事 故 启 示

1. 加强电网的网架结构

电网时时刻刻都在遭受外部各类扰动冲击。为了保证电网在单一扰动冲击下的安全可靠,运行方式必须满足 $N-1$ 校验。在不降低输电能力的前提下,提升电网满足 $N-1$ 校验能力的根本措施在于加强网架建设。对于我国电网,部分特高压直流工程满送时,其换相失败/单极闭锁/双极闭锁导致的故障冲击强度可能使得系统出现稳定破坏事故。为了加强电网抵御包括直流故障在内的各类扰动冲击的能力,需要适当加强电网的网架结构建设。

2. 加强对安控系统隐患的排查

近年来国内外发生的多次大面积停电事故大多与安全控制策略错误或者安全控制装置误动/拒动有关。本次事故中,由于 Transener 电网公司的错误评估,安全控制系统未发出指令，直接诱发了后续连锁事件。随着跨区特高压直流输电工程的建设发展，我国电网的安全控制装置数量越来越多，设备和定值维护量巨大。以某重点直流输电工程为例，其送端安全控制系统涉及 5000 余个定值、上百个厂站，措施量超过 200 万 kW；受端安控系统涉及 3 万余个定值、近 10 座抽水蓄能及两千用户。安全控制系统一旦出现逻辑错误造成误动或者拒动，电网安全将面临极大的威胁。需要切实加强对安全控制系统隐患的排查，杜绝安全控制策略制定错误、定值维护不当等现象。

3. 确保发电机涉网保护达标

在系统经历低频期间，发电机提前脱网会导致系统频率进一步恶化。官方报告的整改措施里面明确指出对于那些提前脱网的发电机需要调整保护阈值。对于我国电网而言，也应加强管理和核查，确保发电机涉网保护达标，防止事故期间因发电机提前脱网而导致事故进一步扩大。

4. 加强对低频减载配置的管理

低频减载是电网"三道防线"的核心组成部分，是保障电网安全的最后一道防线。在本次大停电中，电力分销商未能严格执行低频减载策略，导致局势恶化。因此必须严格管理低频减载配置，确保低频减载合理配置及正确动作，保证电网在遭受严重故障时不发生全网崩溃。

12 2019 年英国 "8.9" 大停电事故

12.1 事 故 概 况

当地时间 2019 年 8 月 9 日星期五 17:00 左右，英国发生大规模停电事故，造成英格兰与威尔士部分地区停电，损失负荷约 3.2%，约有 100 万人受到停电影响。停电发生后，英国包括伦敦在内的部分重要城市出现地铁与城际火车停运、道路交通信号中断等，市民被困在铁路或者地铁中，居民正常生活受到影响；部分医院由于备用电源不足无法进行医事服务。停电发生约 1.5h 后，英国国家电网宣布电力基本得到恢复。这是自 2003 年伦敦大停电以来，英国发生的规模最大、影响人口最多的停电事故。

12.2 英国电力系统概况

12.2.1 英国电力系统

截至 2016 年底，英国电力系统的总装机容量为 98GW，当年总发电量为 357TWh。近年来，在欧洲经济危机的背景下，随着节能减排政策的推行，英国的电力需求逐年下降，2010～2017 年，英国的用电需求下降了 9%。

1996～2017 年，英国电网各类电源装机比例变化如图 12-1 所示。近五年来，风力发电与太阳能发电在英国电力结构中的比例快速攀升，而燃煤发电比例逐年下降。

英国电力系统按地理分布可划为英格兰—威尔士系统、苏格兰系统、北爱尔兰系统三大系统。其中，苏格兰系统与英格兰—威尔士系统通过交流互联，构成交流同步电网；北爱尔兰系统与英格兰—威尔士系统通过直流异步联网。英格兰—威尔士系统通过 4 回直流与法国、荷兰、爱尔兰、比利时互联。

12.2.2 与本次大停电强相关的设施

本次大停电主要与小巴福德（Little Barford）燃气电站、霍恩（Hornsea）海上风电场、频率响应措施、低频减载有关。

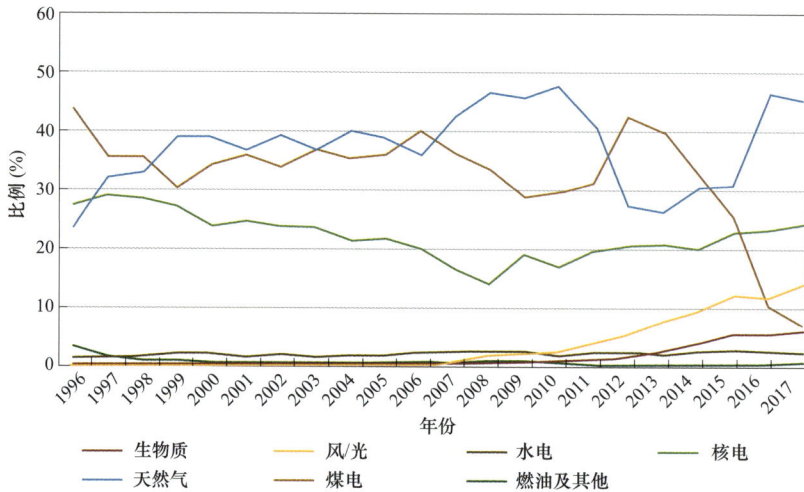

图 12-1 1996～2017 年的各类电源装机比例趋势变化

12.2.2.1 小巴福德燃气电站

小巴福德燃气电厂是联合循环燃气轮机发电厂，位于剑桥郡/贝德福德郡边界的圣奈特南部，归德国 RWE 公司所有。小巴福德燃气电站有 2 台燃气轮机（2×241MW）和 1 台蒸汽轮机（256MW），构成燃气联合循环机组，总装机容量约740MVA，于 1996 年开始运营，其电力可足以满足 50 多万户家庭的用电需求。该电厂通过 400kV 交流线路接入伊顿·索肯变电站。在联合发电厂中，燃气轮机和蒸汽轮机一般不独立运行。

12.2.2.2 霍恩海上风电场

霍恩海上风电场位于英国北海，距离海岸约 120km。目前仍在建设中，计划分四期进行建设，总装机容量计划约为 6000MW。其中，一期工程容量 1218MW，于 2018 年 1 月开始建设、2020 年 1 月投产发电，风电机组总数量为 174 台，每台7MW，采用直驱风电机组；二期工程规划容量 1386MW，预计 2022 年投运，三、四期工程规划容量依次为 1000～2000MW、1000MW，还在开发阶段。霍恩海上风电场建成后将成为世界上最大的海上风电场。

霍恩风电场通过 400kV 交流电缆接入北基林霍姆变电站。事故发生时霍恩风电场的装机容量为 800MW。

12.2.2.3 频率响应措施

英国电网调度在系统中部署了一定的频率响应措施（Frequency Response Products）以应对电网故障。频率响应措施一般由自动调节的发电机、外部联网通道的功率调节、电池储能和负荷频率响应等构成。该频率响应措施可类比为我国电力系统的一次调频与二次调频。英国电网的一次调频要求在频率开始变化后的 10s 内启动以降低频率偏差，并能持续 20s；二次调频要求在 30s 内启动，并能持续 30min。

事故发生前，英国电网允许电网最大扰动量为 1000MW，相应电网部署的频率响应措施容量也为 1000MW。英国电网对频率波动要求如下：

（1）稳态频率在 49.5～50.5Hz。

（2）暂态频率超出上述范围，需在 60s 内恢复到 49.5～50.5Hz。

12.2.2.4 低频减载措施

英国电网在英格兰与威尔士地区配置的低频减载装置共有 9 轮，其中第一轮的启动阈值为 48.8Hz，切负荷量为 5%。最后一轮的启动阈值是 47.8Hz。

12.3 事 故 过 程

根据英国国家电网公司公布的调查报告，并结合英国电力监管机构披露的信息，本节对该次大停电事故过程进行了梳理。

12.3.1 事故前电网情况

事发前交流同步电网的总负荷约 29GW，与事发前一周的周五负荷水平（28.9GW）基本相同。接入电网的发电机组总容量约为 32 130MW，其中，30%的发电机组容量为风电，52%为传统机组（30%燃气发电，22%核电），9%的电力通过互联通道从外部（法、荷、比等）输入，剩余约 9%为生物质发电、水电及煤电。英国电网的开机容量见表 12-1。

表 12-1　　　　　　　　　　　　英国电网的开机容量

发电机组	容量（MVA）	占比
燃气机组	9639	30%
核电机组	7968	22%
风电	9639	30%
外部联网通道（HVDC）	2892	9%
其他（生物质发电、水电、煤电）	2892	9%
总开机	32 130	100%

小巴福德燃气电站出力 641MW，占总负荷 2.2%。霍恩海上风电场出力 799MW（吸收 0.4Mvar 无功），占总负荷 2.75%。事发时系统惯量为 210GVA·s。

事故发生前，英国气象局发布了英格兰西南部和南威尔士地区的黄色大风预警，以及英格兰和威尔士全境的黄色暴雨预警。除了英格兰西南部以外，全英境内均有雷击风险。事故报告指出，这样的天气状况并不罕见。

12.3.2　事故发展过程

事故过程的事件时序与频率变化如图 12-2 所示。

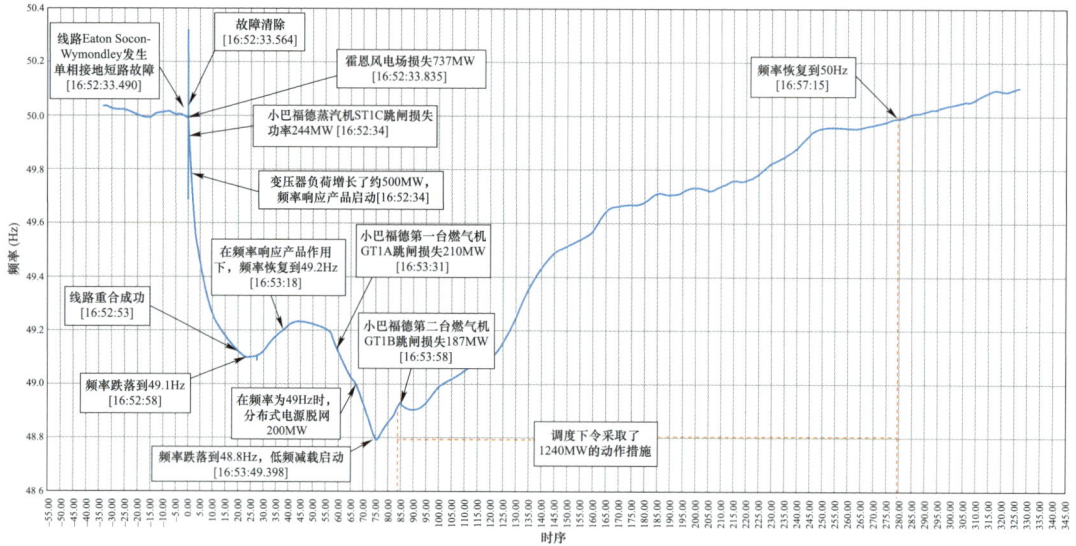

图 12-2　事故过程的事件时序与频率变化

各个关键时间节点及其事件描述如下：

（1）16:52:33.490，雷击导致线路短路并跳闸。因出现雷击，线路伊顿·索康—怀蒙德利发生单相接地短路故障。故障位置距离 Wymondley 变电站约 4.5km。故障期间，故障相的电压下降约 50%。故障发生后，线路保护正确动作。70ms（16:52:33.560）后，怀蒙德利侧跳闸；74ms（16:52:33.564）后，伊顿·索康侧跳闸；故障被清除。短路故障发生后，系统周边区域的电压曲线如图 12-3 所示。各节点电压在故障清除后的 100ms 内均恢复正常。整个过程中，所有电压均位于低电压穿越曲线之上。

在雷击发生后，分布式电源失去主电源保护（Loss of Main Protection），系统中检测到相移超过 6°，移相保护（Vector Shift Protection）启动，导致分布式电源脱网 150MW，占总负荷 0.5%。这是本次事故中分布式电源第一次脱网。

（2）16:52:33.728～16:52:33.835，霍恩海上风电场出力意外下降。在线路单相短路接地故障发生后 238ms（16:52:33.728），霍恩风电场出力开始下降；在之后 107ms 内（16:52:33.835），风电出力从 799MW（吸收 0.4Mvar 无功）大幅降低为

62MW（输出 21Mvar 无功）。系统累计损失有功功率 887MW，约占总负荷的 3%。

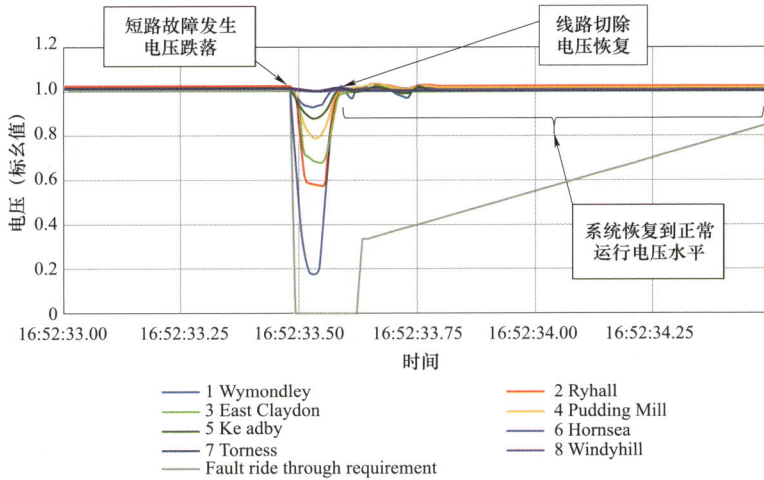

图 12-3 事故期间的电压曲线

在此过程中，霍恩海上风电场出现无功、电压振荡现象，其中风场 400kV 系统初始电压为 403kV，振荡过程中跌落到最低值，约为 371kV，跌落幅度 32kV，相当于额定电压的 8%。霍恩 1B 及 1C 风电场 35kV 系统的初始电压约为 34kV，振荡过程中跌落最低点约为 20kV，跌落幅度 14kV，相当于额定电压的 40%。电压、无功持续振荡期间，霍恩 1B、1C 风场机组因过电流全部脱网，霍恩 1A 风场保留出力 62MW，其余全部脱网。霍恩海上风电场的事故曲线如图 12-4 所示。

（3）16:52:34，小巴福德燃气电站蒸汽机意外停机，分布式电源脱网规模扩大，频率响应措施启动。位于伊顿·索康侧的小巴福德蒸汽机 ST1C 意外跳闸，原因是 3 个转速量测信号不一致，损失功率 244MW。英方报告认为小巴福德燃气电站停机与霍恩海上风电场脱网彼此独立，但都与雷击有关。由于相移保护而脱网的分布式电源、霍恩海上风电场、小巴福德蒸汽机 ST1C 三者叠加导致系统累计损失功率 1131MW，约占总负荷 3.9%，频率大幅下降。

根据英国电网的惯量（$H=210\text{GVA}\cdot\text{s}$），计算出频率变化率为

$$\frac{\mathrm{d}f}{\mathrm{d}t}=\frac{\Delta Pf_0}{2H}=0.135\text{Hz/s}$$

分布式电源的频率变化率保护（Rate of Change of Frequency Protection）的启动阈值是 0.125Hz/s。此时由于系统频率变化率大于保护启动阈值，又有约 350MW 分布式电源脱网，这是本次事故中分布式电源第二次脱网，至此，系统损失功率累计达到 1481MW，约占总负荷的 5%。与此同时，频率响应措施启动。

（4）16:52:44，在 11s 内，频率响应措施增加了至少 650MW 出力以稳定频率。

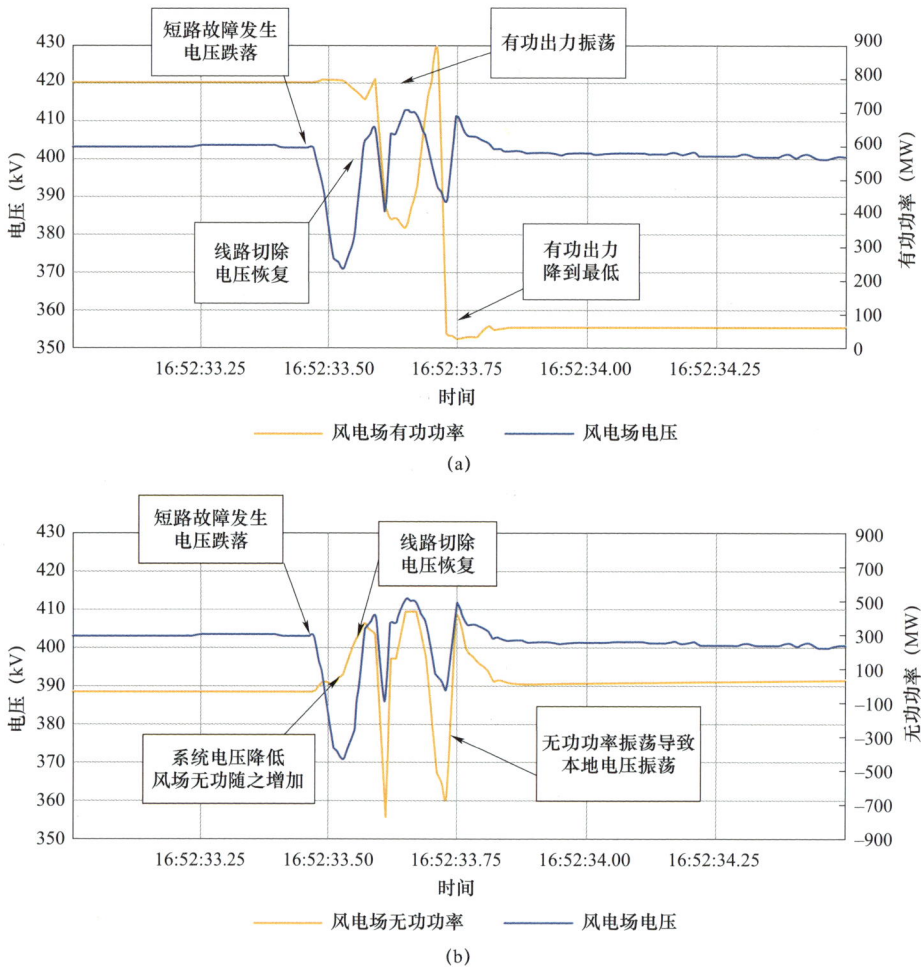

图 12-4　霍恩海上风电场的事故曲线

（a）电压和有功曲线；（b）电压和无功曲线

（5）16:52:53，线路重合成功。故障发生后约 20s，线路伊顿·索康—怀蒙德利重合成功。

（6）16:52:58～16:53:18，频率回升。由于频率响应措施发挥作用，系统频率在到达 49.1Hz（16:52:58）后停止了下跌，开始回升；到 16:53:04 为止，频率响应措施已累计增加出力 900MW；16:53:18，系统频率恢复到 49.2Hz。

（7）16:53:31，小巴福德燃气电站一台燃气机停机。在蒸汽机停机后的 57s，小巴福德燃气电站的一台燃气轮机 GT1A 因蒸汽压力过大而停机，这属于发电机保护的正确动作，损失功率 210MW，系统损失功率累计达到 1691MW，约占总负荷的 5.8%。而此时所有的频率响应措施都已启动完毕，系统频率再次下降。

（8）16:53:49.398，低频减载启动。系统频率下降到 48.8Hz，低频减载正确动作，切除约 931MW 负荷，占总负荷约的 3.2%，诸多地区出现停电，频率开始恢复。

（9）16:53:58，小巴福德燃气电站另一台燃气机停机。在蒸汽机停机后的 84s，小巴福德燃气电站的另一台燃气轮机 GT1B 因蒸汽压力过大而被工作人员手动关停，损失功率 187MW。这一功率损失被低频减载及其他由控制中心调度的额外电源出力所抵消。系统损失功率累计达到 1878MW，约占总负荷的 6.5%。

（10）16:57:15，频率恢复。在控制中心进一步采取了 1240MW 的动作措施之后，系统频率恢复到 50Hz。

（11）17:06～17:37，负荷恢复。控制中心于 17:06 通知各配网运营商开始恢复负荷；约 30min 后，所有负荷得到恢复。

故障过程中的关键事件见表 12-2。

表 12-2　　　　　　　　　　故障过程中的关键事件

序号	时序	事件	后果
1	16:52:33.490	雷击导致线路短路并跳闸	分布式电源脱网 150MW，占总负荷的 0.5%
2	16:52:33.728～16:52:33.835	霍恩海上风电场出力下降	风场损失出力 737MW，累计损失 887MW，约占总负荷的 3%
3	16:52:34	小巴福德蒸汽机 ST1C 意外跳闸	小巴福德蒸汽机损失功率 244MW，分布式电源脱网 350MW，累计损失功率 1481MW，约占总负荷的 5%
4	16:52:58～16:53:18	频率停止下跌并回升	频率在 49.1Hz 停止下跌，频率响应累计出力 900MW，频率恢复至 49.2Hz
5	16:53:31	小巴福德燃气电站一台燃气机 GT1A 停机	损失功率 210MW，损失功率累计到 1691MW，约占总负荷的 5.8%
6	16:53:58	小巴福德燃气电站另一台燃气机 GT1B 停机	损失功率 187MW，累计达到 1878MW，约占总负荷的 6.5%

12.4　历史事件对比

在 2019 年 7 月 1 日，英国电网发生了一起类似事件。当天，英国与比利时互联的 HVDC 突然停运，损失功率 1000MW。两次事故发生时电网的情况见表 12-3，二者基本一致。

表 12-3　　　　　　　　　两次事故发生时电网的情况

日期	2019 年 7 月 1 日	2019 年 8 月 9 日
负荷水平（GW）	28	29
惯量（GVA·s）	201	210
计划的最大损失（MW）	1000	1000
频率响应措施的调节量（MW）	1087	1022

在"7.1"大停电事故中，系统频率变化如图 12-5 所示。鉴于"7.1"大停电事故与本次"8.9"大停电事故发生时英国电网的情况基本类似，因此，英国官方事故报告认为，在本次"8.9"大停电事故中，如果功率缺额没有超过1000MW，那么电网频率不会跌落到 49.5Hz 以下，英国电网本身是符合其设防安全标准的。

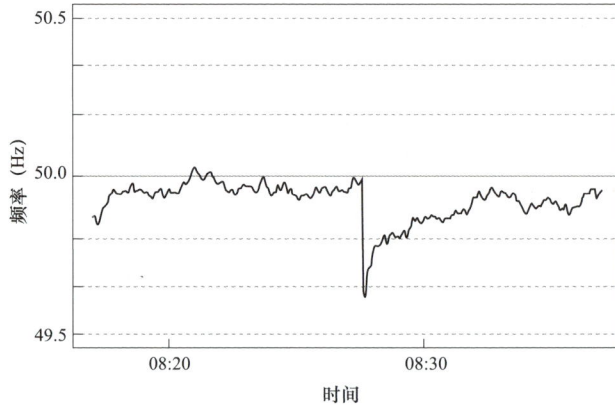

图 12-5　历史事故中的系统频率变化

12.5　原　因　分　析

因雷击引起线路停运及后续诱发的一系列故障是本次停电事故的直接原因。按照英国电网安全标准（System Quality and Security Standards），英国电网在事故发生时拥有 1000MW 的频率调节能力。系统频率调节能力足以应对霍恩海上风电场脱网、小巴福德燃气电站停机、分布式电源脱网的当中任意一个单独事件。雷击造成线路停运及分布式电源脱网并没有超出预想，但霍恩海上风电场意外脱网及小巴福德燃气电站蒸汽机 ST1C/燃气机 GT1A 的意外停机，导致累计功率缺额（合计 1691MW）超过了电网的频率调节能力，最终造成频率下降到 48.8Hz，触发了低频减载动作。

在本次事故中，海上风电场、燃气电站、分布式电源叠加脱网，致使损失的电源功率累计超出了英国电网的设防标准是本次停电事故的主要原因：

（1）海上风电场涉网技术特性不足。由于遭受雷击及雷击引起主网线路停运，海上风电场接入的电网变薄弱，风场内的无功补偿控制装备、风电机组等电力电子型的电源不能适应该弱电网，产生了短时的 10Hz 左右的次同步频段的振荡，风电场 35kV 系统与主网之间产生大量无功功率交换，电压最低跌落至 20kV，几乎整个风电机群由于机组过流保护动作而脱网。

该现象说明，霍恩海上风电场内风电机组或动态无功补偿设备，在调节能力、抗扰动能力等涉网技术特性方面存在不足。本次停电事故发生后，霍恩海上风电场修改了风电场控制软件及参数。

（2）分布式电源涉网保护配置不合理。在本次事故中，分布式电源设置了失去主电源保护。其中第一次因相移超过保护设定值（6°）而启动移相保护脱网150MW，间隔 500ms～1s 后，因系统频率变化率超过频率变化率保护定值0.125Hz/s 而脱网 350MW，共计损失 500MW，仅次于风电场的脱网量，进一步加剧了故障严重程度。值得注意的是，在分布式电源第一次脱网前，系统遭受了雷击仅引发了一条线路跳闸，即在 $N-1$ 扰动下，引发了分布式电源的失去主电源保护系统启动，导致 150MW 的脱网，后续由于频率变化率超过保护定值导致 350MW分布式电源脱网。然而实际上分布式电源并未失去主电源或成为孤岛。因此，如果分布式电源能够配置更加合理的保护定值，则可避免此次故障中的分布式电源脱网，大大减轻了故障的严重程度。

（3）小巴福德燃气电站的网源协调存在不足，存在隐性故障。小巴福德燃气电站的蒸汽机的意外跳闸原因为 3 个转速信号不一致，但在英国公布的事故调查报告中并未给出造成转速信号不一致的原因。此外，在蒸汽机跳闸后，后续两台燃气机应也能保持稳定运行，但由于蒸汽压力分别自动、手动停机，并且手动停机后，促使频率跌落到 48.8Hz，触发了低频减载动作，导致大停电。从事故过程来看，暴露出该电源的网源协调能力不足，存在自身控制或涉网保护控制等方面的隐性故障。

12.6 事 故 启 示

事故前，英国电网呈现出"两高两低"的特点，其中，"两高"为新能源接入比例高（风电、光伏占比约 40%），电力电子装备比例高（风电、光伏、直流合计约占 50%），"两低"为系统惯量低（同步机开机约为总开机的 50%），设备抗扰性能低（如风电机组、分布式电源脱网）。本次英国大停电暴露出来的问题非常值得我国电网警惕，其经验教训值得我们借鉴。

1. 加强新能源管理，提升风电、光伏、分布式电源的抗扰动能力

在本次大停电中，霍恩海上风电场耐受能力不足产生连锁反应，导致风电机群连锁脱网跳闸 737MW；分布式电源先后由于故障期间的相移、频率下降速率而启动保护脱网，分别损失功率 150、350MW，成为本次事故中功率损失最大的两类电源。因此，需要高度重视风电、光伏、分布式电源在故障期间耐受异常电压、频率的能力，即抗扰动能力，避免在故障期间，由于此类电源的性能、参数问题导致事故严重程度进一步加剧。加强核查风电、光伏及分布式电源的控制参数，以及涉网保护参数，加快性能改造和检测认证。

针对目前我国部分省级电网的分布式光伏发展快，规模较大，而相关的运行、管理相对滞后，一旦故障引发分布式光伏同时脱网，对电网影响较大。因此，需加强对分布式电源的监测，包括出力水平、涉网保护参数等关键信息；开展相关的涉网保护配置对电网动态过程及稳定性的影响研究；开展分布式电源控制参数、保护参数的校核，防止无序脱网。

2. 加强电源等关键设备隐性故障的排查

在雷击发生后，小巴福德燃气电站中的蒸汽机由于转速信号不一致导致保护动作而意外停机，暴露出该电源存在自身控制或涉网保护控制等方面的隐性故障。此类故障难于排查，但却是大停电事故的关键诱因之一，给电网安全造成了极大隐患。类似故障如 2011 年 2 月 4 日，巴西 XINGO 水电站辅助设备（冷却、调速或其他）的电源低电压保护装置整定设置不合理，没有正确切换到备用电源，使得 2108MW 水电机组停运，导致大停电事故。

目前世界范围内对隐性故障的相关研究很少，但这类问题很可能是事故扩大或导致大面积停电的关键因素。因此，我国应加强对隐性故障的研究和防范。

3. 提升在线监测系统惯量水平与一次调频能力

系统的惯量水平与调频能力决定了系统受扰后的频率响应的变化速率、最低频率等。由于在本次事故中引发了系统总功率缺额 1691MW，超过了电网设防水平的频率调节能力（1000MW），致使系统触发了低频减载动作（48.8Hz 启动）。但本次事故中可以看出英国电网对系统的调频能力具有较高的监测水平。为了确保电网在不同等级故障冲击下满足《电力系统安全稳定导则》（GB 38755—2019）对频率稳定的要求，应及时开展滚动评估系统惯量水平与调频能力，并进行在线监测与统计。

4. 加强含高比例新能源电网的稳定特性及提升调节能力的研究

新能源机组大量替代同步机，导致系统惯量水平下降，短路容量相对下降，系统稳定特性发生恶化，削弱系统抵御故障的能力。随着未来我国新能源接入电网的比例的提升，应加强受扰后系统响应特性以及新能源机组参与调频、调压的研究，依据系统需求及实际条件实施新能源参与调频调压。

5. 深化对连锁故障的研究

事故中，因雷击引发线路停运，后续又诱发了包括分布式电源脱网、风电场脱网、燃气电站停机等一系列连锁故障，最终导致大停电事故。随着新能源、分布式电源的并网比例提升，连锁故障将不断呈现出新的特点，其成因与发展规律研究亟须考虑这些新要素的影响，并提出和制定防御连锁故障的控制措施。同时，加快基于广域信息的实时监测、稳定分析和智能控制等技术的研究和推广，预防和抵御连锁故障诱发的大停电事故。

6. 加强第三道防线管理

在本次大停电事故中，当频率下降到 48.8Hz 时，低频减载正确启动，阻止了频率进一步下跌，遏制了事故扩大，突显出第三道防线在电网遭受极端故障时防止系统崩溃的关键作用。需严格校核低频减载、低压减载、解列装置等第三道防线的配置，保证装置能快速正确动作，确保第三道防线有效发挥作用。

13 2020 年美国加州"8.14"大停电事故

13.1 事 故 概 况

美国西部时间 8 月 14 日，加利福尼亚州（简称加州）电力系统独立运营商（California Independent System Operator，CAISO）发布三级紧急状态，是近 20 年发布的最高等级紧急状态，49.2 万企业与家庭的电力供应中断，最长停电时间达 150min；8 月 15 日，CAISO 再次对用户实施轮流停电，停电时间最长达 90min，影响 32.1 万用户。

13.2 加 州 电 力 系 统 概 况

13.2.1 加州电网概况

截至 2019 年底，加州集中式电源总装机容量 79 845MW，其中燃气机组装机容量 40 382MW（占比 51%），光伏发电（不含分布式光伏）装机容量 11 278MW（占比 14%），水电装机容量 14 039MW（占比 17%），风电装机容量 5973MW（占比 8%），核电等其他电源装机容量 8173MW（占比 10%），如图 13-1 所示。此外，2019 年底加州地区还有超过 8000MW 的屋顶光伏发电。加州地区电力供应主要依靠燃气机组和光伏发电。

自 2000 年以来，加州可再生能源发电量大幅增长，占比从 12%增加到 2018 年的 31%以上。目前加州电力系统可再生能源发电类型包括光伏、生物质、地热、水力和风力发电等。其中，加州光伏发电装机容量为全美第一。2018 年 9 月，时任加州州长杰里·布朗签署了名为《California Renewables Portfolio Standard Program: emissions of greenhouse gases》的清洁能源法案（SB100 法案），该法案中涉及的可再生能源发电量增长趋势如图 13-2 所示。SB100 法案设定的目标是，到 2026 年可再生能源发电量将占全州发电量的 50%；到 2030 年，该比例提高到 60%；到 2045 年实现 100%可再生能源和零碳电力供应。

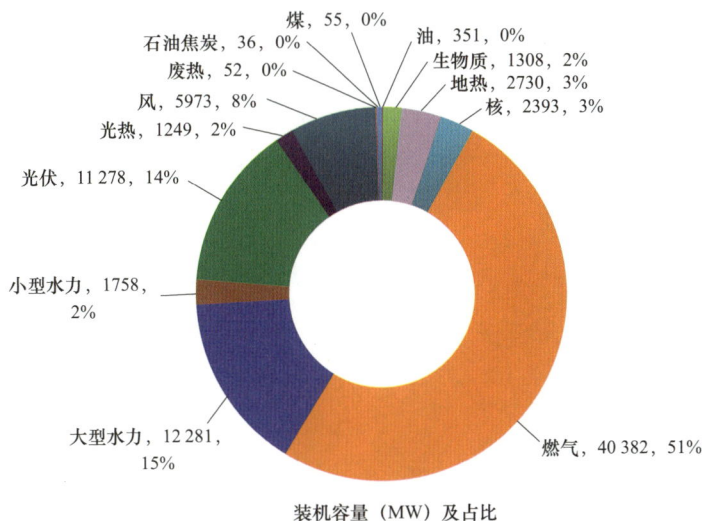

图 13-1   2019 年底加州电源装机情况

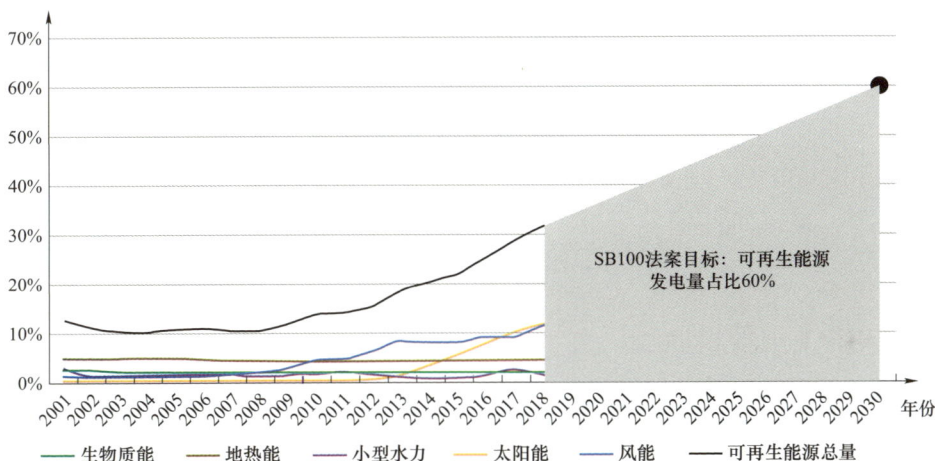

图 13-2   加州可再生能源发电量占比发展趋势

加州电网输电系统主要包括 500、345、220kV 等若干个电压等级，由多家电网公司共同运营，其中最大的电网公司为太平洋煤气与电力公司（PG&E），运营范围覆盖加州全网 80% 以上。加州电网北部与俄勒冈州、华盛顿州以及加拿大互联，南部与亚利桑那州、墨西哥等电网互联，如图 13-3 所示。

CAISO 负责加州绝大部分高压输电系统的调度，同时负责加州电力批发市场和美国西部不平衡电力市场（Energy Imbalance Market，EIM）的运营。CAISO 受联邦能源监管委员会（Federal Energy Regulatory Commission，FERC）的管辖，并遵守北美电力可靠性公司（National Electric Reliability Corporation，NERC）和西部电力协调委员会（Western Electric Coordinating Council，WECC）颁布的可靠性标准。

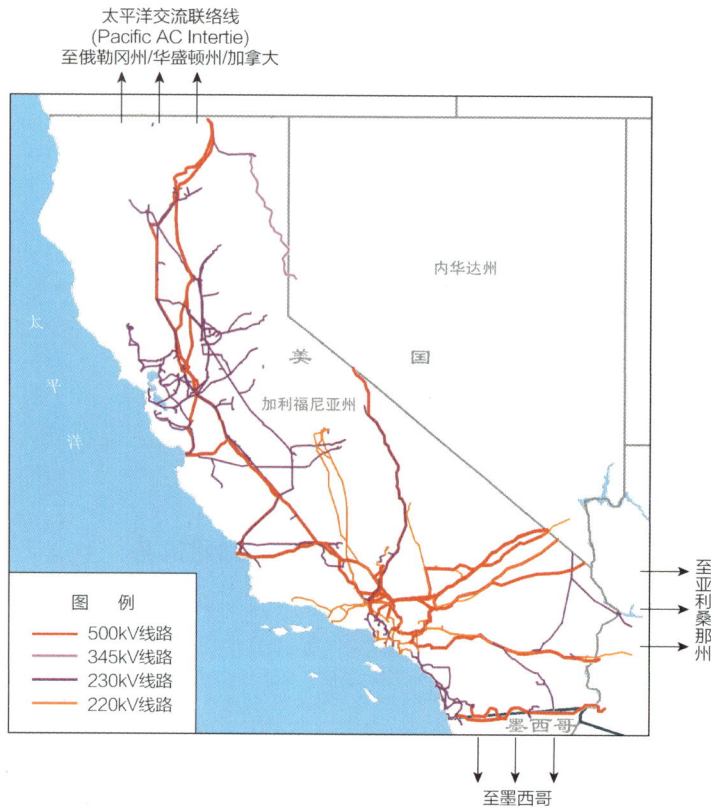

太平洋交流联络线
(Pacific AC Intertie)
至俄勒冈州/华盛顿州/加拿大

内华达州

美

国

加利福尼亚州

太
平
洋

至
亚
利
桑
那
州

图 例
—— 500kV线路
—— 345kV线路
—— 230kV线路
—— 220kV线路

墨西哥

至墨西哥

图 13-3　加州主要输电线路分布图

13.2.2　CAISO 预警机制

当系统备用容量或输电功率接近运行极限，威胁到加州电力系统安全可靠运行时，CAISO 会发布预警。预警分为警报（Alerts）、警告（Warnings）和紧急状态（Emergencies），其中紧急状态按照严重程度又分为 3 个级别，其触发条件及应对举措见表 13-1。

表 13-1　　　　　　　　　　　紧急状态触发条件及应对措施

紧急状态	一级	二级	三级
触发条件	已存在或预测到备用容量不足	ISO 已采取措施但仍不能满足电力供需平衡	ISO 无法满足最低应备用容量要求
应对措施	需要密切关注设备运行及系统备用情况	需要 ISO 主动干预市场以调节供需平衡，如发布机组并网指令	执行切负荷指令

2020 年加州供电形势较为严峻，截至 9 月 9 日，CAISO 共发布预警 22 次，其中警报 7 次、警告 7 次、二级紧急状态 6 次、三级紧急状态 2 次，2 次三级紧急状态预警分别发布于 8 月 14 日和 8 月 15 日。

13.3　事　故　过　程

8 月 14 日和 8 月 15 日的事件过程分别如下，事件的时间线如图 13 – 4 所示。

1. 8 月 14 日事件过程

11:51，CAISO 发布警告，通知 17:00～21:00 可能出现备用容量不足情况，需要额外的辅助服务和能量竞标，告知电力公司后续将启动紧急需求侧响应，同时联系周边平衡监管区（balancing authorities，BAs）寻求潜在的紧急支援。

14:57，加州布莱斯能源中心（Blythe Energy Center）一台容量为 494MW 的燃气机组因故障跳闸，跳闸时机组出力为 475MW，事后 CAISO 启动了可替代的事故备用，同时经 CAISO 与周边 BAs 联络协调，加州—俄勒冈州联络线（California Oregon Intertie，COI）将于 18:00～23:59 增加可用输电容量 189MW。

15:25，CAISO 预测未来几个小时将出现电力短缺，难以维持 WECC 规定的备用容量要求，宣布进入二级紧急状态。CAISO 通知 PG&E 等 3 家电力公司分配 500MW 负荷作为非旋转事故备用。

17:00，CAISO 调用约 800MW 需求侧响应资源以维持电力供需平衡。

18:30，所有的需求侧响应资源已经调度完毕，但情况并未好转。CAISO 再次联系 PG&E 等 3 家电力公司准备额外的 500MW 负荷作为非旋转事故备用（共计需求 1000MW）。

18:38，随着傍晚光伏出力下降，系统无法满足负荷需求和备用容量要求，CAISO 宣布进入三级紧急状态，切除 500MW 负荷。10min 后，再次切除 500MW 负荷。

19:40，随着负荷降低，发电侧资源可满足负荷需求和备用要求，CAISO 命令恢复所有的负荷。

20:38，CAISO 将三级紧急状态调整为二级紧急状态。21:00，二级紧急状态取消。23:59，警告失效。

2. 8 月 15 日事件过程

12:26，CAISO 发布警告，通知 17:00～21:00 可能出现备用容量不足情况，需要额外的辅助服务和能量竞标，并呼吁用户节约用电。

14:00～15:00，受暴风云影响，光伏出力下降超过 1900MW，而负荷仍持续上升，导致备用容量降不足。

15:00 左右，CAISO 通过实时市场立即调用约 891MW 需求侧响应资源以维持电力供需平衡。

17:12 ～18:12，风电出力下降 1200MW，区域控制偏差（Area Control Error，ACE）最大达到 1421MW。CAISO 通知 PG&E 等 3 家电力公司分配约 500MW 负荷作为非旋转事故备用。

18:13，在区域控制偏差恢复过程中，调度员对电厂的错误指令导致帕诺奇能源中心（Panoche Energy Center）一台燃气机组出力由 394MW 迅速降低至 146MW，损失出力 248MW。

18:16，由于难以维持 WECC 规定的备用容量要求，CAISO 宣布进入二级紧急状态。CAISO 再次联系 PG&E 等 3 家电力公司准备额外的负荷作为非旋转事故备用，需求共计 1000MW。

18:28，由于备用容量不满足要求，CAISO 宣布进入三级紧急状态，切除约 500MW 负荷。

18:48，风电出力逐步恢复，负荷水平也开始下降，CAISO 命令恢复所有负荷，将三级紧急状态调整为二级。20:00，CAISO 取消二级紧急状态。23:59，警告失效。

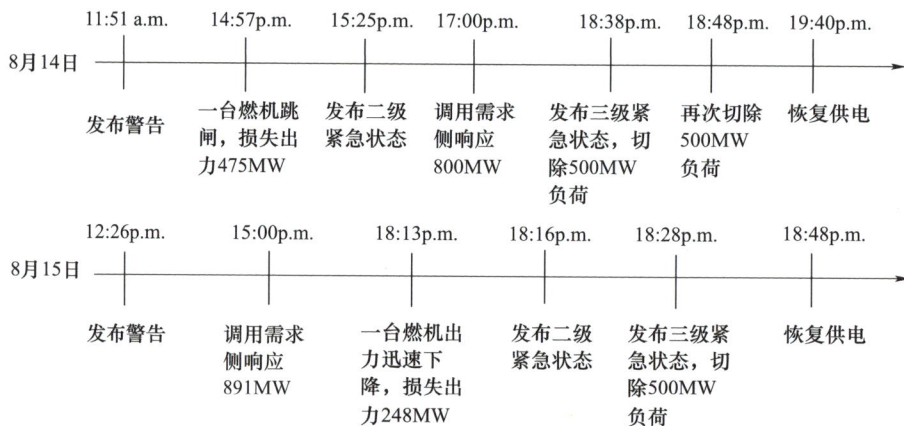

图 13-4　加州停电事件时间线

13.4　原　因　分　析

加州"8.14""8.15"停电事件中，引发 CAISO 实施轮流停电的直接原因是系统供需不平衡，运行备用容量不满足相关要求。CAISO 对系统运行备用容量的要求遵循 NERC 标准 BAL-002-3 和 WECC 标准 BAL-002-WECC-2a，标准要求同时满足：① 总备用容量大于最大单机容量；② 总备用容量大于总负荷的 3%与总发电功率的 3%之和；③旋转备用容量占总备用容量的一半以上。因此，这个最小的备用容量大约是负荷的 6%。用于维持该要求的运行备用主要包括机组旋转备用，以及可在 10min 内启动的机组和可切负荷等非旋转备用。图 13-5 给出了 2020年 8 月 14 日加州电网运行备用曲线，14:57，燃机跳闸不久，系统运行备用降低到6%以下，CAISO 宣布进入二级紧急状态；到 18:38，系统运行备用再次降低到 6%以下，CAISO 宣布进入三级紧急状态，并采取了切负荷措施。

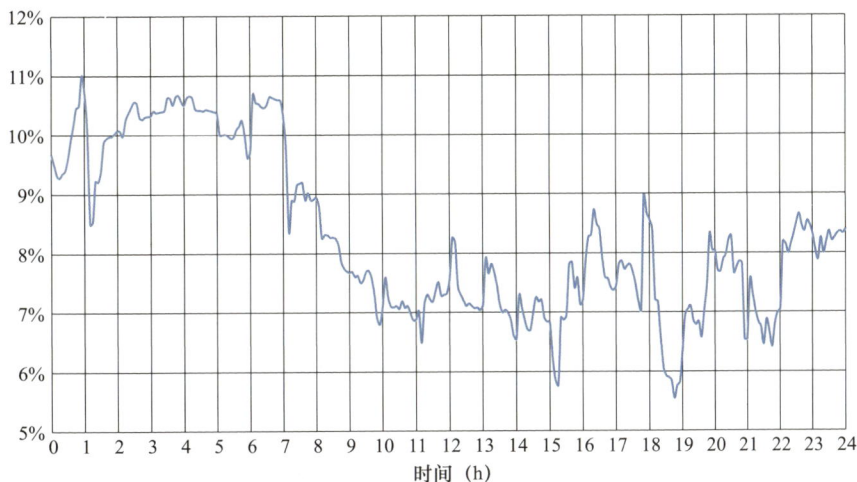

图 13-5　2020 年 8 月 14 日加州运行备用曲线

初步分析，加州系统供需不平衡主要是以下原因导致：

1. 罕见高温引起负荷增长

电力负荷对气温变化通常较为灵敏。2020 年，加州地区经历极端炎热的 8 月，据报道加州死亡谷最高温度达 54℃，这可能是美国有记录以来 8 月最高气温。经统计，加州地区 7 月气温平均值 22℃、日最高气温平均值 33℃，8 月气温平均值24℃、日最高气温平均值 39℃。据加州能源委员会（California Energy Commission，CEC）分析，8 月份的热浪是 35 年一遇的极端天气事件。

随着入夏后气温逐渐上升，8 月加州地区日负荷峰值的平均值高于 7 月 3197MW，8 月份日负荷峰值与 7 月对比如图 13-6 所示，其中 8 月 14 日负荷峰值首次突破45 000MW，当天负荷峰值高达 46 777MW，比 2019 年夏季负荷峰值（出现在 2019年 8 月 15 日）高 2629MW，超出 CAISO 在 2020 年初对夏季峰荷预测的中位值870MW，负荷需求增幅明显。

2. 应对新能源波动的灵活调节能力不足

近年来，加州地区光伏等新能源快速发展，装机容量和占比不断提升。考虑到负荷和新能源出力均具有波动性，一般用净负荷（Net Demand，即负荷减去新能源

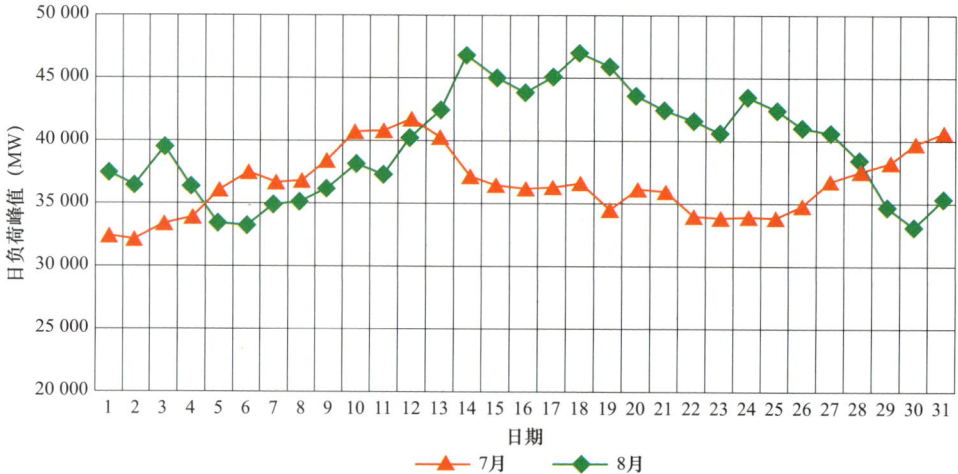

图 13-6　加州地区 7 月、8 月日负荷峰值对比曲线

出力）来表征对常规电源的电力供应需求。在中午时段，由于负荷较低且光伏大发，净负荷曲线出现明显的"凹坑"；而在傍晚时段，由于负荷增长但光伏出力骤降，净负荷曲线出现明显的"尖峰"，呈现出"鸭型曲线"的特征。

8 月 14 日当天，加州地区新能源出力曲线和净负荷曲线分别如图 13-7 和图 13-8 所示。由图可见，由于傍晚太阳落山导致光伏出力骤降，加州地区光伏出力从 10 867MW（13:30）大幅降至 1766MW（18:55）；同时由于午后持续高温负荷不断增加，加州地区"鸭型曲线"净负荷从 29 783MW（13:30）迅速攀升至 42 240MW（18:55），这意味着 CAISO 需要在 5h 内调出 12 457MW 常规电源容量，以满足加州地区电力供需平衡。而 CAISO 实施切除 1000MW 负荷的措施，就发生在系统净负荷达到峰值时刻附近。可以看到，加州地区新能源并网带来的波动性问题使得供需矛盾突出，是引发停电事件的重要原因。

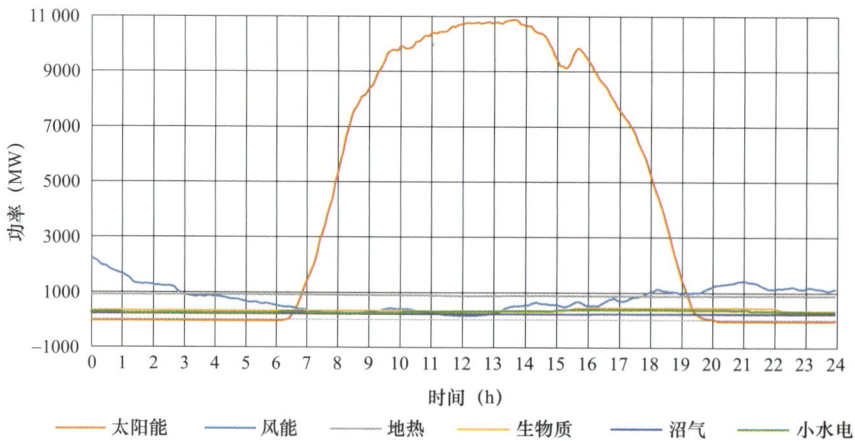

图 13-7　2020 年 8 月 14 日加州新能源出力曲线

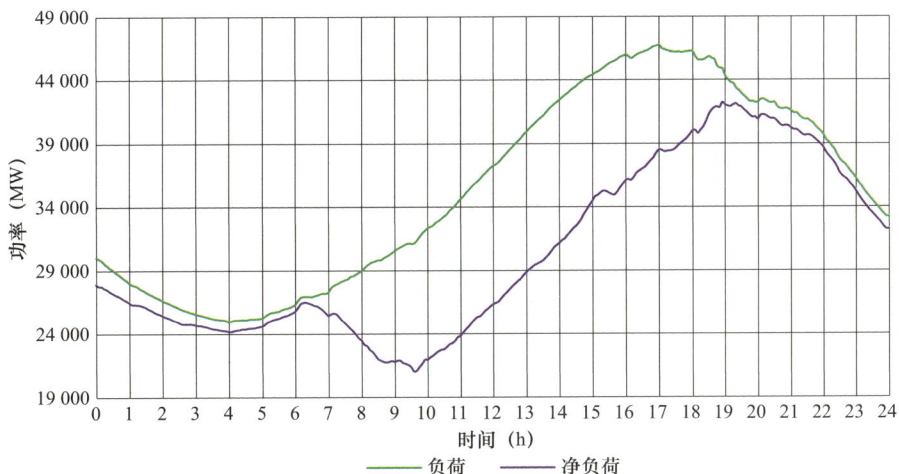

图 13-8 2020 年 8 月 14 日加州负荷曲线

为了响应加州 SB 100 清洁能源法案要求，加州太平洋沿岸的一些海水冷却型燃气电厂将在未来 3 年内逐步关停。2017 年以来，加州关停了 5000MW 燃气机组，但规划建设的 3000MW 电池储能设施却尚未投运。在目前夏季高温时节的下午至夜间，光伏发电出力逐步降低，燃气机组成为保障加州电力供需平衡的主力电源。8 月 14 日 18:30 停电前，加州总负荷 45 857MW；燃气机组因计划检修、故障停运、燃料供应、高温受阻、预留备用等原因，实际出力 25 532MW；受 8 月来水减小影响，水电出力仅为 5069MW；傍晚光伏出力严重受限仅为 3460MW；风电出力 1050MW；其他机组出力 4316MW。燃机出力约占总负荷的 56%。由于大量燃机退出运行，而配套的储能设施滞后，削弱了系统灵活调节能力。雪上加霜的是，8 月 14 日事件中，一台燃机因故障跳闸；8 月 15 日事件中，另一台燃机因错误的调度指令而降低出力，使得灵活调节资源进一步减少，加剧了加州在迎峰度夏时的缺电问题。

3. 区域间电力协调互济能力不足

加州电网接入美国西部电网，CAISO 电力平衡监管区为加州地区 80% 的负荷和内华达州小部分地区负荷供电。CAISO 与周边 BAs 实现电力交换，CAISO 及周边 BAs 的分布如图 13-9 所示。8 月 14 日，CAISO 系统从周边 BAs 系统净受入电力曲线如图 13-10 所示，在 18:30 停电前，加州系统的净受入电力为 6920MW，仅占当时系统总负荷的 15%，是 2019 年 CAISO 系统最大净受入电力 11 666MW（出现在非日峰荷时段）的 59%。可见，尽管 CAISO 在当天已向周边 BAs 寻求紧急支援，但由于区域间电力协调互济能力不足，难以得到周边 BAs 的充足电力支援，无法及时缓解缺电局面。分析原因，主要是由于：

（1）加州用电高峰时段也是周边地区的用电高峰时段。当季节性高温使得 CAISO 系统电力负荷增长的同时，周边的 BAs 也同样受到高温影响导致用电负荷

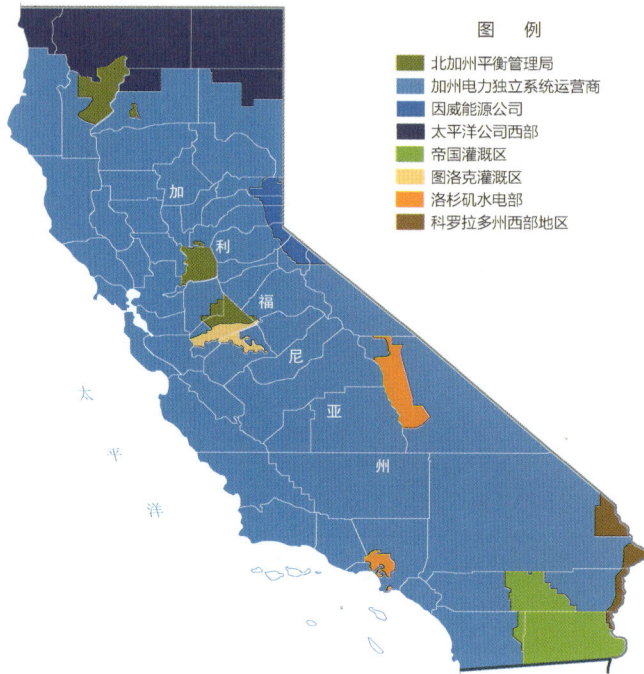

图 13-9 加州及周边平衡监管区

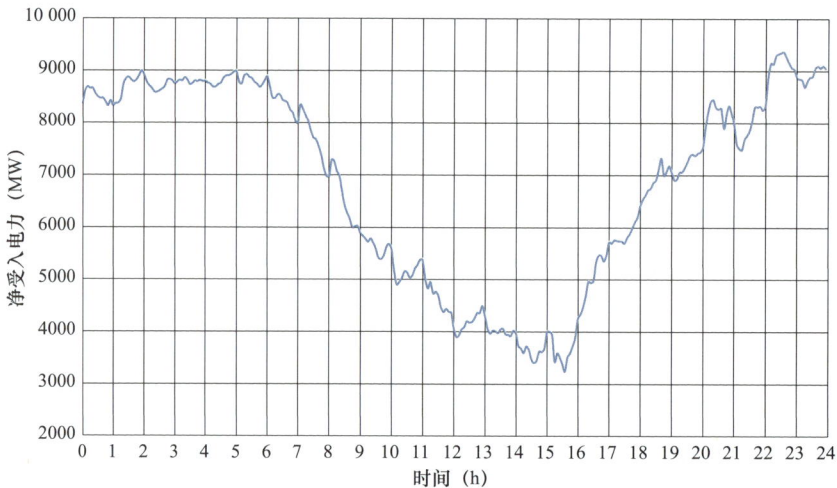

图 13-10 8月14日 CAISO 系统净受入电力

处于较高水平。CAISO 发布的《2020 夏季负荷及资源评估》报告统计了 2017～2019 年夏季 CAISO 系统 41 000MW 以上日峰荷对应的净受入电力情况，拟合了两者关系曲线，如图 13-11 中实线所示。这表明，从历史运行趋势来看，随着 CAISO 系统日峰荷的增大，从周边 BAs 净受入的电力呈下降趋势。当 CAISO 系统的负荷到达其峰值时，由周边 BAs 支援的电力通常也减少。

（2）存在输电线路能力受限的情况。由于 8 月天气原因，CAISO 运营范围内

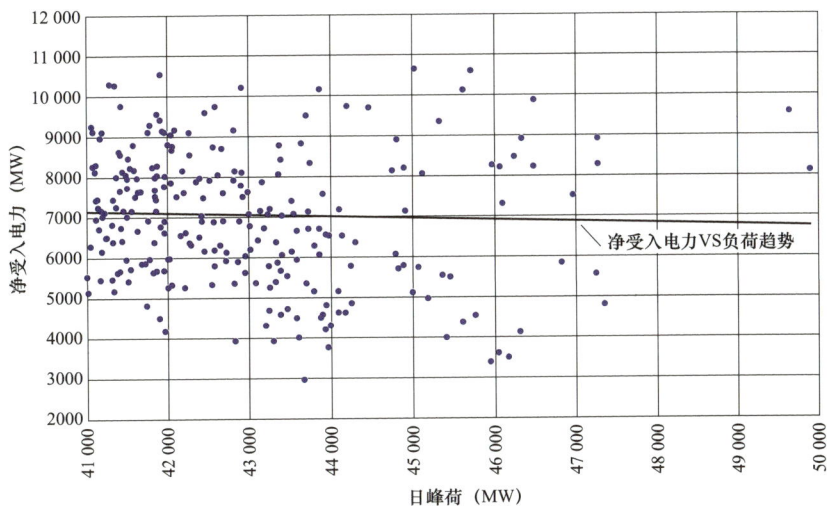

图 13-11 CAISO 系统日峰荷与净受入电力关系拟合曲线

位于西北太平洋上游（Pacific Northwest upstream）的一条主要输电线路强迫停运，从而使得 COI 联络线降额运行，造成传输容量降低约 650MW，并引发 COI 联络线和内华达—俄勒冈边境联络线（Nevada-Oregon Border，NOB）传输功率阻塞，最终导致加州系统总受入电力能力下降。

4. 山火频发导致调度更为谨慎

加州地处美国西海岸，濒临太平洋，夏季气候干燥、风力强劲，属于山火频发地区。根据加州能源委员会（California Energy Commission，CEC）公开发布的统计分析，2001～2016 年期间，山火造成加州地区相关电力公司经济损失高达 7 亿美元，加州北部地区的山火风险水平呈上升趋势。2020 年 8 月期间，加州地区历经了史上第二大山火灾害，覆盖范围达数十万英亩，主要位于加州西部地区。图 13-12

图 13-12 9 月 15 日美国山火火点位置图

133

为截至 9 月 15 日美国山火火点位置图，图中橙色交叉点为正在着火区域，红点为根据卫星图分析的可能着火区域，深灰色线条表示空气污染区域。可以看到，山火火点主要集中在美国西部的加州地区。

由于山火覆盖面积广、历经时间长、影响范围大，容易引发架空输电线路群发性跳闸，且永久性故障居多；同时容易导致不同程度的负荷损失，严重时导致厂站全停甚至系统解列。因此，2020 年 8 月严重山火威胁到输电线路正常运行，为降低大规模停电的风险，调度人员可能选择了较为保守谨慎的切负荷措施，以保障电网安全运行。

5. 部分市场行为加剧供需紧张

CAISO 负责加州电力日前市场（day-ahead market）和实时市场（real-time market）的运营，日前市场进一步分为综合前期市场（integrated forward market，IFM）和余额容量市场（residual unit commitment，RUC）。CAISO 通过 IFM 确定次日系统运行方式和调度计划，如果 IFM 出清的发电量不能满足 CAISO 所预测的负荷，CAISO 在 RUC 购买额外的在线容量。由于代理负荷供应实体（Load Serving Entity，LSE）的计划协调员（scheduling coordinator）对负荷需求预计不足，日前市场上的报价负荷均低于 CAISO 的负荷预测和实际负荷水平，如图 13-13 所示，8 月 14 日和 15 日报价负荷与实际负荷的峰值偏差分别达到 3386MW 和 3434MW，由此导致调度计划安排不足，难以应对实时市场上的负荷增长。此外，由于市场设计缺陷，在电力供应紧张的情况下，加州日前市场的集中竞价（convergence bidding）机制和 RUC 市场行为反而释放出支持更多外送电力的信号，进一步加剧了市场供需紧张的局面。

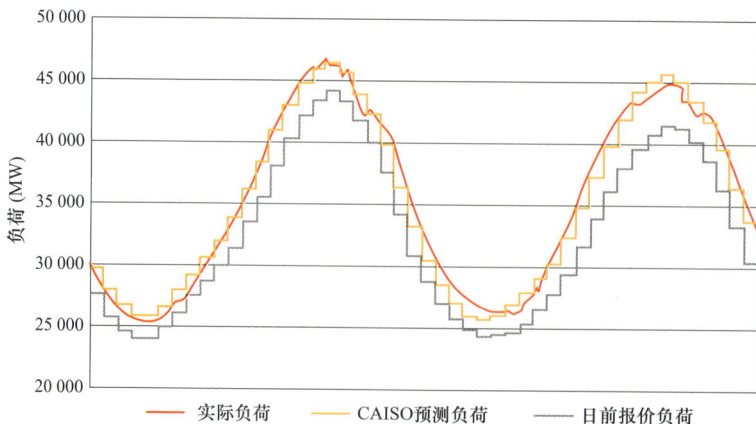

图 13-13　8 月 14 日和 15 日的实际负荷、CAISO 预测负荷与报价负荷对比

13.5 事 故 启 示

1. 电力系统应适度超前发展，为经济社会提供有力保障

为了满足负荷增长需求，与社会和经济发展增速相匹配，应保证电源、电网建设适度超前发展，同时应加强电源和电网的协调发展，避免因电力供应不足或电网输送能力不足而导致缺电、限电事件发生，造成经济损失和民众生活不便。要从落实"四个革命、一个合作"能源安全新战略的高度，立足当前、着眼长远，做好能源电力"十四五"和中长期规划工作，以电力高质量发展，为经济社会发展和民生改善提供有力保障。

2. 构建合理电源结构，提升新能源接纳能力

新能源出力波动大、随机性强，对系统灵活调节能力提出了更高要求。按照我国《能源生产和消费革命战略（2016～2030)》测算，预计到 2035、2050 年，我国风电、太阳能发电装机容量占比将分别达到 38.3%、52.4%。但目前，我国灵活性电源占比仍较低，2019 年底包括抽水蓄能、燃气机组在内的灵活调节电源装机仅占总电源装机比重的 6%。未来高比例新能源接入将对电网灵活调节能力提出极高的要求，因此需要在评估电力系统安全性及新能源接入承载力的基础上，合理优化电源结构，建设必要规模的常规电源，配置足够的灵活性调节电源，提升新能源消纳能力，推动实现能源绿色转型。

3. 强化运行备用管理，保障系统安全裕度

认真落实《电力系统安全稳定导则》（GB 38755—2019）和《电力系统技术导则》（GB/T 38969—2020）等标准和管理规定中关于系统备用容量的要求。在充分考虑地区天气变化的基础上，进一步提高新能源出力预测和负荷预测的精度，统筹考虑新能源出力不确定、负荷特性、机组爬坡性能、跨区跨省支援能力等因素，合理安排机组检修、开机方式，科学制订发电计划，在满足电力供需平衡的同时，充分保障系统安全运行裕度。

4. 深化需求侧管理，提升系统平衡能力

欧美国家将负荷侧需求响应作为提升电力系统可靠性和经济性的重要手段。在此次事件中，当电力供应不足时，CAISO 发布预警呼吁用户通过错峰用电、调高空调温度等措施节约用电；进入二级紧急状态后，启动了需求侧响应以缓解供需矛盾。随着新能源占比持续攀升，传统调节资源的调度空间越来越小，而与此同时，我国电网具有电动汽车、分布式储能、智能楼宇空调、电采暖、工业园区等大量具备调节潜力的负荷资源。应进一步深化需求侧管理，大力发展需求侧响应技术，创新市场机制和商业模式，完善支持政策，提升电力系统平衡能力。

5. 加大储能发展力度，提升系统灵活调节能力

此次加州停电事件均发生在光伏发电出力逐渐降低的晚高峰。对于昼夜出力变化较为规律的太阳能发电，在系统灵活性电源不足的情况下，储能是较为有效的应对措施，但加州却在灵活性电源（燃气机组）退出后，没有及时配套建设储能设施，使得系统灵活调节能力不足。加州停电事件初步分析报告已提出，要在 2021 年前新建 2100MW 的储能设施。由于储能可以在电力系统中发挥调峰、调频等重要作用，应加大储能发展力度，积极探索储能应用于新能源消纳等场景的技术模式和商业模式，加快制定储能相关技术标准，综合考虑不同类型储能的技术成熟度和经济性，统筹储能规划、建设及运行，支撑提升新能源利用率和系统安全运行水平。

6. 高度重视电力系统安全，推动电力市场健康发展

美国电力市场发展较为成熟，比较强调电力的商品属性。我国电力系统坚持统一调度、统一管理的体制机制，为大电网安全运行提供了重要保障，近 20 年来还没有发生过全网性大停电事故。当前，我国电力市场化改革正稳步推进，在电力市场建设和能源转型过程中，应高度重视电力系统安全，加强市场化改革中的风险研究，推动电力市场健康发展。

7. 防范严重自然灾害风险，提升重大突发事件应对能力

近年来，在全球变暖的大背景下，世界范围内因极端气候导致的自然灾害频发。此次停电事件发生期间，加州山火持续蔓延，对电网安全造成严重威胁。我国是世界上自然灾害最严重的国家之一，台风、暴雨、冰灾、洪水、地震、山火等自然灾害，具有突发性强、灾害源复杂、影响范围广、次生灾害多等特点，对电力基础设施造成大面积区域性破坏，严重威胁电力系统安全稳定运行。应从开展差异化规划设计、灾害监测预警、加强设备运维、优化运行方式、灾后应急处置等方面综合施策、协同应对，最大程度降低自然灾害对电网的冲击和影响，提高电网快速恢复水平，不断提升我国电力系统应对各类重大突发事件的能力。

14 2021年欧洲"1.8"大停电事故

14.1 事 故 概 况

欧洲中部时间 2021 年 1 月 8 日 14:05,欧洲大陆同步电网解列为西北部与东南部两部分,导致法国切除可中断负荷 1300MW,意大利切除可中断负荷 400MW,西北部地区约 70MW、东南部地区约 233MW 负荷因频率、电压剧烈波动而脱网。输电系统运营商(Transmission System Operators,TSOs)配合协调、采取了相应控制措施,确保了大多数欧洲国家的电网稳定运行未受到严重影响。

14.2 欧洲电力系统概况

14.2.1 ENTSO-E 电网概况

ENTSO-E 由来自欧洲 35 个国家的 43 家输电系统运营商组成,所辖电网区域由欧洲大陆同步电网、北欧电网、英国电网、爱尔兰电网、波罗的海电网共 5 个区域电网与塞浦路斯、冰岛独立电网构成,是世界上电力需求最大的地区之一。ENTSO-E 电网主要电压等级包括 400(380)、330(300)、285(220)kV,除波罗的海电网与欧洲大陆同步电网通过交流互联之外,其余区域电网之间通过直流互联,各区域电网及互联情况如图 14-1 所示。

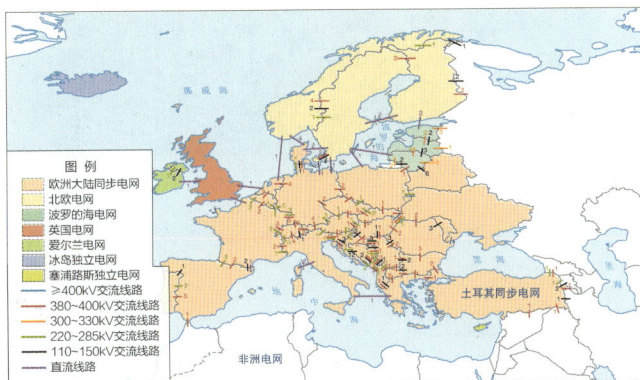

图 14-1 ENTSO-E 电网区域及互联情况示意图

截至 2018 年底，ENTSO－E 电网总装机容量为 1163.4GW，其中占比较高的装机类型主要包括化石燃料发电、水电、风电、核电和太阳能发电，装机容量依次为 455.1GW（39.1%）、238.9GW（20.5%）、184.7GW（15.9%）、121.9GW（10.5%）和 118.5GW（10.2%）。ENTSO－E 电网装机容量占比如图 14－2 所示。

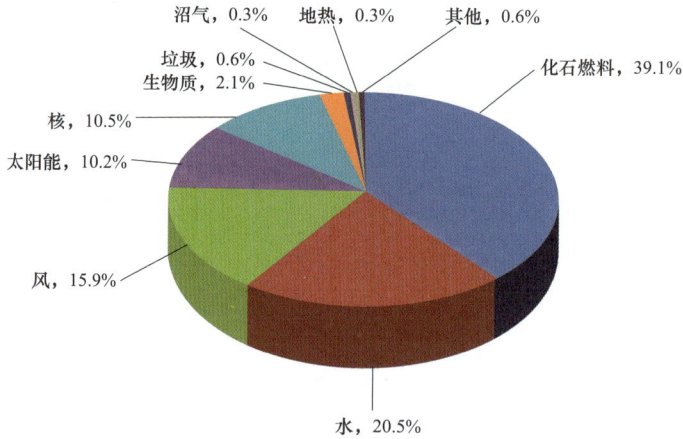

图 14－2　ENTSO－E 电网装机容量示意图

根据 2018 年电网负荷统计情况，全年最大负荷约为 590GW，最小负荷约为 270GW。最大负荷出现在 2018 年 2 月 28 日，最小负荷出现在 6 月 17 日，对应的日负荷曲线对比如图 14－3 所示。

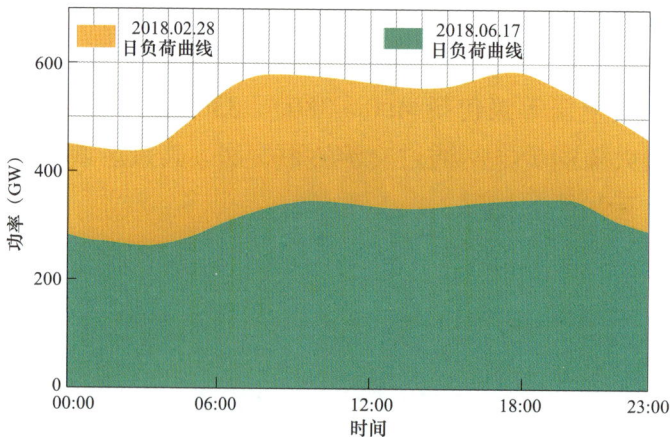

图 14－3　2018 年 ENTSO－E 电网负荷峰谷值对应的日负荷曲线图

14.2.2　欧洲大陆同步电网概况

本次解列事故发生在欧洲大陆同步电网，该同步电网为 26 个国家（包括欧盟大部分地区）提供电力，主要包括德国、西班牙、法国、意大利、波兰、罗马尼亚、土耳其等。该同步电网通过 2 回直流与英国电网互联，通过 6 回直流与北欧电网互联，通过 1 回交流与波罗的海电网互联。截至 2018 年底，总装机容量共计 955.2GW，各类型电源装机情况见表 14-1。2018 年该同步电网最大负荷约为 455.6GW，最小负荷约为 207GW。

表 14-1　　　　　　　　欧洲大陆同步电网各类型发电装机容量

发电类型	装机容量（GW）	占比
化石燃料	389.1	40.7%
水	177.5	18.6%
风	149.3	15.6%
太阳能	105.2	11.0%
核	101.3	10.6%
生物质	17.8	2.0%
垃圾	5.8	0.6%
沼气	3.1	0.3%
地热	1.0	0.1%
其他	5.1	0.5%
总计	955.2	100%

14.2.3　与本次解列事故强相关的设施及应对措施

本次解列事故源于克罗地亚的 400kV Ernestinovo 变电站高压母联断路器跳闸，事故的发展过程与系统频率响应措施密切相关，与本次解列事故强相关的设施及应对措施介绍如下。

1. 400kV Ernestinovo 变电站

400kV Ernestinovo 变电站高压侧采用双母带旁路接线，如图 14-4 所示，共 5回 400kV 出线，西北方向与 Zerjavinec 变电站（克罗地亚）、Pecs 变电站（匈牙利）相联，东南方向与 Ugljevik 变电站（波黑）、Sremska Mitrovica 变电站（塞尔维亚）相联。站内 2 台主变压器，额定电压为 400/110kV。事故发生前，400、110kV 母线均并列运行，一回 400kV 线路 Ernestinovo-Pecs/2 处于检修状态，潮流由东南方向流向西北方向。

2. 欧洲大陆同步电网频率要求与频率响应

欧洲大陆同步电网正常频率范围为 50Hz±50mHz，最大瞬时频率偏差要求不超过 800mHz，最大稳态频率偏差要求不超过 200mHz，频率恢复时间不得超过15min。

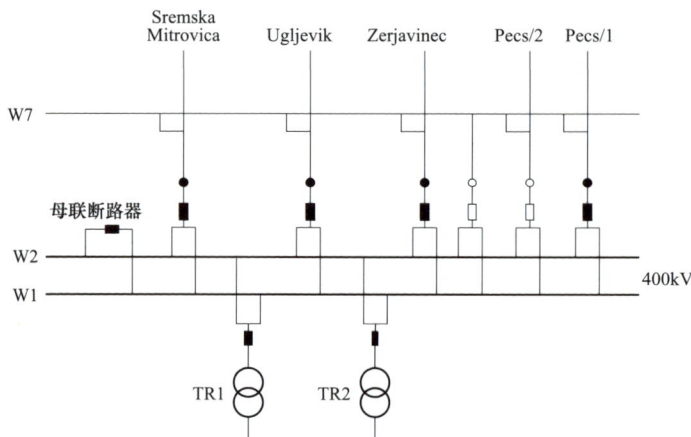

图 14-4　400kV Ernestinovo 变电站主接线图

欧洲大陆同步电网频率响应措施见表 14-2，其中频率控制备用（FCR）、自动频率恢复备用（aFRR）与我国电力系统一次调频、二次调频功能相似。当系统频率偏差超过 200mHz，具有频率控制备用的机组在保证不突破技术限制的条件下应在 30s 内将其出力提高/降低至最大值（频率降低）/最小值（频率升高）。

表 14-2　　　　　　　　　欧洲大陆同步电网频率响应措施

频率响应	触发条件	响应时间
频率控制备用 （frequency containment reserves，FCR）	频率偏离额定值	频率偏差超过 200mHz，15s 内出力 50%，30s 内出力 100%
自动频率恢复备用（automatic frequency restoration reserves，aFRR）	频率偏离额定值，自动响应	30s 内响应，15min 内满出力
手动自动频率恢复备用（manual frequency restoration reserves，mFRR）	频率偏差超过 200mHz，持续时间超过 1min	15min 以内满出力
替代备用 （replacement reserves，RR）	频率大幅度上升	15min 以上

低频减载措施的制定遵循以下原则：当系统频率降低至 49Hz 时，对应的低频不低于总负荷的 5%；系统频率在 48～49Hz 时，对应的低频减载切负荷量为总负荷的 38%～52%；低频减载轮次至少为 6 轮；每一轮低频减载量不超过总负荷的 10%。

14.3　事　故　过　程

根据 ENTSO-E 公布的中期调查报告，结合其官网上发布的信息，对本次事故过程进行梳理。

14.3.1　事故前电网情况

2021 年 1 月 8 日，东正教圣诞节假期刚结束，巴尔干半岛气候温暖，克罗地亚、塞尔维亚、波黑等东南部地区国家负荷处于较低水平，而欧洲中部地区受寒冷天气影响负荷偏高，欧洲大陆同步电网整体潮流由东南部流向西北部，克罗地亚输电系统，尤其是 400kV Ernestinovo 变电站附近潮流比计划值偏高。

事故发生前，解列断面近区电网内传统机组及新能源出力符合市场计划，且不存在非计划临时停机情况，无计划性检修或非计划性停电。

14.3.2　事故发生过程

1. 解列过程

2021 年 1 月 8 日 14:04:25.9，400kV Ernestinovo 变电站高压母联断路器过流跳闸，Ernestinovo 变电站两条 400kV 母线分列运行，高压母联断路器上潮流转移至站内 2 台主变压器及 110kV 母线导致两台主变压器随即跳闸，汇集于此变电站的西北部、东南部电网潮流分离。

Ernestinovo 变电站母线分列运行后，潮流转移到邻近的线路，14:04:48.9，400kV Subotica-Novi Sad（塞尔维亚）线路过流保护动作跳闸，引发连锁反应，西北部、东南部电网间其他线路在 20s 内相继跳闸，最终导致欧洲大陆同步电网于 14:05:08.6 解列。本次解列事故中设备或线路跳闸时序见表 14-3，除了表中所列设备外，还有约 15 条 110kV 线路触发跳闸。主要跳闸设备或线路的地理位置如图 14-5 所示，从图中可知，解列断面至少涉及四个欧洲输电系统运营商，分别是 HOPS（克罗地亚）、NOS BiH（波黑）、EMS（塞尔维亚）和 TRANS（罗马尼亚）。

表 14-3　　解列事故中设备或线路跳闸时序

序号	跳闸设备或线路	电压等级（kV）	时间	所属 TSO（国家）
1	Ernestinovo 高压母联断路器	400	14:04:25.9	HOPS（克罗地亚）
2	Subotica-Novi Sad 线路	400	14:04:48.9	EMS（塞尔维亚）
3	Paroseni-Tirgu Jiu Nord 线路	220	14:04:51.9	TRANS（罗马尼亚）
4a	Resita-Timisoara 线路-1	220	14:04:53.8	TRANS（罗马尼亚）
4b	Resita-Timisoara 线路-2	220	14:04:53.8	TRANS（罗马尼亚）
5	Prijedor-Meduric 线路	220	14:04:54.1	NOS BiH（波黑）
6	Prijedor-Sisak 线路	220	14:04:54.1	NOS BiH（波黑）
7	Melina-Velebit 线路	400	14:04:54.2	HOPS（克罗地亚）

续表

序号	跳闸设备或线路	电压等级(kV)	时间	所属 TSO（国家）
8	Mintia-Sibiu 线路	400	14:04:54.2	TRANS（罗马尼亚）
9	Brinje-Padene 线路	220	14:04:54.4	HOPS（克罗地亚）
10	Gadalin-Iernut 线路	400	14:04:54.5	TRANS（罗马尼亚）
11	Sibiu Sud-Iernut 线路	400	14:04:54.6	TRANS（罗马尼亚）
12	Rosiori 变电站主变压器	400/220	14:04:54.6	TRANS（罗马尼亚）
13	Iernut-Cimpia Turzii 线路	220	14:05:08.5	TRANS（罗马尼亚）
14	Fantanele-Ungheni 线路	220	14:05:08.6	TRANS（罗马尼亚）

图 14-5　主要跳闸设备或线路的地理位置

解列后，跳闸线路周边变电站电压快速降低，两侧电网电压相角差迅速增大，东南部地区电网频率上升而西北部地区电网频率下降，如图 14-6 所示。值得一提的是，从图 14-6 中可以看出，事故前，由于东南部至西北部地区方向电力潮流较重，两侧机群相角差已接近 90°，临近静态稳定极限；Ernestinovo 高压母联断路器断开对系统稳定有一定影响，但系统频率仍能保持稳定，Subotica-Novi Sad 线路跳闸后系统彻底失稳。

2. 频率恢复过程

同步电网解列后，东南部地区功率盈余约 6300MW，电网频率以 300mHz/s 的变化率迅速上升至最大值 50.6Hz，西北部地区电网频率则以 60mHz/s 的变化率快速降低，频率降至最低值 49.74Hz，未达到低频减载门槛值（49Hz），低频减载未动作，如图 14-7 所示。

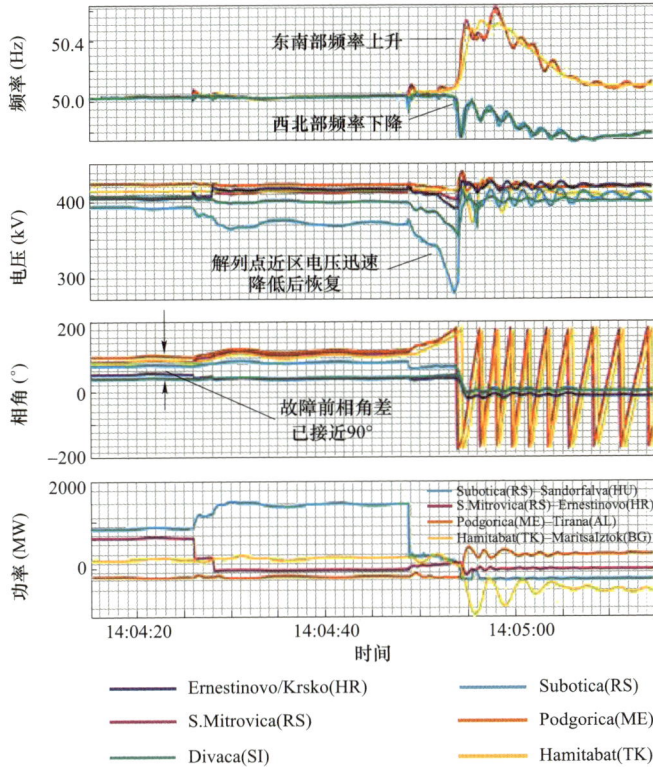

图 14-6   事故发生前后，解列断面周边 400kV 母线和线路的
频率、功率、电压及相角差

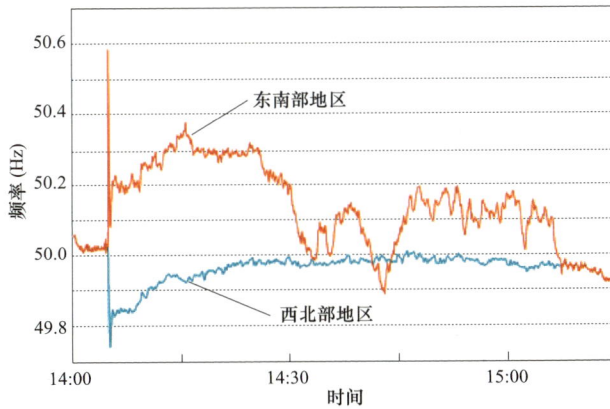

图 14-7   事故期间电网频率变化曲线

机组频率响应措施启动，机组 FCR 被激活，通过一次调频提高西北部地区机组出力，降低东南部地区机组出力。此外，东南部地区，为避免巴德尔马（Badirma）—布尔萨（Bursa）输电通道过载，切除土耳其 975MW 发电；西北部地区，二次调频自动响应，机组 aFRR 被激活，部分 TSOs 关闭了负荷频率控制器（load frequency controller，LFC）以便手动增加机组出力。

143

当西北部地区电网频率降低至 49.82Hz 时，法国切除可中断负荷 1300MW；系统频率降至 49.75Hz 时，意大利切除可中断负荷 400MW，如图 14-8、图 14-9 所示。北欧和英国分别通过高压直流联络线向西北部地区支援功率 535、60MW。

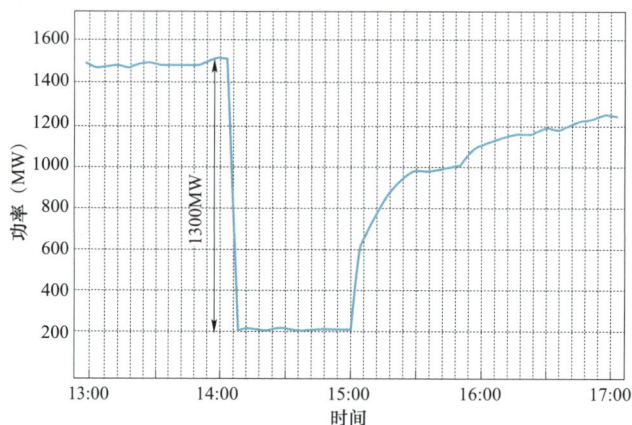

图 14-8　法国可中断负荷切除过程

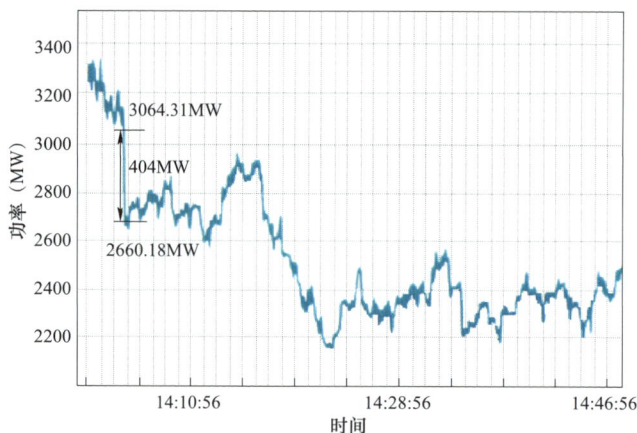

图 14-9　意大利可中断负荷切除过程

受电压和频率剧烈波动影响，且部分参数设置不合理，东南部地区约 2580MW 发电机组、233MW 负荷脱网，西北部地区约 939MW 发电机组、70MW 负荷脱网，由于发电脱网容量大于负荷脱网容量，有利于东南部电网频率恢复。

综上，在频率响应措施、可中断负荷切除、联络线支援的作用下，西北部电网频率逐渐恢复至 49.84Hz 附近并保持稳定。东南部电网采取手动或自动切机措施后，于 14:29 系统频率降至 50.2Hz 左右，并在电网同步前保持在 49.8～50.2Hz 范围内。频率稳定后，负荷逐步恢复，14:47 意大利电网可中断负荷恢复运行，14:48 法国可中断负荷恢复运行。

3. 系统再同步过程

考虑东南部与西北部电网频率偏差小于 100mHz，且有减小趋势，TSOs 于 15:07:25 开始执行再同步操作。再同步主要过程见表 14－4。

表 14－4　　　　　　　　东南部与西北部电网再同步过程

序号	跳闸设备或线路	电压等级（kV）	时间
1	Ernestinovo 高压母联断路器	400	15:07
2	Subotica-Novi Sad 线路	400	15:08
3	Konjsko-Velebit 线路	400	15:09
4	Sibiu Sud-Mintia 线路	400	15:10
5	Iernut-Sibiu Sud 线路	400	15:12
6	Iernut-Gădălin 线路	400	15:12
7	Brinje-Padene 线路	220	15:12
8	Prijedor-Sisak 线路	220	15:14
9	Prijedor-Međurić 线路	220	15:14
10	Iernut-Baia Mare 线路－3	220	15:16
11	Iernut-Câmpia Turzii 线路	220	15:17
12	Paroşeni-Târgu Jiu Nord 线路	220	15:17
13	Reşiţa-Timişoara 线路－1	220	15:19
14	Roşiori 变电站主变压器	400/220	15:23

14.4　原　因　分　析

14.4.1　具体原因

正常运行方式下，受气候及节假日影响，欧洲东南部、中部地区负荷偏离正常水平，导致 400kV Ernestinovo 变电站附近潮流增大，站内高压母联断路器过流跳闸，潮流大面积转移，引发输变电设备连锁跳闸，是本次解列事故的根本原因。具体分析如下：

1. 变电站主接线、电网结构不合理

Ernestinovo 变电站作为连接克罗地亚、匈牙利、波黑、塞尔维亚四国电网的重要枢纽站，400kV 侧采用双母带旁路接线方式，站内仅由双母线及母联断路器连接所有出线，可靠性严重不足。另外，欧洲大陆同步电网结构复杂，存在多处高低压电磁环网，高压元件故障后大量潮流通过低电压等级电网疏散引发大面积过载，本

次事故中，400kV 电网元件跳闸导致多条 220、110kV 线路连锁跳闸。

2. 电网潮流预测不准确

欧洲大陆同步电网潮流预测分为日前预测（Day-Ahead Congestion Forecast，DACF）和日内预测（Intra-Day Congestion Forecast，IDCF），日内预测是利用最新数据对日前预测结果进行更新，表 14-5 中对比了 Ernestinovo 变电站周边潮流预测值和实际值，时间段取 13:00～14:00、14:00～15:00。从表 14-5 中可以看出，在时间点 13:30，电网潮流日内预测结果与实际值吻合较好，流过 Ernestinovo 变电站 400kV 母联断路器的潮流预测偏差仅约为 104MW（日内预测功率 1076MW，实时潮流 1180MW），14:00～15:00 时间段内预测的潮流与 13:00～14:00 时间段内相差不大，但实际上在事故发生前，14:00～14:04 时间段内，流经 Ernestinovo 变电站 400kV 母联断路器潮流在 1940MW 左右，预测误差达 80%。

表 14-5   **Ernestinovo 变电站周边潮流预测值和实际值对比**

潮流（MW）	母联断路器	Ernestinovo—Žerjavinec	Ernestinovo—Pecs 1	Ernestinovo—Ugljevik	Ernestinovo—S.Mitrovica
IDCF 13:00～14:00	1076	344	730	−568	−510
IDCF 14:00～15:00	1078	355	723	−563	−516
实时潮流 13:30	1180	409	779	−619	−604

3. 电网运行方式安全裕度不足

欧洲大陆同步电网日内 N-1 校核采用人工计算方式，以日内潮流预测结果作为计算数据，母联断路器不作为一般性元件进行 N-1 校核，但需要计算周边线路 N-1 后对其潮流的影响，按照 13:00～14:00 时间段预测数据计算得到最严重 N-1 故障为 400kV Novi Sad - Subotica 线路跳闸，流经 Ernestinovo 变电站 400kV 母联断路器电流仅为 1930A，未超过保护定值。由于 14:00～15:00 时间段实际电网潮流与预测结果偏差较大，采用预测潮流进行日内 N-1 校核得到的结果与实际运行情况不符，安排的运行方式安全裕度不足，为解列事故的发生埋下隐患。

4. 调度运行不够谨慎，事故前未能及时采取有效控制措施

事故发生前，HOPS（Ernestinovo 变电站所属 TSO）的 SCADA 系统多次发出过载预警，未能引起调度运行人员的足够重视。HOPS 的 SCADA 系统具备正常及 N-1 状态元件过载预警功能，预警门槛值设置以支路最小载流元件的额定电流为依据。Ernestinovo 变电站高压母联断路器支路最小载流元件为电流互感器，其额定电流为 1600A，过电流保护定值为额定电流的 1.3 倍（2080A），整定时间为 5s，两

级过载预警门槛值分别为额定电流的 0.96 倍（1536A）和 1.2 倍（1920A）。在 12:00～13:00，流经母联断路器的电流在 1536A 左右，SCADA 系统发出约 50 次一级过载预警，13:00～14:00，流经母联断路器的电流稳定在 1700A 左右，14:00:59，流经母联断路器的电流达到 1931A，触发二级过载预警，此后该电流在 1830～1989A 区间波动直到母联断路器跳闸，14:00～14:10 期间 Ernestinovo 变电站输电元件中电流曲线如图 14-10 所示。值得一提的是，由于 SCADA 系统数据刷新存在延时（每 10s 刷新一次），运行人员未能看到母联断路器电流最后一个数据采样点（1989A，14:04:21）。另外，向母联断路器发跳闸信号的继电器采样的电流与 SCADA 系统采样的电流存在差别，在调度运行人员认为母联断路器电流值仅为 1922A（SCADA 系统显示的最后数值）时，其实际值已经超过保护定值（2080A，14:04:20.907）。

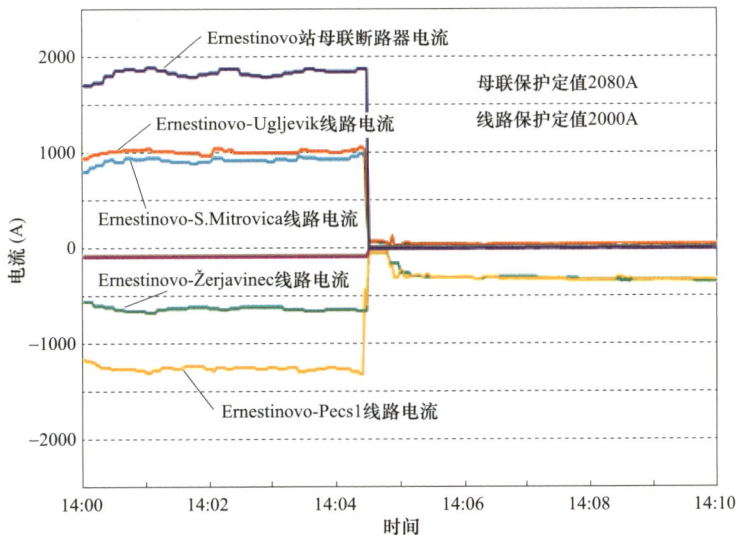

图 14-10　14:00～14:10 期间 Ernestinovo 变电站输电元件中电流曲线

总之，当 SCADA 发出一级过载预警，调度运行人员即应密切关注 Ernestinovo 变电站运行情况，并制定相应方案应对过载风险，二级过载预警发出后，及时采取措施降低 Ernestinovo 变电站母联断路器潮流。但由于调度运行人员不够谨慎，错过采取控制措施的最佳时机。

14.4.2　历史同类事故比较

2006 年 11 月 4 日，西欧电网也发生了一起解列事故，解列断面与本次事故高度吻合，如图 14-11 所示。

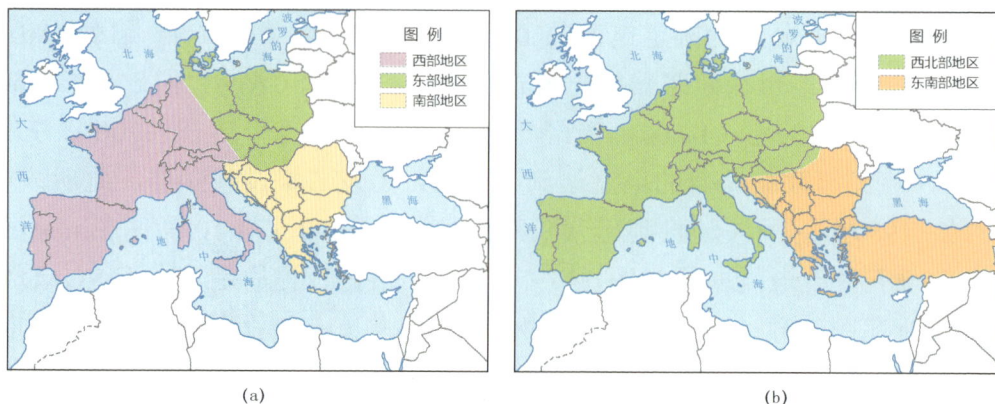

(a)　　　　　　　　　　　　　　　　(b)

图 14-11　两次事故解列断面比较

（a）2006年"11.4"事故；（b）2021年"1.8"事故

欧洲同步电网两次解列事故情况对比见表 14-6。两次事故均是受气候变化影响，电网潮流偏离预测值，由 400kV 线路或断路器过载跳闸引发的连锁故障。不同的是，西欧"11.4"解列事故前，电网中有线路临时停运（400kV Diele-Conneforde 双回线停运），解列后，电网功率缺口和频率偏差更大，触发了低频减载，导致的停电后果更为严重。同类事故重复出现暴露了在电力市场环境下欧洲电网更注重系统运行的经济性，缺乏对安全性的足够重视，主要体现在运行方式安排安全裕度不足，甚至不满足 $N-1$ 安全准则。

表 14-6　　　　　　　欧洲同步电网两次解列事故情况对比

事故情况	2006年11月4日	2021年1月8日
诱发原因	气温骤降，用电量激增，德国西北部负荷过重	中欧地区气温偏低，巴尔干半岛气候温和，加上节假日影响，电网潮流偏离计划
直接原因	400kV 线路过载跳闸引发连锁反应	变电站母联断路器过载跳闸引发连锁反应
直接结果	同步电网分列成东部、西部、南部3个孤岛	欧洲大陆东南部、西北部地区非同步运行
瞬间功率缺口	西部地区 8940MW	西北部地区 6300MW
响应与控制措施	一次调频、二次调频、自动或手动切机、触发低频减载、自动或手动紧急切负荷	一次调频、二次调频、可中断负荷、自动或手动切机
最低频率	49Hz	49.74Hz
损失负荷	14 500MW	2033MW（其中 1700MW 为可中断负荷）
停电持续时间	大部分地区 30min，部分地区停电 90min	最长停电时间超过 60min

14.5　事　故　启　示

1. 高度重视市场建设过程中电力系统安全性

欧洲电力市场发展较为成熟，具有比较完备的日前、日内、辅助服务及实时平衡市场，对提高效率、优化资源配置起到一定效果，然而在实际运行中欧洲电网往往更多强调电力的商品属性，力求最大程度发挥输电系统的传输能力，获取最大的经济收益，对运行安全性重视不足，本次解列事故前，SCADA 系统发出多次过载预警均未引起调度运行人员的足够重视。我国正深入推进电力市场化改革，应积极开展市场运作方式下系统风险评估研究，在市场交易各环节充分考虑安全约束，着力解决"经济与安全"协调问题，实现社会效益最大化。

2. 重视需求侧管理，提升系统调节能力

欧洲国家将需求侧管理作为提升电力系统可靠性和经济性的重要手段，本次解列事故中，法国和意大利可中断负荷的及时切除对保证频率稳定发挥了至关重要的作用。随着新能源占比持续攀升，传统调节资源的调度空间将越来越小，而与此同时，我国电网具有大量具备调节潜力的负荷资源以及可中断负荷资源，应进一步深化需求侧管理，大力发展需求侧响应技术，创新市场机制和商业模式，提升电力系统调节能力。

3. 合理优化网架结构，降低连锁故障风险

欧洲同步电网结构复杂，存在多处高低压电磁环网是本次事故发生的重要因素。当前，我国电网仍存在部分 1000kV/500kV、500kV（330kV）/220kV 电磁环网运行，低压输电线路热稳约束往往限制整个通道的送电能力。另外，我国电网已形成特高压交直流混联格局，故障影响呈现全局化趋势，局部的故障易在各局域电网间快速传导、放大，造成连锁反应。应合理优化电网结构，持续优化分层分区，适时减少电磁环网结构。统筹推进交直流输电工程建设进程，进一步补强交流电网薄弱环节，提升对大容量直流接入的支撑能力，降低直流闭锁等严重故障后潮流大规模转移、振荡激发等安全风险。

4. 适当安排运行方式，强化三道防线管理

事故中，TSOs 执行了 N–1 校核标准，但计算边界与实际情况偏差较大导致校核结果不正确，对运行方式安排产生影响。应全面及时掌握电力系统整体运行状况，做好计算数据维护和负荷预测工作，确保计算模型、计算数据、计算边界准确；严格按照《电力系统安全稳定导则》（GB 38755—2019）的规定，针对可能出现的运行方式均做好安全校核工作，适当安排电网运行方式，确保留有一定安全裕度，切实保证系统运行满足三级稳定标准要求；完善在线安全校核分析工具，强化电网动态监测预警系统建设，避免出现局部停运故障逐步演化为系统崩溃的情况。

5. 重视保护的整定与运维管理

近年来国外发生多起因继电保护不正确动作引起的大面积停电，本次解列事故中保护的配置和整定方式对故障传导产生重要影响。应高度重视保护配置、整定和

运维管理工作，在系统结构发生变化时及时更新保护动作定值，注重继电保护与运行方式的协调配合，对确保电网安全稳定运行具有重要意义。

6. 坚持统一调度、统一管理，提高电网严重故障应急处理能力

坚持统一调度、统一管理对保证互联大电网事故的快速处理和事故后恢复起到关键作用。应持续优化调度体系纵向层级与沟通机制，提高电网调度决策水平以及各级调度协调运作能力；重视调度运行人员培训，提高其对现场设备及操作流程熟悉程度；编制程序化、规范化的事故处理预案，定期开展电网严重故障应急处置演练，提高事故应急处理能力；强化各区、各级调度机构自动化系统之间运行信息交换，确保电力系统严重故障时调度机构之间沟通顺畅、控制及时。

15 2021年美国得州"2.15"大停电事故

15.1 事 故 概 况

2021年2月13~17日，冬季风暴"乌里"袭击了北美大部地区，致使美国大部、墨西哥北部遭遇强寒流、极端暴风雪过程，得州地区气温下降至−22～−2℃。极寒天气导致电力需求远超供应量，2月15日，得州电力可靠性委员会（Electric Reliability Council of Texas，ERCOT）宣布进入能源紧急状态，并于01:23左右开始在全州运营区域内实施轮流停电。此前，ERCOT仅有3次启动全系统范围内的轮流停电，分别是1989年12月22日、2006年4月17日及2011年2月2日。停电期间，最大切负荷20 000MW，影响用户数超过480万，当地供热、供水均受影响，还出现水管爆裂、汽油短缺等情况。2月19日10:35左右，系统恢复正常运行。此外电力供需不平衡还导致电价飞涨，电力批发价格由平时的不足0.1美元/kWh上涨至9美元/kWh。

15.2 得州电力系统概况

得州电网主要由ERCOT、西南电力联营（Southwest Power Pool，SPP）、中部大陆独立系统运营商（Midcontinent Independent System Operator，MISO）、西部电力协调委员会（Western Electricity Coordinating Council，WECC）4家电网运营商组成，其中ERCOT负责得州2600万用户的用电，约占得州电力负荷的90%，运营区域覆盖得州面积的75%。

15.2.1 电源概况

截至2021年2月，ERCOT运营区域的总装机容量约108 888MW，其中燃气发电装机容量约51 667MW（占比47.45%），燃煤发电装机容量约13 630MW（占比12.52%），核电装机容量约5153MW（占比4.73%），风电装机容量约31 390MW（占比28.83%），光伏发电装机容量约6177MW（占比5.67%），其他类型装机容量约871MW（占比0.8%），如图15−1所示。

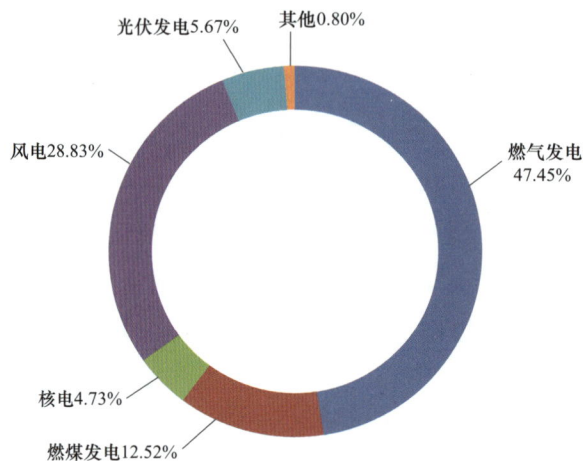

图 15-1 ERCOT 运营区装机情况

15.2.2 电源概况

ERCOT 电网由 345、138、69kV 等电压等级构成，线路总长度超过 74 834km。ERCOT 电网通过总容量 1220MW（不足最高负荷 2%）的 4 条直流联络线与地理位置相邻的电网互联，如图 15-2 所示。图中左侧上方虚线所示部分 2020 年 3 月 23 日因故障停运后，由于备件短缺永久停用。图中左侧下方 2 条与墨西哥电网相连，其中 DC_L 传输容量为 100MW，通过可变频变压器方式联网；DC_R 传输容量为 300MW，通过直流背靠背方式联网。图中右侧 2 条与美国 SPP 电网相连，其中 DC_N 传输容量为 220MW，DC_E 传输容量为 600MW，均为直流背靠背方式联网。

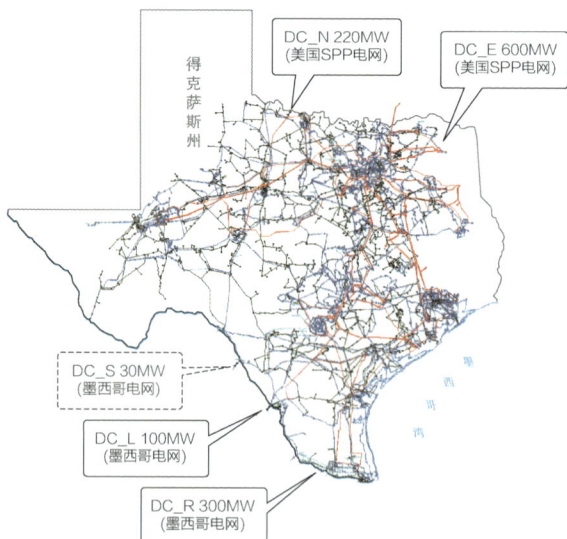

图 15-2 ERCOT 网架图

15.2.3　用电负荷概况

ERCOT 运营区近年来夏季日平均负荷 45 000～60 000MW，最高负荷 74 820MW（2019 年 8 月 12 日）；冬季日平均负荷 35 000～50 000MW，最高负荷 65 915MW（2018 年 1 月 17 日）。2018～2021 年年平均负荷曲线如图 15-3 所示。

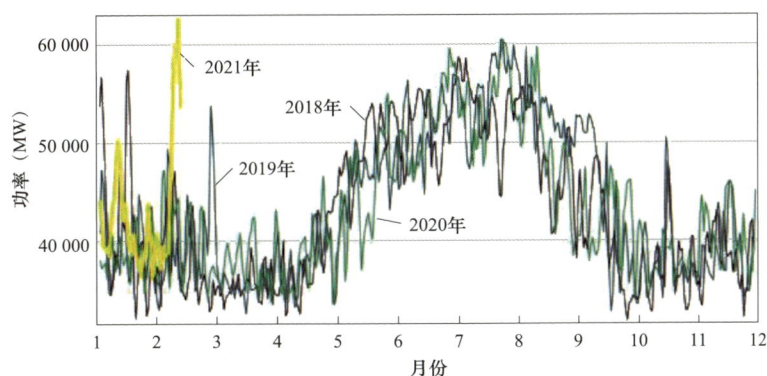

图 15-3　ERCOT 运营区 2018～2021 年年平均负荷曲线

15.3　事　故　过　程

15.3.1　能源紧急警报机制

为确保电力系统的可靠性，当系统备用容量低于规定水平时，ERCOT 采取一系列渐进的紧急措施应对。根据 ERCOT 协议及北美电力可靠性公司（North American Electric Reliability Corporation，NERC）要求，当系统备用容量低于特定水平时，电网运营商将宣布能源紧急警报（Energy Emergency Alert，EEA），警报分为 3 个等级，其触发条件及应对措施见表 15-1。

表 15-1　能源紧急警报触发条件及应对措施

级别	一级	二级	三级
触发条件	备用容量低于 2300MW 且 30min 内无法恢复	备用容量低于 1750MW 且 30min 内无法恢复	备用容量低于 1000MW 且 30min 内无法恢复
应对措施	调配电力供给资源（包括外部电力支援）	启动需求侧响应	采取轮流停电措施

15.3.2 事故发生过程

2020 年 11 月 5 日，ERCOT 发布冬季展望，指出 2020/2021 年冬季极寒天气极有可能发生。2021 年 2 月 10 日，ERCOT 发布极寒天气预警。停电前 ERCOT 做的准备工作包括：取消 1600 余个输电设备的停电维护，推迟停电计划；督促电厂计划停电尽快恢复；请求得州环境质量委员会（Texas Commission on Environmental Quality，TCEQ）及能源部（Department of Energy，DOE）在紧急情况下对电厂排放执行自由裁量权；争取天然气优先供应等。

停电过程中关键事件见表 15-2，其中时间均为美国中部时间，即西六区时间。

表 15-2　　　　　　　　　停电过程中的关键事件

序号	时间	事件
1	2021 年 2 月 14 日 19:06	负荷峰值 69 222MW
2	2021 年 2 月 15 日 00:15	备用容量低于 2300MW，进入 EEA1
3	2021 年 2 月 15 日 01:07	备用容量低于 1750MW，进入 EEA2
4	2021 年 2 月 15 日 01:23	进入 EEA3，切负荷 1000MW
5	2021 年 2 月 15 日 01:26～01:45	期间有 1995MW 机组停运
6	2021 年 2 月 15 日 01:46	切负荷 1000MW（累计 2000MW）
7	2021 年 2 月 15 日 01:48～01:51	期间有 1805MW 机组停运
8	2021 年 2 月 15 日 01:51	切负荷 3000MW（累计 5000MW）
9	2021 年 2 月 15 日 01:54	频率达到最低值 59.302Hz
10	2021 年 2 月 15 日 01:55	切负荷 3500MW（累计 8500MW）
11	2021 年 2 月 15 日 01:56	1684MW 机组停运
12	2021 年 2 月 15 日 01:59	切负荷 2000MW（累计 10 500MW）
13	2021 年 2 月 15 日 02:01	594 MW 机组停运

2 月 16 日，部分停运的发电机组恢复运行，同时又有新的机组停运，发电出力依然不足；2 月 17 日气温回升，用电压力缓解；2 月 18 日，轮流停电取消；2 月 19 日系统逐步恢复至正常运行状态。

15.4　原　因　分　析

15.4.1　直接原因

极寒天气下电力负荷激增、电源出力骤降、外部支援能力弱造成的电力供需不平衡是本次停电事件的直接原因。具体分析如下。

1. 电力负荷激增

得州大部分地区属温带气候，南部部分地区为亚热带气候，冬季阳光充足，气候温暖。以得州第一大城市休斯敦为例，2012~2020年2月最低气温在2~21℃。2021年受北极寒流影响，低温突破历史极值，2月14~20日最低气温持续低于0℃，最低值达−9.4℃。2011年2月也曾出现低于0℃的极寒天气，同样造成了大面积停电事件，后文将对同类事件进行对比。由于得州约60%的家庭采用电采暖，持续低温导致用电负荷激增，停电发生前负荷已达69 222MW，超过冬季历史负荷峰值。2月15日上午的预测负荷峰值更是超过了76 000MW，如图15−4所示。

图15−4　2月14~20日得州实际负荷与预测负荷曲线

2. 电源出力骤降

得州天然气供应商、发电厂未做好应对极寒天气准备，导致大量机组强迫停运。随着气温持续低于0℃，停运规模不断扩大，最大强迫停运容量达52 037MW，约占总装机容量的48%。从停运原因看，天气因素、设备故障、燃料受限导致的机组强迫停运容量分别为27 567、7457、6130MW，约占总装机容量25%、7%、6%。从机组类型看，燃气、风电、燃煤、光伏、核电最大强迫停运容量分别约为26 437、18 552、5727、1476、1350MW（其中风电及光伏机组基于装机容量统计），约占总装机容量24%、17%、5%、1%和1%，如图15−5所示。由此可见，因天气因素导致的燃气、风电、燃煤机组强迫停运是造成电源出力骤降的最主要原因。

3. 外部支援能力弱

ERCOT电网与周围其他区域电网联系较弱（直流额定容量1220MW），属于相对独立的自平衡区域，不受联邦能源监管委员会（Federal Energy Regulatory Commission，FERC）监管。本次停电事件期间，与ERCOT电网联网的美国SPP电网及墨西哥电网的供电区域同样遭遇了极寒天气。SPP电网于2月16日06:15宣布进入EEA三级状态，同时实施了切负荷并削减电力外送。而在墨西哥，2月15日06:19，北部和东北部地区由于电力供应不足，发生大面积停电，

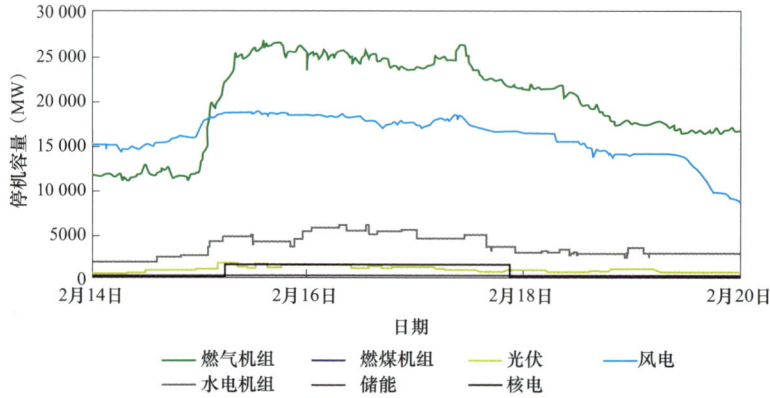

图 15-5　不同类型机组停运容量

影响约 480 万用户。在轮流停电发生前，通过联络线从 SPP 电网和墨西哥电网输入功率分别为 814 MW 和 381 MW，如图 15-6 所示。轮流停电发生后，2 月 15 日 13:00 后 SPP 电网无稳定的输入功率，2 月 16 日 09:00～10:00 无输入功率；2 月 15 日 07:00 后墨西哥电网无输入功率。因此在遭遇极寒天气情况下，ERCOT 电网内部出现电力供应不足时难以通过联络线获得周围其他电网充足的紧急功率支援。

综上，随着负荷需求增加，而发电出力急剧下降，电力系统频率持续跌落，ERCOT 根据系统运行情况采取切负荷措施。以 2 月 15 日为例，截至 01:23，系统已损失发电容量 35 343MW，切除 1000MW 负荷后，系统频率逐步恢复至 60Hz；01:32～01:55，随着发电容量的不断失去，系统频率持续跌落，最低频率降至 59.302Hz，低于 59.4Hz 的运行时间长达 4min32s，如图 15-7 所示。根据 ERCOT 发布的报告，若频率低于 59.4Hz 的持续时间超过 9min，将导致更多发电机组跳闸。为避免电力系统崩溃，ERCOT 被迫增加负荷切除量。01:23～2:00，共采取 5 次切负荷措施，累计切负荷 10 500MW。

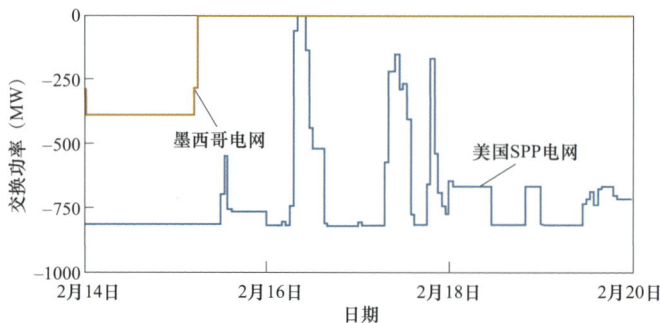

图 15-6　2 月 14～20 日 ERCOT 电网与相邻电网间的电力交互

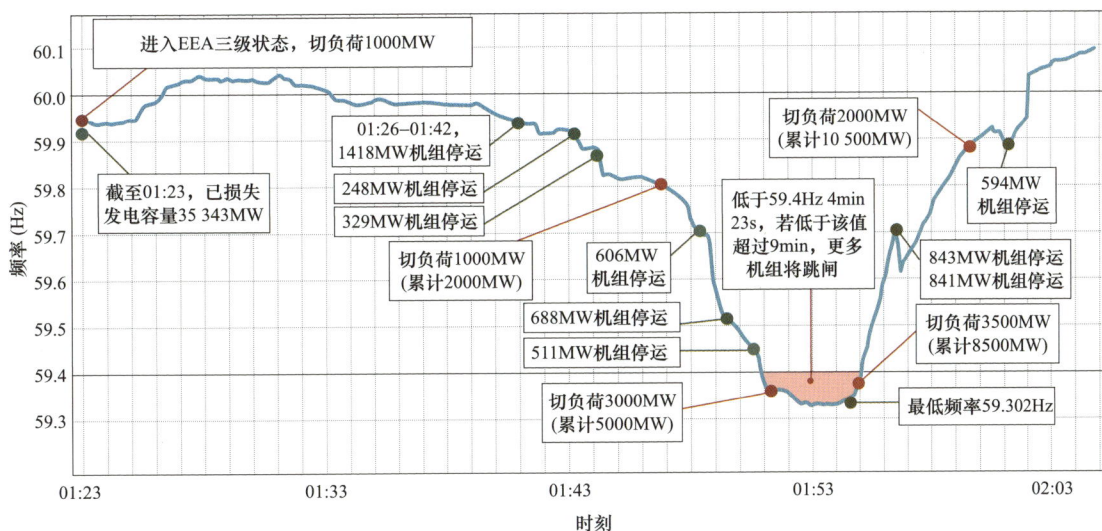

图 15-7　事件时序与频率变化

15.4.2　深层次原因

1. 能源供应基础设施抵御极寒天气能力弱

极寒天气导致天然气供应受限的潜在因素包括：

（1）低温导致天然气井口冻结。

（2）供电中断导致压缩机/监控与数据采集（SCADA）系统停运，引发天然气管道失压。

（3）与天然气供应商的合同条款中，允许根据温度阈值减少对发电厂的供气量，如图 15-8 所示。得州停电事件中，输气管道的冰堵也引发了天然气减供。

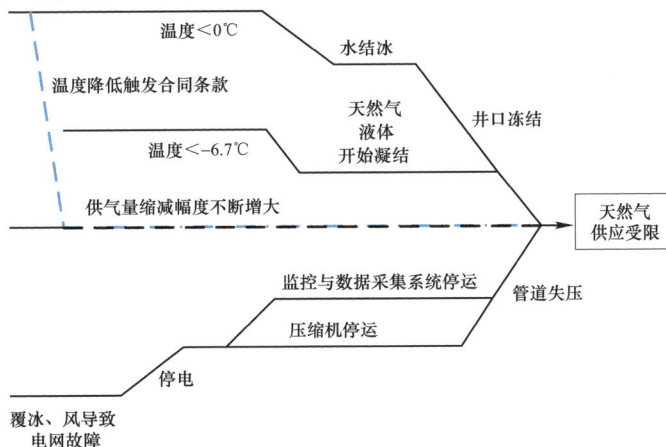

图 15-8　天然气供应受限分析图

此外，燃气供应不足导致停电，停电又进一步加剧天然气的减产，产生恶性循环。以 2 月 17 日为例，得州首府奥斯汀的气温为 −4～0℃，天然气产量为 118 亿立方英尺/天，较一周前下降了 45%。而在 2 月 12 日，负责能源监管的得州铁路委员会下令，暂时优先向居民区、医院、学校等关系民生的用户输送天然气，进一步加剧了电厂气源的紧张，导致大量燃气机组停运。

得州是美国主要的油气生产中心，60%以上的天然气需要外输，外输管道基本不具备"返输"功能，因此在极端情况下无法通过州际间的互保互供缓解"气荒"。

本次得州停电事件中，大量风电机组因叶片覆冰导致停运。在加拿大，风电机组配置的抗冰装置可以在冬季为变速箱、电机、电池等组件加热，机组在 30℃ 的环境下仍可正常运行。此外，在机组叶片涂碳纤维层，通过加热除冰的方法也可使风电机组在严寒天气正常运行。可见目前风电机组抗冰技术已非常成熟，而得州的风电机组根据当地的气候条件设计，额外的防冻措施将增加成本。

核电机组因极寒天气引发给水系统故障导致停运。2 月 15 日 05:26，南得州核电站 1 号机组停运，发电出力损失 1350MW。该核电站的汽轮机安装在室外，极寒天气引发给水压力传感线故障，产生的错误信号致给水泵跳闸导致机组停运。煤电机组停运大多由燃料受限、频率因素、天气因素等原因导致。由此可见，得州核电及煤电机组在规划设计及运营中未做好防冻措施。

2. 市场机制下基础设施投资改造意愿不强

得州曾在 1989 年及 2011 年两次因极寒天气发生大规模停电事件。本文对 1989 年、2011 年及 2021 年 3 次事件进行对比，见表 15-3。

表 15-3　　　　　美国得州三次停电对比

内容	1989 年 12 月 21～23 日	2011 年 2 月 1～2 日	2021 年 2 月 15 ～19 日
最低温度（达拉斯）	−18.3℃	−10.6℃	−18.9℃
系统峰值负荷	38 300MW	56 334MW	69 222MW
最大切负荷	1710MW	4900MW	20 000MW
	峰值负荷的 4.5%	峰值负荷的 8.7%	峰值负荷的 29%
机组停运容量	11 809MW	14 702MW	52 037MW
	峰值负荷的 31%	峰值负荷的 26%	峰值负荷的 75%
最低频率	59.65Hz	59.58Hz	59.30Hz
轮流停电时间	5h47min	7h24min	70h30min
影响用户数	数百万	320 万	超 480 万

对比 30 年来得州的 3 次停电事件，停电的规模及造成的影响逐渐扩大，但天气因素均是造成机组停运的主要原因。1989 年和 2011 年停电事件发生后，得州公共事业委员会（Public Utility Commission of Texas，PUCT）对能源供应产业链上的部分主体提出整改建议：在设计阶段，考虑发电设施的防冻措施及厂址的气温条件；在运行阶段，增加机组秋季审查、预防性维护及防冻设施投资改造，提高员工极寒运行环境下的应对能力。

但在得州去管制化的自由市场中，资本逐利是得州电网的基本属性。电力供应商不愿为预防罕见事件投入大量资金（如应对冷却塔结冰的成本可能在 15 万～50 万美元），天然气生产商宁愿承担每隔几年井口冻结 2～3 天所带来的经济损失，也不愿为小概率天气事件进行防冻改造。平均而言，得州每年天然气产量的 0.06% 受到冻结影响，而每口井的防冻成本超过 10 万美元。所以，成本牵制是影响得州能源基础设施升级改造的重要原因，即使在 1989 年停电事件后就提出相关建议，但在 2011 年依然因同样的原因而停电，多次事件并未增加厂商投资设施防冻的意愿，导致措施落实不到位，在 2021 年重蹈覆辙。

15.5 事 故 启 示

1. 加强能源基础设施建设

从本次得州停电事件的原因来看，一次能源的缺乏、基础设施的缺陷、自然灾害的破坏等因素均会影响电力供应，一次能源供应受限或阻塞会影响电力系统的供电可靠性。对比我国来看，以北京市为例，燃气机组装机占比超过 85%，机组运行高度依赖天然气稳定供应，天然气管道压力降低或大幅波动可导致机组跳闸、出力受阻或无法启动，若北京市发电天然气供应能力受限，将会极大威胁北京电网的稳定运行。在正常情况或极端状况下强大的能源基础设施是可靠供电的物质基础。因此，应加强天然气管道、仓储罐区、煤炭货运通道、煤场等一次能源供应的重要基础设施建设，提升电源一次能源安全保障能力，避免极端情况下一次能源断供减供造成大面积停电事件。

2. 加强电力设备极端条件下耐受能力

近年来极端天气频发，从全球来看，极端冷暖事件频繁出现；从全国来看，2020年我国江南东南部、华南东部等地出现持续高温，长江流域出现 1998 年以来最严重汛情，东北遭遇罕见台风及强雨雪天气，中东部遭遇大范围雨雪降温天气。极端天气的发生将直接导致电力设备的运行环境发生较大变化，给设备的安全运行带来极大的挑战。因此，在电源侧，应对燃气、燃煤、核电、新能源等各类型机组在极寒、极热、沙尘等恶劣条件下的运行状态进行评估并逐步完成适应性改造；在电网侧，应提升变电站、输电线路、杆塔等在极端条件下的耐受能力。

3. 提升电网互济能力

美国电网的联网形式多为与邻近周边电网互联。地理位置相邻的电网由于面临相似的外部条件，极端天气下易出现无多余电力支援的情况。本次停电事件中，与ERCOT电网互联的美国SPP电网和墨西哥电网均遭遇极寒天气引起的电力短缺，无法为ERCOT电网提供及时支援。2020年美国加州"8.14""8.15"停电事件中，同样由于相邻电网无富余电力，无法缓解缺电局面。与美国电网不同，我国多采用远距离大容量特高压交直流输电实现电网互联，可通过跨区输电通道紧急功率支援有效缓解局部电网供需问题。以2020年底我国南方遭遇的寒潮为例，湖南电网通过±800kV祁韶特高压直流（甘肃祁连至湖南韶山，线路总长度2383km）和省间交流通道减少供电缺口6000MW。因此，应加强区域电网之间的跨区互联通道建设，利用不同区域用电负荷的气候性、季节性差异，平时可错峰调剂余缺，紧急情况下可充分发挥相互支援能力。

4. 坚持宏观调控与市场化相结合

我国正处于深化电力市场改革的关键时期，为避免得州停电暴露出的"市场化失灵"问题，应充分利用宏观调控手段，完善需求响应资源参与辅助服务市场等市场化机制，通过调动需求侧用户尤其是大用户参与系统互动，实现供需双侧资源的协调优化，缓解电力系统供需平衡压力。如2020年底，江西、江苏、浙江等省实施需求侧响应，组织工业负荷和商业负荷采取错峰生产、避峰让电等措施，削减高峰负荷9845MW。此外要细化用户类别划分标准，推进市场化和保障民生用电"两手抓"，确保电力可靠供应、维持电价稳定。

5. 加强重要电力用户供电保障

重要电力用户是经济社会发展的主要支柱，在遭遇极端天气时，保证供水、供热等基础民生设施的可靠供电显得十分重要。重要电力用户应急供应保障能力的不足会导致整个社会抵御突发事件的能力急剧下降。在遇到极端天气或自然灾害影响局部电网供电的情形下，一旦重要电力用户停电或受到扰动，不仅会危及社会的公共安全、人民的生命安全，在政治、经济上也将造成重大的损失或影响。因此，要从政策引导和技术改进等方面完善自备应急电源配置方案，依据国家相关规定确定各地区重要电力用户名单，督促重要电力用户按照规定配置自备应急电源，并加强对重要电力用户自备应急电源的使用指导，确保极端情形下重要用户供电保障能力。

6. 加强极端天气应对能力

近年来，随着全球气候逐渐变暖，极端天气呈现增多趋势，极寒极热事件或成为一种新常态。2020 年 8 月中旬，罕见高温导致加州负荷激增引发轮流停电。本次得州停电事件由极寒天气引起。为提升极端天气应对能力，在电网建设方面，应着力发展韧性（弹性）电力系统，提高电力系统应对极端天气的事前预防、事中抵御及事后恢复能力。在应急管理方面，应构建政企、军企、社会各方协同的联动机制，完善适用于极端天气的应急保障预案，强化应急演练，提升电网极端天气协同应对能力。

7. 加强科研技术储备及新技术应用

科技创新与新技术应用是提高电力系统可靠性、应对极端事件的有效手段。此次停电事件中，部分燃气、燃煤、风电机组因天气因素强迫停运，导致得州发电能力不足，天然气供应商、发电厂、ERCOT 未能及时采取有效的应对措施。与之相比，在我国南方地区冬季抗冰保电中观冰无人机、直流融冰等多项技术发挥巨大作用。应持续加强科技创新，研究极端情况下电力系统预防、预警、监测与控制技术，注重应对严重自然灾害的新技术储备与应用，不断提升我国电力系统综合防灾减灾能力。

16 其他国外大停电事故

16.1 2011年美国西南部及美墨边界地区"9.8"大停电事故

2011年9月8日下午，美国加利福尼亚州南部、亚利桑那州西南部及墨西哥部分地区发生大面积停电事故，约140万户、500万人受到影响，大停电持续约8h。此次停电对美国第八大城市圣迭戈影响最重，日常生活和社会秩序陷入混乱。据美国国家公共事业政策研究中心初步测算，此次大停电造成圣迭戈地区超过1亿美元的经济损失。由于停电发生时正值"9.11"恐怖事件10周年前夕，大停电事故不但给居民生活和企业生产带来严重影响，也给社会民众造成一定的恐慌情绪。

圣迭戈地区电网供电主要依靠2条超高压联络线以及圣奥诺弗雷核电站。正常情况下，要满足地区用电需求，要求2条线路、圣奥诺弗雷核电站中的至少2个正常运行。

"9.8"大停电事故经历了误操作导致联络线跳闸引发主网电压下降、低压减载装置拒动引发核电机组跳闸两个阶段：

（1）当地时间9月8日15:30左右，亚利桑那州公共服务公司的一位工人在检修尤马地区北吉拉变电站内电容器时操作失误，导致向加州南部地区输送功率的500kV联络线路（亚利桑那州北吉拉变电站—加州哈西扬帕变电站）发生故障跳闸，圣迭戈地区电压下降，圣迭戈地区电网低压减载装置未按既定策略动作使得事故进一步扩大。

（2）15:40，圣迭戈北部的圣奥诺弗雷核电站（总装机容量2254MW）低压切机装置动作，两座核反应堆自动关闭，圣迭戈地区出现严重功率缺额，电网崩溃，引发大面积停电。

连接亚利桑那州与加州的500kV联络线路发生故障跳闸后，圣迭戈地区电压下降，低压减载装置未按既定策略动作，是造成事故扩大的重要原因。随后圣奥诺弗雷核电站2座核反应堆自动关闭，进一步增加了圣迭戈地区的功率缺额，最终造成了大面积停电事故。

16.2 2011年韩国"9.15"停电事故

2011年9月15日，韩国为减轻电力负荷，从15:00开始实行各地区轮流停电，首都首尔、仁川、釜山、大田、京畿道、江原道、忠清北道、忠清南道、庆尚南道等地区陆续断电。事故造成韩国首都圈46万户、江原和忠清22万户、湖南34万户和岭南60万户，共计162万户居民在没有接到通知的情况下遭遇停电。停电近5h后，各地区轮流停电措施结束，全国电力供应恢复正常。

事故当天，首尔最高温度31℃，达到两周以来的最高温度。负责韩国发电和供电的韩国知识经济部下属电力交易所预测当天下午的最高用电负荷为64 000MW，但实际用电负荷达到了67 260MW，超出预测3260MW。由于夏季用电高峰已过，许多发电厂开始年度维护，导致供给能力降低。全国电力备用率降至6%，低于7%（4000MW）的安全警戒线。15:00，瞬间备用电力容量下降到3100MW（电力备用率为5.1%），为了防止缺电造成全国性停电，从15:11开始，电力交易所根据"非常手册"，以30min为单位，按损失最小的顺序开始对各地区进行轮流停电。

综合韩国知识经济部、韩国电力公司等披露的相关信息，可以判断事故主要是由于"反季节"高温引发用电高峰、电力部门对电力需求预测失败及能源政策制定存在漏洞三方面原因造成。

韩国电力部门执行以正常气候为前提制定的能源政策，夏季和冬季负荷高峰期间，机组几乎全部开机，发电站只能在春季和秋季进行集中检修。事故当天，约占发电量11%（8930MW）的23座发电站正处于检修状态。此外，当天下午韩国遭遇"反季节"高温天气，导致用电量猛增，电力需求大大超过了电力部门预期。韩国电力部门虽然在停电4h前就发现了备用电力容量急剧下降，但对此没有给予足够重视，未采取相关预防措施，导致全国电力储备率过低。为减轻负荷，维持预备电力，韩国电力部门不得不在全国范围内实行轮流拉闸限电，造成了韩国历史上最大规模的停电事故。

韩国"9.15"停电事故影响范围很广，对于如何应对电力系统突发事件值得借鉴：

（1）在负荷预测和电网备用管理方面，要综合考虑多方面因素，降低负荷预测误差；同时，对负荷预测误差要有足够的认识和充分的准备，合理安排检修计划，在电网运行时留有充足备用，防止缺电情况发生。

（2）在电网错峰、有序用电方面，应尽量减少对居民用户及重要负荷的影响，采取灵活有效措施，激励工业用户参与有序用电，降低限电造成的社会影响。

（3）在万不得已的情况下，如果需要对居民用户拉闸限电，应进行事先通知，尽量减少居民用户的损失，降低社会影响。

16.3 2011 年智利"9.24"大停电事故

2011 年 9 月 24 日 20:20，智利中部地区突发大面积停电，包括首都圣地亚哥在内的 4 个大区电力供应全部中断，除手机能正常使用外，大部分公共设施和家庭电力设备瘫痪，圣地亚哥和一些地区地铁停运、企业停工、商店打烊、晚场文娱活动被迫取消，圣地亚哥的机场和医院紧急启动自备发电机供电，保障正常的运营和服务。受影响区域从中北部的科金波大区延伸至中南部的马乌莱大区，停电范围在狭长的智利版图上延伸达 1300km，导致超过 600 万人（智利共有约 1900 万人）生活受到影响。经过紧急抢修，停电 2h 后，90% 的停电地区恢复了电力供应。事故起因根据目前掌握的资料来看，是由于中央互联系统中的输电线路振动引发线路间短路故障。

智利境内的 13 个州由 4 个区域电力系统互联组成。北部地区输电系统斯恩和位于中央区域的中央系统斯戈的发电量占国内总需求的 90%，其中 13 个州中有 9 个州由中央系统供电，但这一系统实际上十分脆弱。比奥比奥大区发电厂发出的全部电能都通过同一线路向圣地亚哥附近的负荷中心送电，该输电线路一旦出现问题，会对整个电力系统的稳定运行产生重大影响。此前，2010 年 3 月 14 日，智利就已发生包括首都圣地亚哥在内的，几乎全国停电的事故。

16.4 2012 年华盛顿"6.29"大停电事故

2012 年 6 月 29 日晚至 6 月 30 日凌晨，美国东部遭到罕见的热带风暴袭击，风暴以最高风速 130km/h 席卷了美国东部地区，暴风雨导致 400 万居民和商户大面积停电。事故波及美国东北部首都华盛顿及马里兰州、俄亥俄州、弗吉尼亚州和西弗吉尼亚州 4 个州。其中弗吉尼亚州有 6 人死亡、100 万户停电，是受灾最严重的地区。

6 月 29 日晚间风暴期间，华盛顿许多大树被雷劈中倒塌，导致路边变电箱发生爆炸。6 月 30 日晚间，靠近华盛顿市中心地区的电网已开始恢复，但周边一些地区断电情况依旧继续。同时，美国人口最多的纽约市面临供电新考验，向这一地区供应电力的爱迪生联合公司 8500 名工人因为没有与资方达成雇佣新协议，威胁从 7 月 1 日开始罢工。直到 7 月 2 日，南至北卡罗来纳、北至新泽西、西至伊利诺伊的大片地区大约 200 万户家庭和商户仍处在停电状态。

该次事故反映出美国电网应对极端天气的防御体系仍存在漏洞，如果提前采取积极的应对措施从其他区域抽调维修人员，就能缩减维修所需要的时间。多年来，美国电网的设备维修更新速度缓慢、公共设施投入不足，华盛顿已多次发生大停电。此外，美国电网解决劳资问题缺乏效率，在夏季大负荷的情况下，爱迪生公司数千员工罢工使情况更为恶劣。

16.5　2012 年古巴"9.9"大停电事故

2012 年 9 月 9 日 20:00 过后，古巴发生了近 10 年来最严重的一次大面积停电事故，波及古巴中西部 10 个省份，约有 600 万居民受到停电影响，超过全国总人口的一半。停电事故发生时，古巴正值高温、高湿的夏末季节，突然的断电给人民生活带来了极大不便。

该次事故是由古巴南部沿海城市西恩富戈斯的一座发电厂和从谢戈德阿维拉到圣克拉拉之间的一回 220kV 输电线路发生故障引起的，随后事故自东而西进一步波及至 450 英里的狭长地带，最终导致超过全国 2/3 的地区停电。事故发生数小时后，电力公司实施了自东向西的供电恢复过程，当地时间 9 月 10 日凌晨 1:00，首都哈瓦那开始部分恢复供电，当日清晨供电基本恢复。

古巴是加勒比地区最大的国家，国土面积为 110 860km²，由古巴岛和青年岛（原松树岛）等 1600 多个岛屿组成，是西印度群岛中最大的岛国。古巴能源储量丰富，在化石能源方面，古巴在墨西哥湾专属经济区的石油储量可达 20 亿桶，但受开采条件制约，超过 50% 的石油需求要从委内瑞拉进口。古巴优越的自然、地理条件为其发展太阳能、风能和生物质能等可再生能源提供了有利条件。

古巴电力供应主要由火力发电和生物质能（蔗渣）发电两部分构成。截至 2012 年，全国 1409 台发电机组分布于 16 个省市，超过 40% 的电源是小容量的分布式发电，火电厂平均已服役 25 年，效率较低，可用率为 60%。火力发电仍为其主要发电方式，主要使用燃油和天然气发电，提供全国 96% 的电能，其中油电占 62.3%。可再生能源发电包括生物质能发电和水力发电，约占总发电量的 3.8%。到 2012 年，古巴全国共有 55 座糖厂利用甘蔗渣、麻风树等生物质发电，总装机容量达 478.5MW，但发电效率仍较低，每吨蔗渣发电量低于 40kWh。

2011 年，古巴全国实际电力消费为 177.5 亿 kWh，其中工业、居民、农牧业、商业、建筑业以及其他用电占比分别为 26%、39%、2%、2%、0.4% 和 13%。古巴有全国性电网，覆盖了 98.5%以上的居民区，但由于电网设备老旧，耗能较高，一部分电力在输送过程中损耗掉，致使部分地区仍旧存在电力不足、时常断电的情况，2011 年古巴电网损耗高达 28 亿 kWh，占总消费量的 16%。

古巴各个岛屿的电网通过 220/110kV 电压等级线路联网，配电网覆盖整个国家 95%的岛屿。古巴全国 220kV 输配电线路为 3111km，110kV 输配电线路 4273km。

通过对古巴电力行业的调研，可以发现电源、电网结构不合理，电力设施陈旧等是引起大面积停电事故的重要因素。一方面，古巴电网设施陈旧，仅由一条 220kV 双回线路构成骨干网架，一旦发生线路故障，极易造成大范围的连锁性故障；另一方面，主力发电机组老化，超过 40%的发电量由分布式电源提供，供电可靠性不高，电力供需平衡容易受到影响。此外，事故扩大阶段，电网的调控水平低下、缺乏防止大停电事故的应急措施，以至于单一线路、机组故障后，无法通过灵活的调控手段实现故障隔离和供电支援。事故发生后，电力公司缺乏应急处置机制，在及时公布停电事项、引导有序用电等方面无所作为，进一步加剧了停电恢复的难度，一定程度上造成了社会秩序的混乱。

16.6 2012 年巴西"10.26"大停电事故

2012 年 10 月 26 日当地时间 00:18，巴西国家电网输电系统发生故障，导致东北部 9 个州（马拉尼昂州、皮奥伊州、塞阿拉州、北里奥格兰德州、帕拉伊巴州、伯南布哥州、阿拉戈斯州、塞尔希培州、巴伊亚州）和北部部分城市大面积停电。事故使 417 个城市陷入黑暗之中，5300 多万人口的生活受到影响，占巴西总人口的 27%左右。事故导致东北电网和北部电网共损失负荷 9500MW，其中东北电网损失负荷 6100MW，约占东北电网总负荷的 97%；北部电网损失负荷 3400MW，约占北部电网总负荷的 77%。东北部第一大城市萨尔瓦多的自来水供应中断 7h，部分城市发生意外火灾、交通混乱等情况。东北部电网和北部电网在停电发生约 4h 后恢复供电。

事故起因是巴西北部电网托坎汀斯州丘陵（Colinas）500kV 变电站和马腊尼昂州叶赫（Imperatriz）500kV 变电站之间双回 500kV 输电线路中一回线路可控串补的串联电容损坏引发线路发生短路故障。故障引发托坎汀斯州丘陵变电站保护误动，导致丘陵变电站跳闸，使与其连接的共 8 条 500kV 线路跳开。由于丘陵变电站处于巴西北部与东南部、东北部与东南部联络线断面上，故障最终导致北部、东北部电网从巴西电网中解列。北部—东北部电网孤网运行后，电网出现功率缺额，系统频率和电压迅速下降，最终引发了北部—东北部电网大面积停电事故。

北部和东北部电网损失负荷共 9419MW（北部和东北部电网事故前总负荷10 703MW，约占 88%）：北部电网事故前总负荷 4416MW，事故损失负荷 3400MW，约占 77%，北部电网部分负荷由图库鲁伊水电厂供电，在此次事故中未受到影响；东北部电网事故总负荷 6287MW，事故损失负荷 6100MW，基本全域停电。事故发生 4h 后，北部电网与东北部电网恢复供电。

该次停电事原因分析如下：

（1）巴西此次大停电事故的初始故障是 500kV 输电线路发生短路故障，如果能及时、正确处理，系统仍可以保持安全稳定运行。然而，保护装置的误动作使重要区域联络断面大量线路跳开，最终造成两个区域电网从巴西电网解列，引发了大停电事故。

（2）托坎汀斯州变电站在此次大停电事故中扮演了重要角色，该变电站处于北部与东南部、东北部与东南部联络断面上，其故障对电网冲击较大。然而巴西电网在事故预案中没有考虑该变电站出线全部跳开后电网安全稳定控制装置的配置方案，以及在该方案没正确动作后系统的紧急控制措施，导致故障发生时，没有有效的控制手段来抑制事故的进一步扩大。

16.7 2012 年纽约"10.31"大停电事故

"桑迪"飓风于 2012 年 10 月 29 日袭击了美国东海岸。风暴带来了停电事故并导致 820 万居民无电力供应，毁坏了大量设施、房屋、建筑物，使得数十万人无家可归，113 人死亡，并造成超过 500 亿美元的重大损失。纽约的公交、地铁和地区铁路系统全部关闭，纽约肯尼迪国际机场和拉瓜迪亚机场进出港航班大规模取消，纽约中小学全部停课。飓风对纽约市造成较大程度的破坏，特别是有着 108 年历史的纽约地铁系统遭遇了最严重的破坏，纽约证券交易所也因为飓风关闭了两天。直至 11 月 14 日，纽约长岛仍有多地未恢复供电，面对民众的示威抗议，长岛电力公司总裁宣布辞职。"桑迪"飓风登陆美国两周后，仍有约有 4.5 万名长岛电力公司的客户生活在缺电的环境中。

"桑迪"的影响涉及美国东部 17 个州，其中 10 个州发布紧急状态，纽约州和新泽西州首当其冲，受灾最严重。新泽西州多处地区水深超过 1m，汽车泡在水中，强风吹弯了纽约在建的最高大楼的吊臂和多处输电线路，纽约曼哈顿区东 14 街由飓风吹起的杂物引起爱迪生电力供应公司的一座变电站高压线路故障，导致皇后区至第五大道大面积停电。皇后区电缆故障引发大火，至少 50 间房屋被毁。纽约所有机场关闭，航班取消达 12 500 次。

联合爱迪生电力公司电力运营高级副总裁约翰·米克萨迪表示，这是历史上由于暴风影响最大型的停电事件（2011 年"艾琳"飓风袭击纽约时，影响的用户超过 20 万）。飓风过境时，联合爱迪生电力公司对曼哈顿下城和布碌仑南部部分地区进行强制断电，以保护电力设备免受盐水浸泡损毁，从而有助于灾后更快恢复电力供应。

从纽约"10.31"飓风导致的大停电事故来看，在电网规划阶段，应确保网架足够坚强，电源配置相对分散合理，遇到不可抗拒的极端天气时需要停电预警机制。在事故应对措施方面，采取应急措施对受到飓风影响的区域提前断电，避免故障造成的电力设备损坏，并有利于飓风过后的电力恢复。要吸取极端天气造成大停电后果的教训，提前从其他地区增调多名维修人员增援，对可能发生的大面积停电严阵以待并迅速抢修。

16.8 2012 年阿根廷"11.7"大停电事故

阿根廷当地时间 2012 年 11 月 7 日 18:00 左右，受连续多日高温天气影响，电网负荷过重导致 220kV 双回线路故障跳闸，继而引发多个发电厂解列，致使首都布宜诺斯艾利斯中南部的圣克里斯托瓦尔、贝尔格拉诺、巴勒莫等城区电力中断。事故造成 6 条地铁线路停运，约 1800 处交通信号灯失灵，甚至导致国会大厦停电 2h，部分地区停电时间长达 16h，受影响人数在 300 万左右。

2012 年 11 月以来，阿根廷持续高温，周平均气温超过 33℃，据统计，11 月前 7 天的温度超过 1906 年以来的最高纪录，"11.7"停电事故当天下午最高温度达到 36.7℃，空调负荷激增，最大负荷达到 3560MW，略低于电力公司记录最高负荷 3600MW。过重的负荷使得 220kV 考斯塔内拉—哈德逊（Costanera-Hudson）双回线路发生故障跳闸，导致北方电力公司（Edenor）和南方电力公司（Edesur）电力网络互联中断，两家电力公司分别负责布宜诺斯艾利斯北部和南部供电。随后考斯塔内拉—佛瑞斯特（Costanera-Forest）线路发生故障，使得考斯塔内拉（Costanera）、南船坞（Dock Sud）和波多中心（Central Puerto）发电厂跳闸，多个变电站与系统解列，布宜诺斯艾利斯的中心及邻近区域供电中断，发生大面积停电事故。

从"11.7"事故发生及演变过程可以看出，阿根廷电网薄弱、电力基础设施升级不及时是造成大停电的主要原因。在电网建设方面，阿根廷电力公司财政不足，对电网建设的投资较少导致网架薄弱，电网建设始终滞后于经济发展的速度。2010 年 12 月停电事故发生后，虽然政府向电力公司征收了高额罚款，并要求加大对电力输送网络的投资，但是仍未能取得满意的效果。

16.9 2013 年越南 "5.22" 大停电事故

2013 年 5 月 22 日 14:19，因吊车司机操作失误导致树木触及连接越南北部和南部的 500kV 主要高压输电线路，线路跳闸继而引发一系列连锁反应，导致越南南部 22 个省全部停电，覆盖全国 63 个省的 1/3，损失负荷达 9400MW，接近全国总负荷的 1/2。南部商业中心胡志明市部分地区停电时间长达 10h。事故发生时，越南从北到南气候异常，部分地区温度超过 43℃，大停电导致工厂停工、交通混乱，数以百万计居民工作生活都受到影响。因柬埔寨大量电力购自越南，其首都金边在这次停电事故中也受到严重影响，直到 5 月 22 日深夜才恢复电力供应。

越南位于中南半岛东部，能源资源种类丰富、储量可观。已探明煤炭储量约 38 亿 t，其中约 34 亿 t 优质无烟煤分布在东北部广宁省内；原油储量约 44 亿桶，居世界第 28 位，天然气储量 1 万亿 m^3。在非化石能源方面，越南水电资源技术可开发容量约 3100 万 kW，主要集中在红河流域和湄公河流域。越南电源以水电为主，遍布北部、中部和南部，燃煤电厂则主要分布在北部地区，2011 年越南电力系统总装机容量为 25 730MW，其中水电占 45.5%、联合循环机组、燃煤以及燃油机组装机分别占 33.6%、15.3% 和 4.2%。

越南电网主要包括 500、220、110、66kV 共 4 个电压等级，并根据地理位置和负荷分布划分为北部电网、中部电网和南部电网。北部电网从高平省（Cao bang）延伸到河静省（Ha Tinh），中部电网由广平省（Quang Binh）延伸到庆和省（Khanh Hoa）（并包括 4 个高地省），南部电网由庆和省（Khanh Hoa）延伸到金瓯省（Ca Mau）（并包括 1 个高地省），南部电网通过 2 回 500kV 线路与中北部电网相连。

在用电结构方面，工业用电占据约一半的份额。2012 年，越南全国用电量约为 161 778GWh，工业、居民、商业用电分别占到 44.69%、22.53% 和 16.74%。

越南每年第二季度是旱季的高峰时间，也是一年中确保整个供电系统正常运行的最紧张时间。由于越南供电较大程度依赖水电，旱季天气炎热持续造成的用电需求突然增大、电厂或 220～500kV 电网突发大型事故、各水电来水量降低比预期更快等因素对电网安全运行影响较大。受气候影响，2013 年越南许多水库的水文情况比年初预估的形势更差，特别是在中部和南部地区。另一方面，当年第一季度电量比 2012 年同期涨幅超过 10%，达 257.01 亿 kWh，其中北部、南部和中部地区增幅分别为 9.95%、9.69% 和 10.59%。

"5.22" 事故发生前，越南电网总装机容量 26 720MW，外购电力 1000MW，共 27 720MW，事故当天最大负荷预计约 20 000MW。具体事故过程如下（所有时间均为当地时间）：

（1）14:19，吊车司机操作失误导致树木触碰迪灵—谭亭（Di Linh-Tan Dinh）500kV 输电线路。

（2）14:20，南部电网内 43 台机组全部跳闸退出运行，涉及 15 座电厂，总装机容量为 7300MW。

（3）15:54，EVN 将南北联络线重合闸并送电 3000MW。

（4）16:00，1100MW 机组尚未启动，其中包括富（Phu）1 电厂的 1 号机组及富（Phu）3 电厂的全部机组。

（5）18:00，南部电网 55%的负荷得到了恢复。

（6）19:30，胡志明市全部恢复供电，南部电网 70%的负荷得到恢复。

（7）22:40，南部电网全部负荷得到恢复。

分析事故演化过程，可从以下两方面总结事故原因：

（1）电网网架薄弱。越南的煤炭资源及电厂主要集中在北部，而负荷中心在南部，一直存在"北电南送"的情况，而北部电网和南部电网仅有 1 个 500kV 双回线的互联通道，一旦其中一回线路因检修或故障退出运行，南北电网的电气联系就变得极为薄弱，为停电事故发生埋下隐患。

（2）对电网极端运行状态的应对能力不足。由于南北电网极弱的互联方式，当故障发生时，必须依靠安全控制措施才能保持系统稳定。一旦出现安控措施配置不合理或者拒动/误动情况，系统将不能恢复至稳定运行点，从而导致大停电的发生。

16.10 2013 年巴基斯坦"2.24"大停电事故

2013 年 2 月 24 日晚，巴基斯坦突然遭遇超过 2h 的全国性大停电，包括首都伊斯兰堡、拉合尔、奎达等在内的大城市、中小型城市、城镇和农村地区均受到影响。事故原因为巴基斯坦西南部俾路支省的一座日产 1200MW 的胡布（HUBCO）发电厂出现技术故障导致供电中断，该事故产生连锁故障造成全国的供电设施停止工作。事故发生约 2h 后，全国恢复了供电。

巴基斯坦位于南亚次大陆，是一个典型的农业国。煤炭资源丰富，储量居全球第四位，但是煤质差且开采难度大。石油和天然气匮乏，石油对外依存度超过了80%。在非化石能源方面，印度河贯穿巴基斯坦全境，水能资源可观，水电潜在可装机容量超过 59GW。信德省南部的"风电走廊"潜在装机容量约 50GW。由于地处亚热带，太阳辐照强度大、时间长，潜在装机容量超过 100GW。

2011 年巴基斯坦全国发电总装机容量为 22 800MW，其中，火电装机容量为

15 450MW，占总装机容量的 67.76%，以燃油和燃气为主；水电装机容量为 6560MW，占比约 28.77%；核电装机 790MW，占 3.46%；风能、太阳能装机规模很小。2011年发电量为 950.9 亿 kWh，其中，火电、水电电量占比分别为 64.47%、30.0%。

巴基斯坦电力行业由水电发展署（简称 WAPDA）和巴基斯坦电力系公司（简称 PEPCO）共同负责运营管理。1997 年成立的巴基斯坦国家电力监管委员会（简称 NEPRA）统一管理全国电力市场运行，负责电力项目许可发放、电价制定及调整、电力行业投资项目审批等。

巴基斯坦电力短缺问题由来已久，随着人口增长和经济发展，供需矛盾进一步加剧，拉闸限电时有发生。2008～2012 年，巴基斯坦发电装机容量增加了约 16%，而电力供应缺口增幅高达 242%。全国平均日停电小时数 12～16h，全国有近 40% 的人口长期无电可用。

该次大停电事故的具体原因为巴基斯坦西南部俾路支省的一座日产 1200MW 的胡布（HUBCO）发电厂出现技术故障导致供电中断，事故引发连锁故障造成全国大停电。由于事故中仅 1200MW 水电厂退出运行，可判断除系统运行方式、控制保护、安全稳定控制措施等问题外，巴基斯坦电网、电源建设严重落后也是导致此次停电事故的重要原因。而建设资金缺乏、建设能力薄弱、电价制定不够合理、"三角债"问题、输电损失严重等都是导致巴基斯坦电力供应长期不足问题的主要原因。

16.11　2013 年巴西 "8.28" 大停电事故

当地时间 8 月 28 日 15:08，巴西东北部电网发生大面积停电事故。事故起因是皮奥伊州坎图度穆里西（Canto do Murici）农场内发生火灾，导致北部电网向东北部电网送电的两回 500kV 联络线相继断开，重合闸不成功后于 15:08 引发系统振荡，解列装置动作将东北部电网与主网解列，东北部电网孤网运行，随后东北部电网由于频率、功角等一系列问题损失大量负荷。此次大停电事故影响东北部 8 个州（皮奥伊州、塞阿拉州、北里奥格兰德州、帕拉伊巴州、伯南布哥州、阿拉戈斯州、塞尔希培州、巴伊亚州）供电负荷约 10 900MW，影响人数约 1600 万人。停电区域内的电厂、输电线路和配电网几乎全部停电，严重影响了当地人民的生产和生活。事故发生后，巴西国调启动紧急预案，调动西部和西南部机组出力支援东北部电网，逐步恢复电网运行，在 17:15 恢复负荷 4000MW，18:30 恢复 6500MW 负荷，至 19:30 东北部的全部负荷恢复。

事故前，由于东北部持续干旱，该区域处于缺电状态，东北部电网通过联络线受入大量功率。图 16-1 给出了事故发生当日巴西电网日均发电情况，网内发电量 5366MW，其中水电 3971MW，占总发电量的 74%。

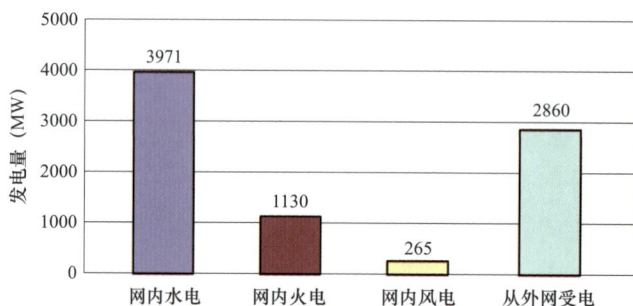

图 16-1　8 月 28 日巴西电网日均发电量

具体事故发展过程如下：

（1）14:58，由于发生山火里贝罗贡萨尔维斯—皮奥伊州圣若昂（回路 2）发生故障并退出运行。15:04，进行手动重合闸。15:06，线路再次断开。

（2）15:08，里贝罗贡萨尔维斯—皮奥伊州圣若昂（回路 1）也因山火断开。

（3）里贝罗贡萨尔维斯—皮奥伊州圣若昂的双回线断开之后，由于失去同步，东北电网与主网的联络线又有 4 回 500kV 线路断开连接，包括杜特拉总统镇/特雷西纳 1 回、2 回，杜特拉总统镇/博阿埃斯佩兰斯；邦热苏斯·达拉帕/里奥达斯马雷什。

（4）东北电网与主网解列，损失负荷 10 900MW。

（5）事故后，巴西国家调度中心启动紧急预案，调动西部和西南部机组出力支援东北部电网，逐步恢复电网运行，在 17:15 恢复负荷 4000MW，18:30 恢复负荷 6500MW，19:30 东北部全部供电负荷恢复。

巴西"8.28"大停电事故发生的原因可以从以下方面进行分析：

（1）自然灾害引起联络线 N-2 故障后系统失步振荡。该次事故起因为皮奥伊州的坎图度穆里西农场火灾连续导致里贝罗贡萨尔维斯—皮奥伊州圣若昂（东北部—北部电网联络线）500kV 两回线路相继开断。由于故障前东北部电网持续干旱，受电比例 35%左右，当其中两回联络线开断后，导致潮流大范围转移，可能导致了东北部电网与外部电网间失步振荡。

（2）保护系统动作解开网间联络线。系统功角失稳后，设计用于隔离故障区域的保护系统动作解开剩余 4 回 500kV 网间联络线，东北部电网与外部电网解列，东北电网孤岛运行。

（3）东北电网孤岛运行，第三道防线措施未有效保证系统的稳定运行。东北电网孤岛运行后，由于功率缺额，低频、低压减载动作以及由于负荷自身的保护动作，损失大量负荷，但并未使得东北孤网系统在损失一定负荷后保持稳定，整个系统由于频率、功角等一系列问题引发连锁性的跳闸，最终导致东北电网负荷几乎全停。

16.12　2015 年巴西圣保罗"1.12"大停电事故

巴西当地时间 2015 年 1 月 12 日起，最大城市圣保罗频遭狂风暴雨袭击，由于风雨损坏输电线路，全市 1750 个区域电力系统中，有 96 个同时关闭，电网损坏严重，80 多万居民受到影响。至 14 日晚全市仍有 25 万人面临超过 48h 的停电，集中在城市西部和南部。

圣保罗州位于巴西南部，是巴西 26 个州之一，它由 645 个市组成，分为 13 个大区。大圣保罗区由圣保罗市及周围 38 个卫星城组成，面积 8051km^2，人口 1780 万，是巴西和南美最大、最现代化的工业、商业、金融、科技和国际交通中心。

从 20 世纪 50 年代开始，由于电力需求的增加，圣保罗州政府陆续投资建设水电站并成立电力公司。1966 年政府控制的 11 个电力公司合并成立了圣保罗中心电力公司，并于 1967 年初开始正式运转，1977 年更名为圣保罗电力公司（CESP），经营范围涉及电力工业、矿产、林业及新能源开发等多种行业。圣保罗电力公司主要经营水力发电，共拥有水电站 20 座以上，发电量占巴西全国发电量的 24%，公司所有输变电设备为国有资产，负责全州的输电设备资产管理、所有用户电能质量和电力供应的可靠性，向所有的电力公司（电能买卖）提供输变电服务。

经初步分析，巴西"1.12"大停电事故发生的原因主要涉及以下几个方面：

（1）恶劣天气是停电事故诱因。圣保罗自入夏以来频遇大风，并伴有大雨和闪电。大风和雷电折断了圣保罗市内 264 棵树木，创下单日恶劣天气破坏之最。当天的暴风雨出现了 8000 次雷电，风速达 85km/h，是当年夏季对电力系统影响最严重的一次。

（2）大部分断电的原因是树木折倒损坏了电线。每棵折断的树都有上百根树枝，这些树枝缠在电线上导致电网损坏严重。连日的风雨不断破坏市内的输电线路，加之不少输电线路陈旧老化易受影响，员工 24h 抢修也未能及时满足市民用电需求。

（3）能源短缺是供电安全的重要隐患。进入 1 月以来，巴西多地遭遇酷暑考验，包括圣保罗、阿雷格勒港等多地气温都达到了有气象记录以来的最高值，而每年这一时期南部雨水较少，水位下降，电力供应主要由北部各州的水电站承担，从而造成了如此之大的影响范围。

16.13 2015 年巴西 10 州"1.19"大停电事故

2015 年 1 月 19 日，巴西东南部受严重干旱影响，水库水位不断下降影响了水电机组正常发电，北部和东北部到东南部的输电受限，加上尖峰时段用电量提高，巴西国家电力系统管理局下令减少供电量，致使东南部、南部与中西部 10 州地区断电。全国供电减少 3000MW，相当于全国总负荷的 8%。除此之外，安格拉 1 号核能发电厂也因电压不足自动关闭，暂时停止运作。圣保罗州、里约热内卢州和巴西利亚联邦特区等多个重要区域受到严重影响，巴西政府 20 日开始从阿根廷购电 500～1000MW 以解燃眉之急，用于供给巴西国内在 10:23～12:00 和 13:00～17:02 两个时段的用电需求。巴西圣保罗市地下铁乘客因断电后列车停驶的缘故被迫下车，沿着隧道走上车站月台；路上电车和交通信号也停摆，交通陷入混乱。

造成停电的主要原因是巴西电力短缺。水电大国巴西自 2014 年开始就遭遇严重干旱，承担全国半数以上发电任务的东南部地区多个水库水位已降至警戒线，水力发电受到严重影响，由于供电不足造成强迫性停电。负责全国 70%供电需求的东南部地区，水力发电厂的水库蓄水量仅有 19%，较预期至少低 40%。若干旱少雨天气继续持续，供电不足的情况还会再度发生。

16.14 2016 年叙利亚"3.3"大停电事故

2016 年 3 月 3 日叙利亚发生全国范围的大停电，包括首都大马士革在内的各省供电全部中断。从当地时间 13:00 开始供电中断，移动互联网服务因网络故障而被切断。当天傍晚开始恢复部分地区供电。在叙利亚政府在发布停电报告前不久，电力部在其脸书（Facebook）主页上发布一则消息称，武装分子利用火箭弹袭击了西部城市哈马市的部分发电设施。但叙利亚政府并没有表示这次袭击是否是导致全国性停电的原因。

掌控叙利亚电力工业的政府部门为叙利亚电力部，下设发电和输电总局（PEEGT）、配电和开发总局（PEDEEE）、国家能源研究中心（NERC）和电力机械中等学院（有 3 个，分别设在大马士革、阿勒颇、拉塔基亚）等 4 个机构。其中发电和输电总局、配电和开发总局是叙电力部的 2 个重要实体性机构。

2004 年叙利亚电力总装机容量为 7079MW，总发电量达 32 077GWh（其中火力发电 27 830GWh、水力发电 4247GWh），高峰电力需求 5770MW，同比增加 14%，其中国内电力需求 5620MW，同比增加 12%，出口电力 150MW。叙利亚有电站 14 座，大多数为火电站，还有水电站和天然气电站，其中最大的 3 个电站为阿勒颇火电站（5×213，1065MW）、革命水电站（8×100，800MW）和巴尼亚斯火电站（4×170，680MW）。除叙利亚 PEEGT 和 PEDEEE 负责的发电站和变电站外，叙利亚幼发拉底水坝总局经营 3 个水电站（革命、复兴和十月水电站），叙利亚石油部管理的霍姆斯和巴尼亚斯炼油厂运营电站和油田的天然气涡轮电站（SWEDIEH 电站），发电量分别占全国总发电量的 13% 和 3%。叙利亚全国拥有各类变电站 274 个，电网由 230kV 和 400kV 组成全国联网，向各个地区提供电能。2004 年叙利亚电力行业拥有用户 389 万，占总人口的 21.6%，人均发电量为 1754kWh。

为适应叙利亚经济改革和国家能源基础建设，叙利亚政府推行了促进电力工业发展的相关政策：努力满足持续增长的电力需求；加大变电站建设；提高电能效率，减少电力损耗；改善投资环境，鼓励国内外对电力的投资；加强电网并改善服务。

叙利亚自 2011 年 3 月爆发内战以来，由于交战、空袭等原因，全国各地都发生过停电事故。2011～2015 年，叙利亚电站和电网的直接损失约 37.5 亿美元，全国 13 大电站中，有 5 座电站在内战中被损坏。叙利亚 3 月 3 日发生全国范围的大停电，叙能源部认为恐怖分子向哈马省的阿里—扎拉发电站发射导弹，造成几台发电机失控是此次大停电的原因之一。

叙利亚近年来饱受战乱，电力基础设施遭到巨大破坏，即使在可以供电的地区也经常遭遇停电。而叙利亚境内许多城市并不在当前政府体制内，无法获得来自国家电网的服务，许多城市通过燃料发电获得电力。

16.15　2016 年巴西"9.13"远西北电网解列和停电事故

2016 年 9 月 13 日 15:50，±600kV 马德拉（Madeira）Ⅰ直流沿线山火造成双极先后闭锁，在直流线路故障及再启动过程中，大量潮流反复转移至另一小容量交直流并联输电通道，引起系统振荡，造成巴西远西北部电网（简称 ACRO 电网）与巴西国家互联电网（简称 SIN）解列，阿克里州、朗多尼亚州和圣保罗州损失负荷共计 953MW，持续时间 30～126min。

巴西远西北部 ACRO 电网是由阿克里州（Acre）和朗多尼亚州（Rondônia）两州电网相连构成的弱交流电网。ACRO 电网最高电压等级为 230kV，线路长且负荷变化大，网内负荷水平较低，2016 年阿里克州负荷仅为 178MW、朗多尼亚州负荷 645MW。ACRO 网内电源仅有塞缪尔水电厂 5 台 50MW 机组，全开机方式下短路电流水平仍非常低，有效短路比低于 1.0，属于极弱交流系统。ACRO 电网通过长度约 1000km 的 230kV 输电线路接入巴西中部库亚巴市（Cuiaba）附近的 500kV 电网后，再通过约 900km 的 500kV 线路接入东南部的 SIN 电网，互联方式薄弱，电气距离非常长，输电线路广泛加装串补装置。由于 ACRO 网内电源供应不足，需要从马德拉河送端交流电网购电。马德拉河送端交流电网建设有吉劳（Jirau）和圣安东尼奥（Santo António）两座径流式水电站，分别有 46 台和 44 台水电机组，总功率 6450MW，出力水平季节性差异很大。马德拉河送端电网是 ACRO 电网的电力来源，同时也是巴西东南部负荷中心的供电电源。马德拉河送端交流电网与外部电网通过 3 个通道实现交直流混联。

在体制管理方面，马德拉河输电工程有 7 家不同企业具有输电特许经营权，各企业均有不同的设备厂商、设计施工企业、运行单位等，工程建设运营、管理协调任务十分繁重。

事故发生前，塞缪尔水电厂仅 2 号和 4 号两台机组投运，变压器 TF3 投运，马德拉河交流电网与 ACRO 电网交直流并列同步联网，电网电压、频率、潮流分布均正常。具体事故过程如下：

（1）15:50（T_0 时刻），距离逆变站 452km 直流线路附近发生山火，马德拉 I 直流极 2 线路发生短路故障，逆变侧换流站线路突变量保护动作，全压再启动 1 次成功清除故障。

（2）T_0+956ms，极 2 同一位置再次发生同样故障，逆变侧突变量保护动作后，通过 1 次全压和 1 次降压（420kV）再启动成功清除故障。

（3）T_0+1.78s，极 2 同一位置再次发生同样故障，送端韦柳港换流站欠压保护动作，极 2 闭锁，极 1 转代功率，直流线路传输功率保持 630MW 稳定。

（4）约 11s 之后（T_1 时刻），同一地点山火导致极 1 线路发生短路故障，极 1 逆变侧突变量保护动作，1 次全压再启动成功排除故障。

（5）T_1+3.67s，同一地点极 1 线路再次发生短路故障，突变量保护动作并降压（420kV）再启动成功清除故障。

（6）T_1+4.1s，单极 1 线路故障再启动过程中，直流振荡大幅振荡引起马德拉河系统、ACRO 电网及 SIN 间系统功率振荡，吉帕拉纳电站失步保护动作，吉帕拉纳—皮门塔布埃诺输电断面上 3 条 230kV 输电线路全部开断，ACRO 成为孤网。

（7）T_1+5.20s，极 1 线路发生第二次故障，线路突变量保护动作，T_1+5.5s 时，降压再启动成功清除故障。

（8）T_1+6.20s，极 1 发生第三次故障，极 1 逆变侧线路突变量保护动作，降压再启动不成功，直流闭锁，跳开整流侧换流变压器，损失负荷 637MW。

（9）主控制器动作，切除吉劳水电厂全部 23 台在运机组，跳开吉劳水电厂交流侧 3 回 500kV 出线；切除圣安东尼奥水电厂 12 台在运机组，并降低输出功率，保持向背靠背系统输送功率 380MW。

（10）若干秒后，ACRO 孤网进入欠压运行状态，阿克里州的里奥布兰科变电站欠压 62%（平均值），后达到 46%，欠电压持续超过 3.8s。

（11）$T_1+9.9s$，韦柳港变电站 3 台变压器跳闸，但无保护动作记录；蒂拉登特斯变电站 3 台变压器低压侧开关跳闸，切除全站负荷 45MW，无保护动作记录；吉帕拉纳III变电站欠电压保护动作跳开 2 台变压器。

（12）$T_1+12.48s$，里奥布兰科变电站欠压保护动作，断开为坦加拉（Tangará）和塔夸里（Taquari）变电站供电馈线 1；$T_1+13.51s$，断开为坦加拉变电站供电的馈线 2，切负荷约 114MW；在这些变电站，欠压保护动作跳开变压器低压侧开关。

（13）$T_1+14.46s$，由于过电压保护动作，里奥布兰科变电站 2 条馈线跳开，导致旧金山变电站变压器低压侧开关跳闸，切负荷 60MW。

上述线路跳闸切负荷导致 ACRO 孤网频率上升至 67.7Hz，且 230kV 线路过电压。

（14）$T_1+15.87s$，230kV 韦柳港—阿布尼输电线路 C1 过电流差动保护误动跳闸，系统频率达 66Hz。

（15）$T_1+18.44s$，切负荷引起持续过电压，里奥布兰科终端处延时过电压保护正确动作，230kV 里奥布兰科—阿布尼输电线路 C1 跳闸。

（16）T_1+27s，塞缪尔水电厂的 4 号发电机组功率方向保护动作切机，2 号发电机组继续运行。

事故发生后，电网公司迅速开展事故恢复工作，经历配置孤网、并网、电源负荷恢复配合网架重建和恢复直流输电等阶段，从开始人工启动故障恢复方案到完成马德拉 I 直流输电系统双极送电，故障恢复过程共计耗时 144min。

分析"9.13"事故发生始末，不难看出电源结构、电网结构不合理，运行方式安排不合理，电力系统运维不到位是事故发生的主要原因：

（1）在电源结构方面，吉劳和圣安东尼奥水电厂共 6450MW 机组打捆后点对点外送，一旦送端电网与主网解列，送端系统则存在高频率风险，若控制措施不当，则会引发后继切机切负荷连锁反应，扩大事故影响。

（2）在网架结构方面，马德拉河送端电网与主网通过 2 个直流通道和 1 个弱联系交流通道形成交直流并列运行的电网结构，"强直弱交"配置下，电网单一故障向连锁故障转变和局部扰动向全局扰动扩展的风险显著增加，直流闭锁后功率转移至交流通道上，极弱交流电网的支撑能力不足以平抑功率振荡并将机组功角拉回同步，从而导致电网失步解列。

（3）在运行方式安排方面，对小概率高风险事件重视程度不够，在系统仿真过程中已发现马德拉Ⅰ双极直流线路 $N-2$（一回直流两极）工况下系统存在失稳风险，但电网公司未给予足够重视，没有及时规避高风险运行方式、制定应急响应方案，也没有及时调整直流单极运行方式下的重启动策略，从而导致停电事故发生。

（4）在电网运维方面，事故发生后保护误动作、保护动作记录缺失问题等直接导致了变电站全停，并引发一系列切负荷事件，使得事故范围扩大。

16.16　2018 年印尼雅加达"1.2"大停电事故

当地时间 2018 年 1 月 2 日上午，印尼首都雅加达突然发生了罕见的大面积停电现象，影响到大雅加达地区数万家普通居民与一系列相关公共设施的正常用电，尤其是唐格朗、德波、雅加达西部等地区影响更为严重。大雅加达的大停电事故最早发生在当天 7:30，不同地区持续时间从 30min 到 3 个多小时不等。根据国有印尼国家电力公司官网提供的数据，一共有 1975 个区域经历了 30min 的停电，有 3693 个区域经历了 3 个多小时的停电过程。事发当天中午，在印尼国家电力公司抢修了 17 座毁坏的变电站后，受影响区域逐渐恢复供电。

该次大停电事故源自北雅加达地区的穆阿拉·卡朗（MuaraKarang）发电厂出现障碍，该电厂供应大雅加达地区 1/3 的高峰用电量，并承担包括总统府、国会大厦等重要政府机关的供电任务，这座已有 38 年历史的电厂因承受不了沉重的超负荷负担而发生故障，类似问题在 2014 年时就出现。随着近年来大雅加达地区办公大厦与居民综合楼日益增加，整个首都地区的用电需求量也在急剧膨胀，据统计，雅加达用电需求量以每年 8.5% 的幅度在不断增加，而此次事故雅加达 80 座变电站中有近 20 座毁坏。

截至 2015 年底，印尼全国电力装机容量总计 $4558.7 \times 10^4 kW$，其中约 $3897.3 \times 10^4 kW$ 装机为印尼国家电力公司（PLN）所有，约占全国总装机容量的 86%；独立发电商（Independent Power Producer，IPP）装机容量约 $661.4 \times 10^4 kW$，约占全国总装机容量的 15%。PLN 主管印尼全国的发电、电网及其具体规划。由于印尼工业制造业体系较落后，大型电力成套设备均需进口，为了降低建设成本，印尼逐渐放开发电市场，部分电源项目通过国际招标的形式引入 IPP，IPP 生产的电能以长期购售电协议（PPA）的形式销售给 PLN，PLN 的发电份额降至 86%，但电网份额仍然是 100%。从此时印尼的电力市场供需情况看，一方面印尼经济保持持续平稳较快增速，另一方面电力基础设施发展相对滞后，电力供不应求现象突出，主要呈现以下特点：

（1）地区发展不平衡。印尼的电力供应在地区之间发展极不平衡，全国 $4558.7×10^4kW$ 装机容量中，有 $3382.4×10^4kW$ 位于印尼爪哇岛和巴厘岛，约占全国装机的 74.2%；苏门答腊岛在役装机容量为 $761.3×10^4kW$，占全国装机的 16.7%；印尼东部地区在役装机容量为 $415×10^4kW$，占全国装机的 9.1%。

（2）电力供不应求。除电力装机区位发展不平衡之外，印尼全国大部分地区还存在电力供不应求的情况。PLN 在 2015 年 12 月公布的资料显示，印尼国内各岛中，除中部的苏拉威西岛的装机容量尚可满足当地负荷需求外，其他各岛均处于电力紧缺状态。即便是首都雅加达以及经济相对发达的巴厘岛，亦经常出现断电情况。

（3）供电配套设施落后。印尼全境由 17 508 个大小岛屿组成，是一个群岛国家，其中有人居住的岛屿共 6000 多个。受制于客观地理环境的影响，印尼各岛屿之间的电网建设比较落后，全国尚无统一的电网系统。当时全国最大的电网是爪哇—巴厘—马都拉电网，也是印尼的主电网。虽然苏门答腊岛的电网正在加速建设，但尚未形成一个完整的电网体系，其他很多岛屿的电网基本是通过几个电站简单连接起来，形成区域小电网进行供电，有些地区的电站是孤立的，只对周围区域供电。

（4）电力需求增速较高。随着印尼投资环境的逐步改善，近年来国内经济保持 5% 左右的稳健增长速度，急需新建更多的发电站保证电力供应。根据 PLN 预测，2015～2025 年印尼电力需求年均增长率将超过 7.5%，电力用户将从 2015 年的 6090 万增加到 2025 年的 8260 万。随着消除"无电户"政策的推进，印尼全国电力需求还将进一步增加。

此次大停电事故发生后，印尼国家电力公司准备增加包括在西雅加达区与德波地区的现有超高压电厂的供电能力，未来新的雅加达供电增强系统传输网络，有望增加大雅加达地区的电力供应。

16.17 部分停电事故简介

1. 2013 年 5 月 21 日泰国普吉停电事故

当地时间 19:00，泰国南部地区发生了该国历史上波及范围最大的停电事故。这次停电事故影响了 14 个省份，部分地区停电持续了将近 2h，而其他地区直到第二天还未恢复供电。据泰国发电机构介绍，雷电袭击了连接 2 座变电站的一条 500kV 线路，雷击发生 5s 之后从马来西亚供电的线路上发生了 HVDC 系统的误动作，造成该国南部地区脱离了国家电网。

2. 2013 年 5 月 28 日肯尼亚内罗毕停电事故

在肯尼亚一座地热电厂输送 400MW 电力的 2 条输电线路发生故障之后，整个肯尼亚电网彻底崩溃。该事故随后引起了波动效应，瓦解了全国联网的电网和发电系统，造成波及全国的大停电。肯尼亚电力公司向超过 200 万用户输送 1250MW 的电力，而负荷需求为 1700MW。

3. 2013 年 6 月 27 日马来西亚古晋停电事故

马来西亚 Bakun 水电厂在 10s 之内功率输出由 884MW 降至 456MW，引发系统频率降低至 47.5Hz 以下，系统安全跳闸装置自动启动，格盟纳—民都鲁（Kemena-Bintulu）输电线路跳闸，导致沙捞越地区经受了有史以来最严重的停电事故，许多地区的停电时间都持续了大约 7h，近 200 万人口受到停电影响。

4. 2013 年 7 月 6 日保加利亚萨莫科夫停电事故

一座主要配电站发生重大故障，造成萨莫科夫镇及附近的博罗韦茨山度假胜地停电几个小时。该地区是一个热门旅游地，将近 29 000 居民生活受到影响。

5. 2013 年 7 月 11 日尼日利亚阿布贾停电事故

尼日利亚电网多个地点发生的输电设备爆炸，引发系统过电压造成，导致电网崩溃，使该国大部分地区停电长达几天。爆炸原因未明。

6. 2013 年 7 月 15 日澳大利亚悉尼停电事故

在为德拉莫因（Drummoyne）地区供电的一条高压电力线路发生故障之后，悉尼西部地区大约 25 000 个家庭和商业机构发生了供电中断，停电持续了一个多小时。

7. 2013 年 7 月 19 日巴西圣保罗停电事故

一座变电站的 3 台变压器发生停运，事故影响了圣保罗的 10 个街区和该城市周边的两个郊区地区，造成超过 200 万人电力供应中断将近一个小时。变压器停运原因未明。

8. 2013 年 12 月 25 日英国南部停电事故

圣诞节出现暴风雨恶劣天气，英国有超过 7 万户家庭在停电情况下度过平安夜，而在圣诞节当天早晨，南部仍有数千户家庭没有电力供应。事故原因及停电过程未见披露。

9. 2013 年 12 月 21 日美加停电事故

当日，加拿大东部的安大略省、魁北克省和新布伦斯瑞克省及美国东北部接连遭遇了两场暴风雪袭击，暴风雪带来的冻雨使得这些地区大量变压器结冰失灵，导致近 50 万户家庭电力中断。加拿大多伦多 7.2 万户民居在圣诞节仍处于停电状态，有的地区直到 12 月 27 日仍未恢复供电。

10. 2016 年 10 月 12 日日本东京大停电事故

东电公司设在日本埼玉县新座市的地下设施 12 日发生火灾，造成东京都等超过 58 万户用户停电，练马区和港区等地共计约 35 万栋房屋发生大范围停电，包括家庭、大型企业和政府部门，多条火车及地铁线紧急暂停服务，东京都内部分地区的交通灯曾停止运行，导致交通大混乱。当地时间 16:30 左右已基本恢复供电。

11. 2015 年巴基斯坦"1.25"大停电事故

当日凌晨，因为一条重要的输电线路出现了故障，巴基斯坦陷入大规模停电，直至当天下午，一些地区依旧处于无电状态。这是巴基斯坦历史上最严重的停电事故之一，大规模停电使得巴基斯坦国内约 80%的地方停电，首都伊斯兰堡及各省的大量城镇和村庄都受到影响。

12. 2015 年华盛顿"4.7"停电事故

美国东部当地时间 2015 年 4 月 7 日 12:39，美国首都华盛顿及附近郊区突发大范围停电，影响数以千计家庭，同时波及白宫、国会和国务院等政府机构。停电损失负荷约为 532MW，导致数以千计家庭断电，约 8000 人受到影响。大部分用户负荷在 1h 内恢复。调查结果显示，事故原因是波托马克电力公司（PEPCO）所属的一条线路发生了故障，该故障持续了大约 58s。

13. 2015 年 3 月 2 日日本长野停电事故

日本当地时间 3 月 2 日凌晨 5:35 左右，日本长野县内发生大面积停电。最严重时县内约占半数的 38 万户家庭停电。长野新干线部分停运约 3.5h。电力在当地时间 10:06 全面恢复。中部电力公司称，停电波及长野市、松本市、上田市、安昙野市等。停电原因是连接盐尻市与上田市变电所的输电线发生了故障。

14. 2015 年 11 月 10 日日本长野县停电事故

日本当地时间 11 月 10 日凌晨，日本长野县因一只猴子触电致使部分地区出现大面积停电。据中部电力长野分局调查，当天在山内町的输电铁塔下方发现了一只长约 80cm 的猴子，这只猴子在攀爬铁塔时，接触到了 77kV 的高压线，致使线路短路，从而造成长野县长野市、中野市以及小布施町等部分地区、大约 5800 户停电。

15. 2017 年"7.1"中美洲大停电事故

2017 年 7 月 1 日，中美洲地区发生大规模停电，包括巴拿马、哥斯达黎加、尼加拉瓜和萨尔瓦多等国陷入一片漆黑。大停电使巴拿马地区约 200 万人生活受到影响，停电约 3h 后，大部分的地方已经恢复电力。此次大停电是哥斯达黎加自 2001 年来首次发生停电事件，约有 500 万人生活受到影响，约 5h 后，部分地区恢复电力。据分析此次停电事故是巴拿马境内一条电缆故障造成的。

16. 2005 年 "5.25" 俄罗斯莫斯科停电事故

2005 年 5 月 25 日，莫斯科南部、西南和东南市区发生大面积停电事故。大停电使得莫斯科电网 321 座变电站全停，损失负荷 3539.5MW。莫斯科市约有一半地区的工业生产、商业活动和交通运输陷入瘫痪。一天之后才完全恢复正常供电。

事故调查报告表明，设备老化是引发莫斯科停电事故的直接原因。恰吉诺变电站的 110～500kV 电流互感器中，运行时间超过 40 年的就达到 122 台。据莫斯科电力公司 2001 年 6 月的统计，其设备平均老化率已达到 45%～47%。另外，过负荷的架空线路弧垂增大，对树木和其他障碍物放电闪络，引起线路保护动作。在此情况下运行人员未采取拉路限电措施，使运行线路的负荷增大、电压下降，导致事故联锁发展，引发电网大面积停电。系统备用容量不足，也是莫斯科大面积停电的重要原因之一。

17 大停电事故总结与风险应对

本章对前述章节大停电事故诱因及深层次原因进行总结，分析大停电事故演化规律及特性，并结合我国电网实际情况给出应对大停电风险的相关措施。

17.1 大停电事故诱因

大停电事故从发生机理上可分为两大类，一类是系统稳定遭到破坏，另一类是电力供需严重失衡。无论哪一类大停电事故，究其原因不难发现往往是由自然灾害、外力破坏等外部扰动或设备自身故障等内部缺陷触发，继而发展为连锁性故障，引发大面积停电。诱因是导致系统发生大面积停电的初始事件，是大停电的触发因素，可能源于外部因素或电网内部设备故障、人为误操作等，具体包括：

（1）极端气温。在全球气候变化的背景下，极端天气呈多发频发趋势。极热或极寒天气往往会导致电力负荷激增、电源出力骤降，造成电力供需不平衡，引发频率、电压异常，大量负荷被切除以维持系统稳定，从而造成大面积停电。2020年8月14日，美国加州罕见高温引起负荷增长，加州地区新能源出力不及预期，加之区域间电力协调互济能力不足等原因，造成电力供需不平衡，加州电力系统独立运营商发布三级紧急状态，采取了调用需求侧响应、切负荷等措施，造成49.2万企业与家庭的电力供应中断。

（2）自然灾害。地震、海啸、台风、冰灾等严重自然灾害作用于电力系统，造成输变电设施大量停运，甚至引发连锁故障最终造成大面积停电。随着电网地域与规模不断扩大，以及自然灾害频度和破坏性增加，电力系统安全运行受到自然灾害威胁愈加严重。2011年3月11日，日本强烈地震和海啸对受灾地区的电力基础设施造成毁灭性损坏，电源结构性破坏引发供需失衡，造成大面积停电。

（3）设备故障。电力系统设备自身故障与外部力量造成的破坏不同，往往是由于其本身存在固有缺陷或者在长期运行中设备老化，电气特性、机械特性发生改变，检修维护不到位，设备突然故障或失效。2005年5月24日，俄罗斯莫斯科地区一座变电站设备老化引起变压器过负荷发生爆炸，最终造成321座变电站全停，损失至少10亿美元。

（4）操作失误。常见的人为操作失误分为两类，第一类是运维人员误操作对电力系统造成的破坏，出现在电力运行生产的各个环节，如系统检修运维、倒闸操作等方面。2019年9月8日，美国西南部地区检修工作操作失误导致500kV骨干联络线路跳闸，引发圣迭戈地区电压下降，低压减载装置未按既定策略动作使得事故进一步扩大。第二类是站线周边施工等导致杆塔损毁、开关设备跳闸、线路闪络或电缆损坏等故障，进而引发电网失稳或大面积停电。2013年5月22日，在越南南部地区，因吊车司机操作失误，树木触及连接越南北部和南部的500kV主要高压输电线路，造成该线路跳闸并发生连锁反应，引发大面积停电。

（5）蓄意破坏。蓄意破坏包括非常规外力破坏和网络攻击，非常规外力破坏指恐怖袭击、军事打击等，在科索沃战争中，北约以石墨炸弹破坏南联盟电力网和电气设备，令整个南联盟70%的电力中断。网络攻击则是通过影响电力监控系统的某些功能运行，并穿透信息域与物理域的边界，最终作用于电力一次系统，造成失负荷甚至连锁故障，引发大停电事故。2015年12月23日，乌克兰电网遭受网络攻击，黑客使用多种攻击手段互相配合，利用邮件植入恶意软件，并获取变电站监控系统操作权限，进而对SCADA系统进行破坏，导致变电站误动跳闸，并恶意损坏相关数据，拖延停电事故处理和恢复工作。

17.2 大停电事故深层次原因

大停电事故往往是各种因素相互作用的、相继的、综合的结果，诱因是触发因素，是导火索，深层次原因则是导致连锁故障、引发大面积停电的内在推动因素，大停电深层原因包括电源、电网、设备、技术、管理、体制机制等诸多方面。

（1）系统供电充裕性不足。新能源出力具有随机性、间歇性，光伏发电晚高峰期间出力基本为零，风电出力波动明显，难以作为高峰时段的可靠支撑。极端气温下，负荷往往大幅增长，但风光资源存在高度不确定性，同时燃料可能由于极端天气而短缺，极易导致供需失衡，最终不得不采取大面积限电或轮停措施。2021年2月14日，极端寒潮天气下美国得州负荷大增，而燃气机组、风电出力大幅降低，造成电力供应短缺。

（2）系统支撑能力不足。电源除了承担发电这一基本任务外，在电力系统安全稳定运行中还发挥着关键性支撑和调节作用。在现有技术条件下，若新能源占比过高，系统电网惯量水平低，抗扰动能力差，对电网的支撑和调节能力不足，外部冲击下系统易发生连锁反应，引发大停电。2016年9月28日，一股强台风伴随暴风雨闪电冰雹袭击了南澳大利亚州，88s内的5次线路故障，导致了6次系统电压跌落，极短时间内 9 个风电场低电压穿越失败，风电机组大规模脱网，最终演变为全州大停电。

（3）电网结构不合理。一是单一通道送电比例过大，大量机组打捆后集中送出，机组及送电通道间相互影响，存在连锁反应风险。2016 年 9 月 13 日，巴西远西北电网一回 ±600kV 直流线路故障跳闸，送端交流电网振荡，巴西远西部两州 ACRO 电网与巴西国家互联电网 SIN 解列，切除 33 台在运机组及大量负荷。二是电网没有形成清晰的分层、分区网架结构，局部电网发生故障后，事故处理复杂，相邻电网无法与其快速解开，易引起连锁故障，造成大面积停电。2009 年 11 月 10 日，巴西电网因关键的伊泰普水电站送出通道在恶劣天气中接地短路故障，电磁环网的紧密联系导致整个东南部、中西部电网几乎全部瓦解，系统失稳振荡，导致系统解列及崩溃。三是区域电网互济能力不足，极端情况或事故状态下相互支援能力不足。2020 年 8 月 14~15 日，美国加州遭遇极热天气，电力供应不足，但加州电网与周围其他区域电网联系较弱，区域间电力协调互济能力不足，难以通过联络线获得周围其他电网充足的紧急功率支援，加剧电力供应不平衡，系统采取切负荷措施。

（4）二次设备隐性故障。由于继电保护、安全自动装置等二次设备存在动作逻辑缺陷等，系统故障时不能正确动作，将无法阻断故障传播或缩小故障范围，甚至引发连锁故障。2018 年 3 月 31 日，巴西电网安全稳定控制装置拒动，未能切除美丽山水电站机组，使潮流大范围转移至交流电网，引起功率振荡，区域电网解列，解列后北部电网与东北部电网内部的装置错误动作，最终导致大面积停电。

（5）运行方式安排不合理。未进行正常及检修方式下必要的稳定分析，方式安排不当或采取预防措施不足，未能达到安全稳定标准要求。多个大停电事故实例表明，在实际运行中，往往是由于不满足 $N-1$ 原则，导致单一设备故障跳闸后，其他设备过载，最终导致大面积停电。2015 年 3 月 31 日，土耳其电网东西向联络线通道不满足 $N-1$ 安全准则的基本运行要求，导致一条输电线路达到热稳定极限跳闸后，系统功角稳定破坏，最终导致系统解列。

（6）网源协调不当。电力系统网源协调涉及发电机励磁系统、电力系统稳定器（PSS）、调速系统及一次调频、涉网保护、自动发电控制（AGC）、自动电压控制（AVC）等多个方面，对系统稳定运行起着重要作用，网源协调相关系统或设备技术性能不达标，或参数整定有误，易导致电网事故扩大。2019 年 8 月 9 日，英国电网输电线路遭受雷击而发生短路故障，由于部分电源涉网性能不足、涉网保护配置不当，分布式电源、风电场、燃气电站连锁脱网，累计功率缺额超电网调节能力，系统频率骤降触发低频减载。

（7）调度运行统筹协调不力。电力调度缺乏自上而下的统一电力调度体系，电力调度管理分散，调度机构之间、调度与电厂、电力企业之间，多采用协议方式相互协调，存在全网运行方式统筹缺乏、保护间协调配置不当、并网电厂缺乏有效管理、事故应急各行其是等问题，这往往是造成事故扩大的重要原因。2012年印度"7.30"和"7.31"两次停电正是因为缺乏统一的调度管理机制，电力系统集中运行管控能力不足，各邦不听从电力负荷调整指令，违反调度指令从电网获取超额电力，造成重要输电线路超负荷运行，最终导致电网崩溃。

（8）安全与经济关系处理不当。在电网投资建设、运行维护等阶段，需要统筹考虑安全与经济。部分国家电力公司更多强调电力的商品属性，对电力设备投资不足，对电网设备维护及电力系统整体运行安全重视程度不够。2021年2月15日美国得州停电事件的一个重要原因，是电力基础设施未及时升级防冻改造，极端低温下大量机组停运，扩大了轮流停电范围及时间，类似停电事件已在得州多次发生，但考虑到投资成本，仍未得到改善。

表17-1为本书独立章节分析的大停电事故以及部分其他大停电事故统计表，简要列举了各次大停电事故的发生时间、停电区域、停电规模、停电时长、停电诱因及停电深层次原因。

表 17-1　　　　　　　　21 世纪国外主要大停电事故简表

序号	国家或地区	发生时间	停电区域	停电规模（MW）	停电时长	诱因	深层次原因
1	美国、加拿大	2003 年 8 月 14 日	美国东北和加拿大东部	61 800	29h	诱因 4	深层次原因 3、7
2	欧洲	2006 年 11 月 4 日	西欧大部分地区	14 500	1~1.5h	诱因 4	深层次原因 5、7
3	巴西	2009 年 11 月 10 日	巴西中南部地区	28 830	2~4h	诱因 1	深层次原因 3、4
4	巴西	2011 年 2 月 4 日	巴西东北部地区	8000	52m~8h	诱因 4	深层次原因 4、6
5	日本	2011 年 3 月 11 日	东京	10 000	—	诱因 2	深层次原因 1
6	美国	2011 年 9 月 8 日	美国西南地区	大于 10 000	—	诱因 4	深层次原因 4
7	巴西	2012 年 10 月 26 日	巴西东北部和北部地区	9500	4h	诱因 1	深层次原因 1、3
8	印度	2012 年 7 月 30 日 2012 年 7 月 31 日	印度北部 印度北部、东部、东北部	3600 4800	13.5h 20h	诱因 3	深层次原因 3、4、7
9	巴西	2013 年 8 月 28 日	巴西东北部	10 900	4h	诱因 2	深层次原因 1、5
10	越南	2013 年 5 月 22 日	越南南部	9400	10h	诱因 4	深层次原因 5
11	土耳其	2015 年 3 月 31 日	土耳其 51 个省	32 950	9h	诱因 3	深层次原因 5
12	乌克兰	2015 年 12 月 23 日	乌克兰西南地区	73	3~6h	诱因 5	—
13	澳大利亚	2016 年 9 月 28 日	澳大利亚南部	1800	7.5~50h	诱因 2	深层次原因 2

序号	国家或地区	发生时间	停电区域	停电规模（MW）	停电时长	诱因	深层次原因
14	阿根廷与乌拉圭	2019年6月16日	阿根廷与乌拉圭	13 200	2~14h	诱因3	深层次原因3、4、6
15	英国	2019年8月9日	英格兰与威尔士地区	1000	1.5h	诱因2	深层次原因6
16	美国	2020年8月14日	加利福尼亚州	1500	3h	诱因1	深层次原因1、2
17	欧洲	2021年1月8日	法国、意大利	2003	0.75h	诱因1	深层次原因5、7、8
18	美国	2021年2月15日	得克萨斯州	20 000	71h	诱因1	深层次原因1、8

17.3 大停电事故演化规律及特征

现代电力系统的发展大致经历了从"小机组、低电压、小电网"，到"大机组、超高压、大电网"，正在向"以可再生能源和清洁能源发电为主、骨干电源与分布式电源结合、主干电网与局域配网和微网结合"的阶段。结合现代电力系统演化发展的规律，按照电力系统发展不同阶段面临的主要风险，将大停电事故分为四类：

第一类大停电主要发生在大电网形成初期，此时期电网还处于追求供电充裕性阶段，网架较为薄弱，弱联系特大环网、弱联系区域联网、弱受端等电网结构普遍存在，电力系统甚至不满足 $N-1$ 安全准则，可靠性尚无法保证，外界自然环境变化等小扰动即激发电网脆弱性，单一随机故障可能造成电网稳定性破坏，引发大面积停电。

第二类大停电主要发生在传统交流电网发展成熟期，此阶段高压电网规模不断扩大，远距离、大容量机组以及安全控制装置接入电力系统，供电可靠性逐步提高，电网对外部冲击抵御能力提高。然而，外部扰动、设备缺陷和人为动作偏差等偶然性因素叠加作用总能超出预测和系统可控范围，使得电网受到初始扰动后一系列元件故障或偏离正常运行范围，最终可能引发系统崩溃，最为典型的模式是由线路故障跳闸后潮流转移引发连锁反应。第二类大停电发生的主导因素有多种，大致可分为过载主导型、二次装置主导型与结构主导型3类。

（1）过载主导型。典型的 $N-1-1\cdots-X$ 过程，主导因素是线路因过载开断后引发有功潮流无序转移继而导致其他线路的相继过载而出现无序开断的情况，其整个发展过程缓慢且时间较长。典型案例为2020年欧洲"1.8"大停电事故，事故过程如图17-1（a）所示。

（2）二次装置主导型。主导因素是因继电保护等二次装置保护定值设定不合理、设备可靠性低下等引发的连锁故障进一步发展恶化。典型案例为 2012 年印度 "7.30" 大停电事故，事故过程如图 17-1（b）所示。

（3）结构主导型。主导因素是区域互联电网间联络线意外被切除，而使得在连锁故障发展初期解列装置过早动作等造成电网拓扑结构遭到重大损害，因解列而成的各个子系统出现电压、频率失稳等问题。典型案例为 2006 年欧洲 "11.4" 大停电事故，事故过程如图 17-1（c）所示。

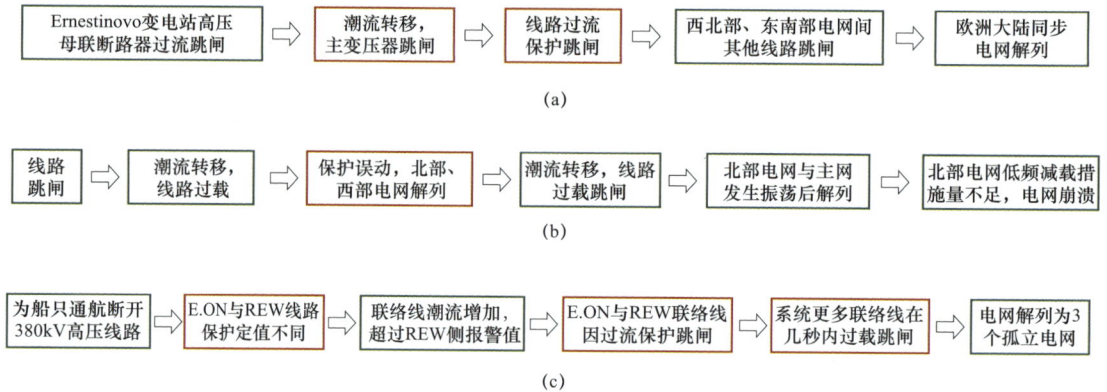

```
Ernestinovo变电站高压  →  潮流转移，  →  线路过流  →  西北部、东南部电网间  →  欧洲大陆同步
母联断路器过流跳闸        主变压器跳闸     保护跳闸        其他线路跳闸           电网解列
```
(a)

```
线路  →  潮流转移，  →  保护误动，北部、  →  潮流转移，线路  →  北部电网与主网  →  北部电网低频减载措
跳闸      线路过载        西部电网解列         过载跳闸        发生振荡后解列      施量不足，电网崩溃
```
(b)

```
为船只通航断开    →  E.ON与REW线路  →  联络线潮流增加，  →  E.ON与REW联络线  →  系统更多联络线在  →  电网解列为3
380kV高压线路        保护定值不同       超过REW侧报警值      因过流保护跳闸        几秒内过载跳闸       个孤立电网
```
(c)

图 17-1　第二类停电典型案例故障发展过程

（a）2020 年欧洲 "1.8" 大停电事故；（b）2012 年印度 "7.30" 大停电事故；
（c）2006 年欧洲 "11.4" 大停电事故

第三类大停电主要发生在传统电网向高比例新能源交直流混联电网转型期，此阶段高比例新能源、高比例电力电子装备接入系统，电源结构、电网结构发生重大改变，大量常规电源被新能源机组替代，交流电网向交直流混联电网形态转变。此阶段电力系统呈现以下特点：

（1）系统脆弱性增加、抗扰动能力下降。风电、光伏发电具有随机性和波动性，转动惯量小或者没有转动惯量，通过换流器并网，考虑到电力电子等设备元件安全性，其抗扰性和过负荷能力较差，现有技术条件下，外部扰动作用下系统供用电平衡、频率稳定、电压稳定易被破坏。

（2）系统复杂性大幅增加。电力系统是复杂的非线性时变系统，高比例新能源接入使得系统的组成元件规模指数增长、控制的非线性增加，网络形态变化使得送受端、交直流相互影响加剧，同时运行方式多样化、主配网潮流交互双向化，系统运行机理更加复杂。

（3）电力系统与外部系统环境深度耦合。随着电源侧能源结构向清洁能源转型升级，负荷侧分布式能源快速增长，电能在终端能源中的比重不断提升，电力系统运行受到气象、经济社会活动等因素影响增多，源、荷两侧存在高度不确定性。

由于电力系统各方面发生深刻的变化，相比第二类大停电事故而言，第三类大停电事故中故障演化时间、故障形态和路径、频率问题等方面呈现新的特征：

（1）大停电连锁故障演化时间更短。新能源机组的变流器具备电力电子器件的快速响应特性，并呈现出非常突出的多时间尺度特性，在初始故障发生后其响应速度更快，导致连锁反应时间更短。

（2）大停电事故中故障形态和故障路径更加复杂化。高比例电力电子设备接入的系统在遭受大扰动后，其动态行为呈现装备切换控制参与的多时间尺度特征，运行工况与装备退运的不确定性大增。新能源在故障扰动期间呈现电流源特性，钳制电压能力弱，具有弱抗扰、易脱网的特点，使得故障容易引发新能源大范围连锁反应。典型案例为 2019 年英国"8.9"大停电事故，事故过程如图 17－2（a）所示。

（3）大停电事故中主导因素增多，频率问题成为推动连锁故障的重要因素。传统交流电网运行中潮流、电压为大停电演化的主导因素，频率问题反而并不多见。新能源并网连接点的瞬时频率与系统功率供需平衡状态无关，不具备常规机组自身的频率响应特性。因此，当系统负荷发生较大的变化导致系统频率快速变化时，新能源发电系统无法提供足够的惯量支撑，以减小电网频率变化率和变化幅值大小。典型案例为 2016 年南澳"9.28"大停电事故，事故过程如图 17－2（b）所示。

（4）新能源出力不确定性引起的电力供需失衡成为大停电的重要原因之一。传统交流电网大停电主要以稳定破坏事故为主，随着电力供应主体逐渐由常规电源转向风电、光伏等新能源，新能源小发期间电力供应不足问题凸显，极端气温下供需失衡造成大规模轮停、限电成为大停电事故的主要原因之一。典型案例为 2021 年美国得州"2.15"大停电事故，事故过程如图 17－2（c）所示。

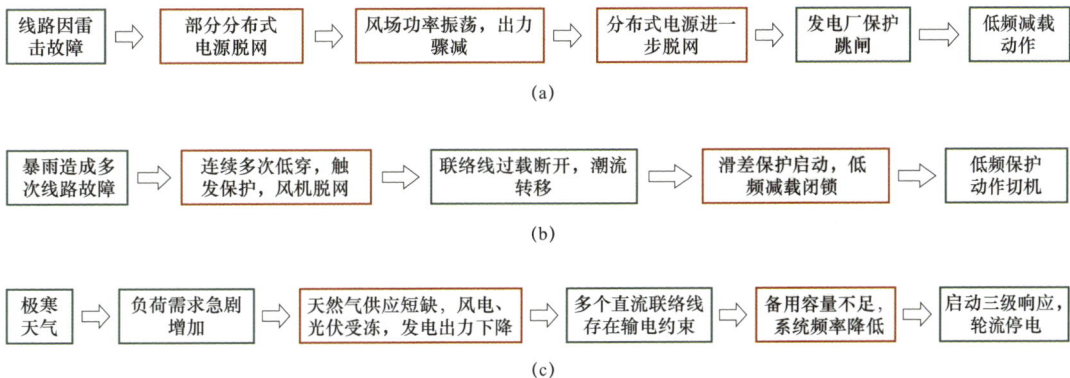

| 线路因雷击故障 | ⇒ | 部分分布式电源脱网 | ⇒ | 风场功率振荡，出力骤减 | ⇒ | 分布式电源进一步脱网 | ⇒ | 发电厂保护跳闸 | ⇒ | 低频减载动作 |

(a)

| 暴雨造成多次线路故障 | ⇒ | 连续多次低穿，触发保护，风机脱网 | ⇒ | 联络线过载断开，潮流转移 | ⇒ | 滑差保护启动，低频减载闭锁 | ⇒ | 低频保护动作切机 |

(b)

| 极寒天气 | ⇒ | 负荷需求急剧增加 | ⇒ | 天然气供应短缺，风电、光伏受冻，发电出力下降 | ⇒ | 多个直流联络线存在输电约束 | ⇒ | 备用容量不足，系统频率降低 | ⇒ | 启动三级响应，轮流停电 |

(c)

图 17－2 第三类停电典型案例故障发展过程

（a）2019 年英国"8.9"大停电事故；（b）2016 年南澳"9.28"大停电事故；
（c）2021 年美国得州"2.15"大停电事故

第四类大停电事故为受人为蓄意破坏导致，在各国各类电网均有可能发生，现有技术手段难以有效防御。值得注意的是，随着物理电力系统与信息系统深度融合，电网节点设备急剧增加，数据交互更加广泛，网络边界不断扩大，网络攻击引发的停电事故具有隐蔽性、复杂性强、防御难度大、物理伤害大等特点，成为恶意破坏电力系统的首选手段。

电力系统不同发展时期电网特点、大停电事故特点及典型案例，具体见表 17-2。

表 17-2　　　　　　　　各类大停电发生的阶段及事故特点

停电类型	电力系统发展时期	电网特点	大停电事故特点	典型案例
第一类	交流发展初期	网架薄弱、充裕性不足	单一随机故障造成电网稳定性破坏	1965 年美国"11.9"大停电事故
第二类	高压交流发展成熟期	电网规模不断扩大，大容量机组、远方大容量电厂以及稳定控制装置接入，可靠性和扰动抵御能力提高	电压、潮流转移引起的连锁故障主导，以稳定破坏事故为主	2012 年印度"7.30"大停电事故、2020 年欧洲"1.18"电大停电事故
第三类	传统交流电网向高比例新能源交直流混联电网转型期	高比例新能源、高比例电力电子设备接入，系统脆弱性增加、抗扰动能力下降，系统复杂性大幅增加，电力系统与外部系统环境深度耦合	大停电连锁故障演化时间更短，故障形态和故障路径更加复杂化，频率问题是推动连锁故障的重要因素，电力供需失衡成为大停电的主要原因之一	2016 年南澳"9.28"大停电事故、2019 年英国"8.9"大停电事故、2021 年美国得州"2.15"大停电事故
第四类	电网发展任何时期	—	隐蔽性强，难以防御，多造成严重结构性、功能性破坏	2015 年乌克兰"12.23"大停电事故

17.4　大停电事故应对措施

从国外大停电事故中汲取经验教训，在大停电事故原因及演化规律分析的基础上，考虑新时期大停电事故风险特点，提出以下七方面应对措施：

（1）构建合理的电源结构。为适应高比例新能源友好接入，电力系统需要统筹各类资源有序发展，统筹核电、煤电、水电、电化学储能、抽水蓄能等资源，协调各类电源充分发挥作用，保证电力系统的充裕性与调节能力。结合各类电源的功能定位，差异化提出不同的发展模式，推进水电基地建设，安全有序发展核电，坚持集中与分散并举开发新能源，大力发展各类新型储能，有序发展天然气调峰电源，加快推进煤电机组灵活性改造，推动煤电逐渐由电量供应主体向调节电源角色转变，强化水电调节能力建设，推进抽水蓄能电站建设，充分挖掘负荷侧调节资源，调动各方力量提高系统整体的调节能力。同时，在新能源发电占比较高地区，考虑火电、核电等常规电源的配置规模，作为极端情况下的重要电力支援。

（2）建设合理的网架结构。坚持电源分散接入系统的原则，避免单一送电通道的输送容量过大，同时避免形成新的密集通道，降低严重故障情况下因失去大量功率而引发系统崩溃的风险。坚持电网统一规划，增强电网跨省区互济能力，在用电需求集中高增长地区，加快跨区、跨省互联电网建设，优化利用存量输电通道扩大外送电规模，充分发挥省区间联络通道作用，提高电力汇集、输送和互济互保能力，发挥特高压输电网络的优势，最大限度提升大电网资源优化配置和安全保障能力。整合、协调分布式电源与配电网的关系，配电网规划设计要满足分布式电源和新型负荷安全接入和调控运行需要，同时分布式电源开发规模也应考虑配网承载消纳能力。

（3）加强网源协调。在常规机组涉网协调方面，完善网源协调管理体系，加强发电机涉网性能隐患排查，及时验证在运发电机组涉网参数、技术性能等；在新能源机组涉网协调方面，完善新能源网源协调标准，尤其是涉及新能源机组控制、保护系统与电网的协调，新能源机组入网检测、并网验证、商运实时监测等网源协调技术标准，促进新能源控制结构的标准化和涉网性能的规范化；在分布式电源涉网协调方面，加强分布式电源接入能力评估，从电能质量、电网适应性、故障穿越等多方面规范分布式电源涉网技术参数和性能，促进分布式电源和配电网的协调发展。

（4）建立可靠的安全防御体系。严格执行《电力系统安全稳定导则》（GB 38755—2019），完善以三道防线为核心的防御体系，确保结构清晰、功能独立、边界明确。及时评价继电保护系统、安全稳定控制系统、低频低压减载等相关设备的有效性、适用性，严查严防、消除隐患，避免发生设备误动或拒动。优化调整电网安控功能架构，减少控制措施共用情况，针对分布式新能源并网对三道防线的影响，加强对第三道防线减载控制量的监视。主动开展适应新型电力系统发展的保护技术的研究与应用，重视极端情形下电网严重故障校核与安全防御措施研究，提高极端情况下系统性风险应对能力。

（5）坚持统一调度运行管理体系。建立完善的统一调度指挥机构和高效的调度控制管理机制，实现对事故的快速处理和事故后恢复的统一指挥，对于保证电网的安全运行具有重要意义。我国电网正处于加速转型期，各区、各级电网耦合程度不断加深，必须在分级分区调度基础上，注意加强电网统一调度的功能，并确保调度员在应对事故时的处理权限，提升大电网协调预防和处理事故的能力，形成高效的事故处理机制，防范发生大面积停电事故。

（6）加强网络安全防护。电力一次系统的安全稳定运行严重依赖二次系统网络空间的健康运转，新时期、新形势下的电力网络安全尤为重要。需加强全员网络信息安全教育和技术培训，严格执行"安全分区、网络专用、横向隔离、纵向认证"措施，切实保障信息安全三道防线。加强网络信息安全检测系统部署和防护能力研究，定期开展网络信息专项安全检查和风险评估。加强网络安全关键技术研究，提升网络安全态势感知和监测预警能力。

（7）提升事故应急处置能力。做好电网事故应急预案制定和风险监测预警，提前部署应急处置措施；加强政府、企业、军队等不同层面的电力应急联动体系建设，分级建立健全大面积停电事件应急预案，并定期组织开展大面积停电应急演练；研究制定适应高比例新能源交直流混联电网黑启动方案，缩短大停电后系统恢复时间；根据重要用户级别和负荷特点，完善重要用户应配备应急电源容量、类型和管理要求，保障极端情况下重要负荷供电。

参 考 文 献

[1] NERC Steering Group. Technical analysis of the August 14，2003，blackout：what happened，why，and what did we learn？［R］. Atlanta：North American Electric Reliability Council，2004.

[2] 印永华，郭剑波，赵建军，等. 美加"8.14"大停电事故初步分析以及应吸取的教训［J］. 电网技术，2003，27（10）：8－11.

[3] 中国电力科学研究院. 欧洲"11.4"大停电事故对我国大电网安全稳定运行的启示［R］. 北京，2007.

[4] 易俊，卜广全，郭强，等. 巴西"3·21"大停电事故分析及对中国电网的启示［J］. 电力系统自动化，2019，43（2）：1－6.

[5] 林伟芳，孙华东，汤涌，等. 巴西"11.10"大停电事故分析及启示［J］. 电力系统自动化，2010，34（7）：1－5.

[6] 林伟芳，汤涌，孙华东，等. 巴西"2.4"大停电事故及对电网安全稳定运行的启示［J］. 电力系统自动化，2011，35（9）：1－5.

[7] 日本电力遭地震重创电荒已经形成［EB/OL］.［2011－03－16］. http://www.qianhuaweb.com/content/2011－03/16/content1403729.htm.

[8] 薛禹胜，肖世杰. 综合防御高风险的小概率事件：对日本相继天灾引发大停电及核泄漏事件的思考［J］. 电力系统自动化，2011，35（8）：1－11.

[9] 汤涌，卜广全，易俊. 印度"7.30"、"7.31"大停电事故分析及启示［J］. 中国电机工程学报，2012，32（25）：167－174，23.

[10] 易俊，吴萍，徐式蕴. 从印度大停电看我国电网安全［J］. 中国电力企业管理，2012（9）：26－27.

[11] 何大愚. 印度电力建设及其特高压交直流输电规划［J］. 中国电力，2008（2）：65－68.

[12] 邵瑶，汤涌，易俊，等. 土耳其"3·31"大停电事故分析及启示［J］. 电力系统自动化，2016，40（23）：9－14.

[13] 李保杰，李进波，李洪杰，等. 土耳其"3.31"大停电事故的分析及对我国电网安全运行的启示［J］. 中国电机工程学报，2016，36（21）：5788－5795，6021.

[14] 卢英佳. 我国电力信息系统面临的网络安全风险及处置建议［J］. 中国信息安全，2019（11）：97－99.

[15] 李保杰，刘岩，李洪杰，等. 从乌克兰停电事故看电力信息系统安全问题［J］. 中国电力，2017，50（5）：71－77.

[16] 林伟芳，易俊，郭强，等. 阿根廷"6.16"大停电事故分析及对中国电网的启示［J］. 中国电机工程学报，2020，40（9）：2835－2842.

[17] 孙华东，许涛，郭强，等. 英国"8·9"大停电事故分析及对中国电网的启示［J］. 中国电机工程

学报，2019，39（21）：6183 – 6192.

[18] 袁季修. 防御大停电的广域保护和紧急控制 [M]. 北京：中国电力出版社，2007.

[19] 刘永奇，谢开. 从调度角度分析 8.14 美加大停电 [J]. 电网技术，2004（8）：10 – 15，45.

[20] 徐航，张启平，励刚，等. 美加"8.14"大停电教训和启示——兼谈华东电网化解"8.29"和"9.4"重大风险 [J]. 华东电力，2003（9）：3 – 13.

[21] 韩英铎，姜齐荣，谢小荣，等. 从美加大停电事故看我国电网安全稳定对策的研究 [J]. 电力设备，2004（3）：8 – 12.

[22] 葛睿，董昱，吕跃春. 欧洲"11.4"大停电事故分析及对我国电网运行工作的启示 [J]. 电网技术，2007（3）：1 – 6.

[23] 陈向宜，陈允平，李春艳，等. 构建大电网安全防御体系——欧洲大停电事故的分析及思考 [J]. 电力系统自动化，2007，31（1）：4 – 8.

[24] 李再华，白晓民，丁剑，等. 西欧大停电事故分析 [J]. 电力系统自动化，2007（1）：1 – 3，32.

[25] 曾次玲，谢培元，曾勤，等. 2006 年欧洲"11.4"大停电及其给湖南电网的启示 [J]. 湖南电力，2007，27（4）：24 – 27.

[26] 李春艳，孙元章，陈向宜，等. 西欧"11.4"大停电事故的初步分析及防止我国大面积停电事故的措施 [J]. 电网技术，2006，30（24）：16 – 21.

[27] 人民网. 巴西东北部发生大面积停电 417 个城市陷入黑暗 [EB/OL]. 海口网 2012 [2012 – 10 – 28]. http://www.hkwb.net/news/content/2012-10/28/content_943990.htm?node=268.

[28] 刘云. 巴西"9.13"远西北电网解列及停电事故分析及启示 [J]. 中国电机工程学报，2018，38（11）：3204 – 3213.

[29] 常忠蛟，刘云. 巴西"3.21"大停电后电网恢复情况分析 [J]. 电网技术，2021，45（3）：1078 – 1088.

[30] F.Porrua，G.B.Schuch，L.A.Barroso，et al. Assessment of Transmission Congestion Price Risk and Hedging in the Brazilian Electricity Market [C]. CIGRE/IEEE PES International Symposium，New Orleans，America，Nov. 2005.

[31] Joaquim F.de Carvalho，Ildo L.Sauer. Does Brazil Need New Nuclear Power Plants [J]. Energy Policy，2009，37（4）：1580 – 1584.

[32] Operador Nacional do Sistema Eletrico. Analise Da Perturbacao do dia 10/11/2009 as 22h13min envolvendo o desligam en todost res circuit os da LT 765kV Itabera-Ivaipora [R]. Rio de Janei ro，Brazil：Operador Nacional do Sistema Eletrico，2009.

[33] R.M. Moraes，J.M. Ordacgif，R.B.Sollero. Minimizing Risks of Cascade Tripping a Systemic Analysis of Component Protection [C]. CIGRE：C2 – 201，Paris，France，Aug. 2006.

[34] P.Gomes，G.Cardoso JR. Reducing Blackout Risk by System Protection Schemes-Detection and Mitigation

of Critical System Conditions [C]. CIGRE：C2－201，Paris，France，Aug. 2006.

[35] 甘德强，胡江溢，韩祯祥. 2003 年国际若干停电事故思考 [J]. 电力系统自动化，2004，28（3）：1－4.

[36] 薛禹胜. 综合防御由偶然故障演化为电力灾难——北美"8.14"大停电的警示 [J]. 电力系统自动化，2003，27（18）：1－5，37.

[37] 薛禹胜. 时空协调的大停电防御框架：（一）从孤立防线到综合防御 [J]. 电力系统自动化，2006，30（1）：8－16.

[38] 何大愚. 一年以后对美加"8.14"大停电事故的反思 [J]. 电网技术，2004，28（21）：1－5.

[39] 傅书遏. 1EEE PES 2004 会议电网安全问题综述及防止大面积停电事故建议 [J]. 电力系统自动化，2005，29（8）：1－4.

[40] 唐斯庆，张弥，李建设，等. 海南电网"9.26"大面积停电事故的分析与总结 [J]. 电力系统自动化，2006，30（1）：1－7.

[41] 舒印彪，刘泽洪，袁骏，等. 2005 年国家电网公司特高压输电论证工作综述 [J]. 电网技术，2006，30（5）：1－12.

[42] P.Gomes，S.L.Sardinha. Harmonization of frequency requirements considering the new competitive environment in the Brazilian power system [C]. The 39th Cigré Session，Paris，France，Aug. 2002.

[43] 陈为化，江全元，曹一家. 考虑继电保护隐性故障的电力系统连锁故障风险评估 [J]. 电网技术，2006，30（13）：14－19，25.

[44] 丁理杰，刘美君，曹一家，等. 基于隐性故障模型和风险理论的关键线路辨识 [J]. 电力系统自动化，2007，31（6）：1－5，22.

[45] David C Elizondo. A Methodology to asses and rank the effects of hidden failures in protection schemes based on regions of vulnerability and index of severity [D]. Virginia：Virginia Polytechnic Institute and State University，2003.

[46] Qun Qiu. Risk assessment of power system catastrophic failures and hidden failure monitoring & control system [D]. Virginia：Virginia Polytechnic Institute and State University，2003.

[47] 张玮. 防止大电网连锁故障跳闸事故的广域后备保护策略研究 [D]. 济南：山东大学，2008.

[48] 于会泉，刘文颖，温志伟，等. 基于线路集群的连锁故障概率分析模型 [J]. 电力系统自动化，2010，34（10）：29－33，61.

[49] 徐林，王秀丽，王锡凡. 基于电气介数的电网连锁故障传播机制与积极防御 [J]. 中国电机工程学报，2010，34（13）：61－68.

[50] 徐福田. 巴西圣保罗电力公司概况 [J]. 山东电力技术，1994（3）：82－85.

[51] 时代周报. 日本核安全神话破灭，应对危机仅仅建设社会不够 [EB/OL]. 新浪新闻中心，2011 [2011－03－24]. http://news.sina.com.cn/w/sd/2011－03－24/140222173947.shtml.

[52] 华西都市报. 危机背后：超期服役与篡改安全记录 [EB/OL]. 华西都市网 2011 [2011-03-16]. http://www.huaxi100.com/article-1452-1.html.

[53] 张国宝. 福岛事故提醒世界安全利用核能 [N]. 科学时报，2011-04-11（B2）.

[54] 梁志峰，葛睿，董昱，等. 印度"7.30"、"7.31"大停电事故分析及对我国电网调度运行工作的启示 [J]. 电网技术，2013，37（7）：1841-1848.

[55] 曾鸣，李红林，薛松，等. 系统安全背景下未来智能电网建设关键技术发展方向——印度大停电事故深层次原因分析及对中国电力工业的启示 [J]. 中国电机工程学报，2012，32（25）：175-181，24.

[56] 高翔，庄侃沁，孙勇. 西欧电网"11.4"大停电事故的启示 [J]. 电网技术，2007，30（1）：25-31.

[57] 李春艳，陈洲，肖孟金，等. 西欧"11.4"大停电分析及对华中电网的启示 [J]. 高电压技术，2008，34（1）：163-167.

[58] 吴小辰，周保荣，柳勇军，等. 巴西 2009 年 11 月 10 日大停电原因分析及对中国电网启示 [J]. 中国电力，2010，43（11）：5-9.

[59] Amew. Power System Operation Corporation Limited [R]. New Delhi：National Load Despatch Centre，2012-07-30T11:50.

[60] Amew. Power System Operation Corporation Limited [R]. New Delhi：National Load Despatch Centre，2012-07-31T18:30.

[61] Amew. Power System Operation Corporation Limited（a wholly owned subsidiary of POERGRID）[R]. New Delhi：National Load Despatch Centre，2012-08-01.

[62] Shri V.S. Verma，Shri M. Deena Dayalan. New Delhi Petition No. 125/MP/ 2012 [R]. New Delhi：Central Electricity Regulatory Commission，2012.

[63] Project Group Turkey. Report on Blackout in Turkey on 31st March 2015-final version 1.0 [R]. Brussels：ENTSO E，2015.

[64] CIGRE. The electric power system of Turkey [R]. Paris：CIGRE，2015.

[65] F. Tarhan，C. Salma. Turkish power system & 31st March 2015 Blackout [R]. Turkey：TEIAS Load Dispatch Departmant，2015.

[66] 孙华东，汤涌，马世英. 电力系统稳定的定义与分类述评 [J]. 电网技术，2006，30（17）：31-35.

[67] 屈卫锋，杨宏宇. 乌克兰停电事件引起的电网信息安全防范思考 [C]. 2016 智能城市与信息化建设国际学术交流研讨会，洛杉矶，美国，2016.

[68] 本刊采编部. 乌克兰电网被黑事件 [J]. 信息安全与通信保密，2016（9）：25.

[69] 李敏，王刚，石磊，等. 智能电网信息安全风险分析 [J]. 华北电力技术，2017（1）：62-65.

[70] NCCIC/ICS-CERT. IR-ALERT-H-16-043-01AP Cyber-attack Against Ukrainian Critical Infrastructure [R]. Arlington：National Cybersecurity and Communications Integration Center (NCCIC)/Industrial Control Systems Cyber Emergency Response Team (ICS-CERT)，2016.

[71] 南方电网报. 南方电网公司进一步构建安全保障体系 19 项措施提升系统安全防护能力 [J]. 电力安全技术, 2016, 18（5）：54.

[72] 李中伟, 佟为明, 金显吉. 智能电网信息安全防御体系与信息安全测试系统构建——乌克兰和以色列国家电网遭受网络攻击事件的思考与启示 [J]. 电力系统自动化, 2016, 40（8）：147 - 151.

[73] 袁胜. 中国制造 2025, 工控安全不容忽视 [J]. 中国信息安全, 2016（4）：44 - 45.

[74] 王得金. 从乌克兰电网被攻击事件看我国基础电网面临的安全风险及处置建议 [J]. 中国信息安全, 2016（3）：91 - 93.

[75] 赵俊华, 梁高琪, 文福拴, 等. 乌克兰事件的启示：防范针对电网的虚假数据注入攻击 [J]. 电力系统自动化, 2016, 40（7）：149 - 151.

[76] 童晓阳, 王晓茹. 乌克兰停电事件引起的网络攻击与电网信息安全防范思考 [J]. 电力系统自动化, 2016, 40（7）：144 - 148.

[77] Sophia. 乌克兰电网遭黑客入侵工控网络安全敲响警钟 [J]. 信息安全与通信保密, 2016（2）：66 - 67.

[78] 刘念, 余星火, 张建华. 网络协同攻击：乌克兰停电事件的推演与启示 [J]. 电力系统自动化, 2016, 40（6）：144 - 147.

[79] 郭庆来, 辛蜀骏, 王剑辉, 等. 由乌克兰停电事件看信息能源系统综合安全评估 [J]. 电力系统自动化, 2016, 40（5）：145 - 147.

[80] 核子可乐. 解读乌克兰电网遭遇黑客事故 [J]. 计算机与网络, 2016, 42（2）：57.

[81] Defense Use Case. Analysis of the Cyber Attack on the Ukrainian Power Grid [R]. Washington: Electricity Information Sharing and Analysis Center（E-ISAC）, 2016.

[82] 梁木. 乌克兰电力工业现状 [J]. 国际电力, 1997（3）：6 - 8.

[83] 樊陈, 姚建国, 张琦兵, 等. 英国"8·9"大停电事故振荡事件分析及思考 [J]. 电力工程技术, 2020, 39（4）：34 - 41.

[84] 滕苏郸, 宫一玉, 张璞, 等. 2019 年 8 月 9 日英国大停电事故分析及对北京电网安全稳定运行的启示 [J]. 电力勘测设计, 2020（2）：5 - 8.

[85] 方勇杰. 英国"8·9"停电事故对频率稳定控制技术的启示 [J]. 电力系统自动化, 2019, 43（24）：1 - 5.

[86] 典焱. 英国大停电事故分析：新能源大量替代传统火电将导致系统惯量水平下降 [J]. 电力设备管理, 2019（9）：98.

[87] 编辑部. 英国国家电网利用云平台防范停电 [J]. 浙江电力, 2015, 34（6）：72.

[88] Patrick Devine-Wright, Hannah Devine-Wright. 英国大停电事故中公众信任度的定性研究（英文）[J]. 电网技术, 2007, 31（20）：35 - 45.

[89] 亦言. 以人为镜, 可以防覆辙——北美、英国停电事故给我们的警示 [J]. 电器工业, 2003（10）：47 - 48.

［90］ 王健，丁屹峰，宋方方. 2011 年国外大停电事故对我国电网的启示 ［J］. 现代电力，2012，29（5）：1－5.

［91］ 方勇杰. 美国"9·8"大停电对连锁故障防控技术的启示 ［J］. 电力系统自动化，2012，36（15）：1－7.

［92］ 刘秀玲. 印尼首都及周边大规模停电　数以百万计民众受影响 ［EB/OL］. 齐鲁网，2019 ［2019－08－06］. http://news.iqilu.com/guoji/20190806/4325555.shtml.

［93］ 靳晓凌，代贤忠，张钧. 国外 2 起重要停电事故分析及启示 ［J］. 电力安全技术，2016，18（7）：65－67.

［94］ 何剑，屠竞哲，孙为民，等. 美国加州"8.14"、"8.15"停电事件初步分析及启示 ［J］. 电网技术，2020，44（12）：4471－4478.

［95］ 孙为民，张一驰，张晓涵，等. 欧洲大陆同步电网"1.8"解列事故分析及启示 ［J］. 电网技术，2021，45（7）：2630－2637.

［96］ 安学民，孙华东，张晓涵，等. 美国得州"2.15"停电事件分析及启示 ［J］. 中国电机工程学报，2021，41（10）：3407－3415，3666.

［97］ 周孝信，陈树勇，鲁宗相，等. 能源转型中我国新一代电力系统的技术特征 ［J］. 中国电机工程学报，2018，38（7）：1893－1904，2205.

［98］ 沈政委，孙华东，汤涌，等. 传统交流电网与高比例新能源电网连锁故障差异性分析 ［J］. 电网技术，2021，45（12）：4641－4649.